珠江河口河网治理工程
适应性及水安全风险评估

余明辉　徐辉荣　利　锋　刘画眉　等　著

科学出版社

北京

内 容 简 介

　　珠江河口河网人类活动干预强烈，异变条件复杂，工程措施众多，水安全形势严峻。本书在调查分析珠江河口河网开发利用及整治工程效果的基础上，分析强人类活动驱动下珠江河口河网水沙及径潮输移动力特性变化；梳理河口-河网系统复杂异变格局下在整治工程及水安全保障方面所存在的主要问题，提出经济社会发展新需求下典型整治工程的适应性评估方法；提出珠江河口河网水安全评估指标，并构建多层次的水安全风险分析评估模型；进一步评估区域水安全风险，识别水安全脆弱区，并针对水沙条件改变和咸潮上溯加剧等问题，论证相关整治方案对河口水安全的影响；提出今后整治所应关注的靶向问题。本书部分插图附彩图二维码。

　　本书适合水利工程、环境工程及相关专业的本科生和研究生阅读，也可供科研机构、规划设计单位中参与珠江河口河网规划的人员和水利水电工程技术人员参考。

审图号：GS 京（2023）1186 号

图书在版编目（CIP）数据

珠江河口河网治理工程适应性及水安全风险评估/余明辉等著. —北京：科学出版社，2023.6
ISBN 978-7-03-075048-8

Ⅰ.① 珠…　Ⅱ.① 余…　Ⅲ.①珠江-河口-河道整治-研究　Ⅳ.①TV882.4

中国国家版本馆 CIP 数据核字（2023）第 038715 号

责任编辑：何　念　张　湾/责任校对：高　嵘
责任印制：彭　超/封面设计：无极书装

科 学 出 版 社 出版

北京东黄城根北街 16 号
邮政编码：100717
http://www.sciencep.com

武汉市首壹印务有限公司印刷
科学出版社发行　各地新华书店经销

*

开本：787×1092　1/16
2023 年 6 月第 一 版　　印张：19 1/4
2023 年 6 月第一次印刷　　字数：453 000

定价：158.00 元
（如有印装质量问题，我社负责调换）

前言

珠江河口是国家高标准建设粤港澳大湾区的核心区，是经济增长的引擎区，具有重要的战略区位。珠江三角洲毗邻港澳，是中国最具经济活力的区域之一，同时其中坐落着世界上规模较大的城市群，是重要的经济中心、人类活动高强区、用水高度集中区；区域内的密集人类活动对于河口-河网系统地貌与动力演变的扰动强度在世界范围内也属罕见。人类活动外科手术式（建闸、采砂、疏浚、围垦等）的干预使得水沙输入及分配异变，河网河床不均匀下切引发河势不稳，导致局部洪水下泄不畅、河网尾闾水位抬升、咸潮上溯加剧，威胁大湾区水安全，给区域可持续发展带来了负面影响。

"十三五"国家重点研发计划项目"珠江河口与河网演变机制及治理研究"（2016YFC0402600）课题四"复杂异变条件下河口治理适应性研究及水安全风险评估"（2016YFC0402604）针对上述问题展开研究。本书汇集课题四研究成果，在对珠江河口河网整治工程及水安全现状展开全面调查分析的基础上，探讨珠江河口河网地形、径潮动力、物质输移及水安全情势变化，总结其所存在的主要问题；提出经济社会发展新需求下适用于珠江河口河网的整治工程适应性评估方法，评估异变格局下典型整治工程的适应性；梳理河口-河网系统复杂异变格局下的水安全问题，提出珠江河口河网水安全评估指标并界定其阈值；进一步识别水安全脆弱区，建立涵盖水沙异变、洪涝灾害、水资源利用、供水安全等方面的珠江河口河网水安全风险分析评估模型；评估河口河网区域水安全状况；揭示珠江河口河网整治工程适应性及水安全风险，并针对水沙条件改变和咸潮上溯加剧等问题，论证相关整治方案对河口水安全的影响，可为珠江河口河网整治提供靶向，为河口河网整治的长期规划提供指导与参考，推动大湾区可持续绿色发展。

本书共 7 章，余明辉、陈小齐、刘长杰、钟子悦、王睿璞、何鑫撰写第 1、3、4、5 章；刘画眉、徐林春、蔡素芳、陈小齐、田浩永撰写第 2 章；利锋、董汉英撰写第 6 章；黄剑威、徐辉荣、林博安、卢真建、潘璐莹撰写第 7 章。钟子悦、邱嘉琦、焦婷丽、黄温柔、蓝璇、文汝兵等参与了本书书稿的整理工作。作者提炼和汇集课题四成果并得以成书，得到了中山大学杨清书教授、中山大学贾良文教授、珠江水利委员会珠江水利科学研究院邓家泉教授级高级工程师、广东省水利电力勘测设计研究院有限公司林振勖教授级高级工程师、华南理工大学黄国如教授、武汉大学李义天教授、珠江水利委员会珠江水利科学研究院余顺超教授级高级工程师、珠江水利委员会珠江水利科学研究院何用教授级高级工程师、广东省水利水电科学研究院黄东教授级高级工程师、中山大学蔡华阳教授等的悉心指导和对书稿的审阅，在此一并致谢！

鉴于本书研究范围大、内容多、影响因素复杂，加之作者水平有限，本书难免存在欠妥或疏漏之处，敬请读者批评指正。

作　者

2022 年 7 月 16 日于武汉

目 录

第1章　绪论 ……………………………………………………………………… 1

1.1　珠江三角洲概况与珠江河口河网治理研究意义 …………………………… 2

1.1.1　珠江三角洲概况 ……………………………………………………… 2

1.1.2　珠江河口河网治理研究意义 ………………………………………… 9

1.2　国内外研究进展 ……………………………………………………………… 10

1.2.1　河口整治适应性评估 ………………………………………………… 10

1.2.2　水安全风险评估 ……………………………………………………… 11

1.2.3　评估方法 ……………………………………………………………… 17

1.3　本书主要内容 ………………………………………………………………… 18

参考文献 ……………………………………………………………………………… 19

第2章　珠江河口河网开发利用及整治工程 ………………………………… 27

2.1　珠江三角洲主要人类活动时空分布 ………………………………………… 28

2.2　珠江流域与河口河网区开发利用及整治工程 ……………………………… 29

2.2.1　水库大坝建设 ………………………………………………………… 29

2.2.2　水土流失及水土保持 ………………………………………………… 32

2.2.3　联围筑闸 ……………………………………………………………… 33

2.2.4　采砂 …………………………………………………………………… 35

2.2.5　航道整治 ……………………………………………………………… 37

2.2.6　滩涂围垦 ……………………………………………………………… 40

2.3　典型整治工程及整治效果 …………………………………………………… 43

2.3.1　堤围险段整治工程 …………………………………………………… 43

2.3.2　河口综合治理布局及治导线 ………………………………………… 46

2.3.3　磨刀门整治工程 ……………………………………………………… 51

2.4　本章小结 ……………………………………………………………………… 60

参考文献 ……………………………………………………………………………… 61

第3章　珠江河口河网水沙及径潮输移动力特性变化 ……………………… 63

3.1　来水来沙变化 ………………………………………………………………… 64

3.1.1　来水来沙量的变化 ··· 64

3.1.2　水沙年内分配的变化 ··· 66

3.2　珠江河口河网地形变化 ·· 68

3.2.1　河网区河床变化 ··· 68

3.2.2　河口区岸线地形变化 ··· 81

3.3　珠江河网径潮动力特征对地形变化的响应 ··················· 86

3.3.1　主要汊点分流比、分沙比的变化 ·························· 86

3.3.2　洪枯季余水位与潮差特征的变化 ·························· 89

3.3.3　余水位比降对地形变化的响应 ····························· 100

3.4　径潮输移特性变化 ··· 102

3.4.1　水沙输移变化 ··· 102

3.4.2　咸潮上溯影响变化 ··· 105

3.4.3　水质变化 ··· 108

3.5　强人类活动驱动下珠江河口河网的异变新格局 ············· 113

3.6　本章小结 ··· 116

参考文献 ·· 116

第4章　珠江河口河网整治工程适应性评估体系及数值模拟方法 ···· 119

4.1　整治工程适应性评估体系 ··· 120

4.1.1　层次分析法原理 ··· 120

4.1.2　工程适应性评估体系的构建 ································· 122

4.2　珠江河口河网水动力-水质数值模拟 ····························· 124

4.2.1　基本原理及算法 ··· 124

4.2.2　珠江河口河网水动力-水质数学模型 ······················ 135

4.3　本章小结 ··· 150

参考文献 ·· 151

第5章　复杂异变条件下珠江河口河网典型整治工程适应性 ········· 153

5.1　河网区典型水闸群适应性评估 ····································· 154

5.1.1　评估体系搭建 ·· 154

5.1.2　水动力指标计算 ··· 161

5.1.3　评估体系指标评分 ··· 163

5.1.4　指标层权重敏感性分析 ······································· 168

5.2 河网区典型险段整治工程适应性评估 ·································170
    5.2.1 评估体系搭建 ·································170
    5.2.2 水动力指标计算 ·································173
    5.2.3 评估体系指标评分 ·································176
5.3 典型河优型口门围垦工程适应性评估 ·································180
    5.3.1 评估体系搭建 ·································180
    5.3.2 径−潮−盐−污染物动力特性研究 ·································182
    5.3.3 评估体系指标评分 ·································195
5.4 典型潮优型口门围垦工程适应性评估 ·································201
    5.4.1 评估体系搭建 ·································202
    5.4.2 径−潮−盐−污染物动力特性研究 ·································204
    5.4.3 评估体系指标评分 ·································213
5.5 复杂异变条件下的治理新需求 ·································223
5.6 本章小结 ·································226
参考文献 ·································227

第6章 珠江河口河网水质现状调查及安全评估 ·································231
6.1 珠江河口河网水质调查 ·································232
    6.1.1 水样采集与测试 ·································232
    6.1.2 现场采样水质分析结果 ·································234
6.2 水质安全典型影响因子的筛选 ·································238
    6.2.1 筛选原则及方法 ·································238
    6.2.2 水质安全典型污染物指标的评价标准 ·································238
    6.2.3 水质安全典型影响因子污染分担率 ·································239
6.3 水质安全典型影响因子的阈值界定 ·································243
    6.3.1 河口地区典型影响因子阈值的确定 ·································243
    6.3.2 河网地区典型影响因子阈值的确定 ·································245
6.4 珠江河口河网水质安全评估 ·································246
    6.4.1 水质安全评估体系的构建 ·································246
    6.4.2 水安全脆弱区的识别 ·································251
6.5 本章小结 ·································253
参考文献 ·································254

第 7 章 复杂异变条件下珠江河口河网水安全评估 ·················· 255

　7.1 区域洪水灾害风险 ·················· 256

　　7.1.1 洪水灾害抵御能力 ·················· 256

　　7.1.2 洪水灾害损失程度 ·················· 258

　　7.1.3 洪水灾害发生概率 ·················· 260

　7.2 区域供水灾害风险 ·················· 265

　　7.2.1 咸潮上溯影响 ·················· 265

　　7.2.2 上游流量压咸分析 ·················· 265

　　7.2.3 水环境质量分析 ·················· 269

　7.3 复杂异变条件下珠江河口河网水安全风险评估 ·················· 269

　　7.3.1 研究区域 ·················· 269

　　7.3.2 水安全风险分析评估模型 ·················· 270

　　7.3.3 区域水安全风险分析及脆弱区识别 ·················· 279

　7.4 珠江河口河网水安全保障整治方案分析 ·················· 285

　　7.4.1 水安全存在的问题 ·················· 285

　　7.4.2 典型整治措施实施效果 ·················· 287

　　7.4.3 珠江河口河网水安全保障治理靶向 ·················· 295

　7.5 本章小结 ·················· 296

参考文献 ·················· 297

第 1 章

绪 论

　　珠江三角洲是国家高标准建设粤港澳大湾区的核心区，是经济增长的引擎区，具有重要的战略区位。其三江汇流，八口入海，河网交错，地形地貌和水动力条件十分复杂，堪称世界上最为复杂的河口之一。珠江口属于珠江流域的泄洪、纳潮区，直接关系着流域防洪安全、水资源综合利用和自然生态环境保护等全局性问题。珠江三角洲地区水资源的安全、高效利用和水环境的保护是区域经济社会可持续发展的基本条件与前提。

1.1 珠江三角洲概况与珠江河口河网治理研究意义

1.1.1 珠江三角洲概况

珠江位于我国南部[图 1.1（a）]，多年平均入海径流量达 3.36×10^{11} m³[1-2]（马口站、三水站和博罗站径流量总和），仅次于长江，为我国第二大河；珠江全长 2320 km，次于长江和黄河，为我国第三长河，流经我国云南、贵州、广西、广东、湖南、江西等省（自治区）及越南的东北部。

珠江流域水系发达，主要由西江、北江和东江组成，控制流域面积 4.54×10^5 km²。如图 1.1（b）所示，西江上游分南盘江、红水河两段，中游分黔江、浔江两段，全长 2075 km，西江控制 77.8% 的珠江流域面积，控制流域面积 3.531×10^5 km²；北江长 468 km，控制流域面积 4.67×10^4 km²，占整个珠江流域面积的 10.3%；东江长 520 km，控制流域面积 2.70×10^4 km²，占整个珠江流域面积的 5.9%[3-4]。三大河流在下游广东中南部交汇沟通，共同冲积形成珠江三角洲[图 1.1（c）]。珠江三角洲位于 112.50°E～114.25°E，21.75°N～23.50°N，东西跨越近 150 km，南北纵深约 200 km，集水面积超过 2.68×10^4 km²，占珠江流域面积的 5.9%。珠江三角洲内河道纵横，交错沟通，形成了复杂的河网系统；珠江三角洲内的水流通过八大口门注入南海，其中东四口门自东向西分别为虎门、蕉门、洪奇门和横门；西四口门自西向东分别为崖门、虎跳门、鸡啼门、磨刀门[5]。

1. 水系特点

珠江三角洲是世界上最复杂的三角洲系统之一，其主要包含两大区域，即上游径流为主的河网区及下游潮流为主的河口（湾）区[6]。珠江三角洲河网区上起西江、北江思贤滘和东江石龙；下至八大口门潮位站——大虎站（虎门）、南沙站（蕉门）、万顷沙站（洪奇门）、横门站（横门）、灯笼山站（磨刀门）、黄金站（鸡啼门）、西炮台站（虎跳门）和官冲站（崖门）[图 1.1（c）]；主要由沟通互连的西北江河网、相对独立的东江河网及注入珠江三角洲的诸小河（潭江、流溪河、增江、沙河、高明河、深圳河等）组成，河网面积达 9750 km²，河网密度为 0.68～1.07 km/km²[2,7]。西江与北江在佛山三水的思贤滘汇合，来水来沙重新组合分配后经马口站、三水站注入下游的西北江河网；西北江河网拥有近百条水道，全长超过 1600 km，集雨面积达 8370 km²，占珠江三角洲河网区总面积的 86%；而径流最小的东江流经东莞石龙站后直接注入下游相对独立的东江河网，其与西北江河网隔狮子洋相望，主要有 5 条水道，总长约 138 km，集雨面积为 1380 km²，占河网区总面积的 14%[8]。

珠江三角洲河口（湾）区前缘东起九龙半岛九龙城，西到赤溪半岛鹅头颈，包含八大入海口门及其延伸区，水域面积达 6536 km²，海岸线曲折迂回，延伸 522.4 km，离岸岛屿众多。其中，东四口门的来水来沙均注入珠江三角洲东侧的喇叭形河口湾——伶仃洋；西四口门中的虎跳门和崖门则与三角洲西侧的喇叭形河口湾——黄茅海连通；磨刀

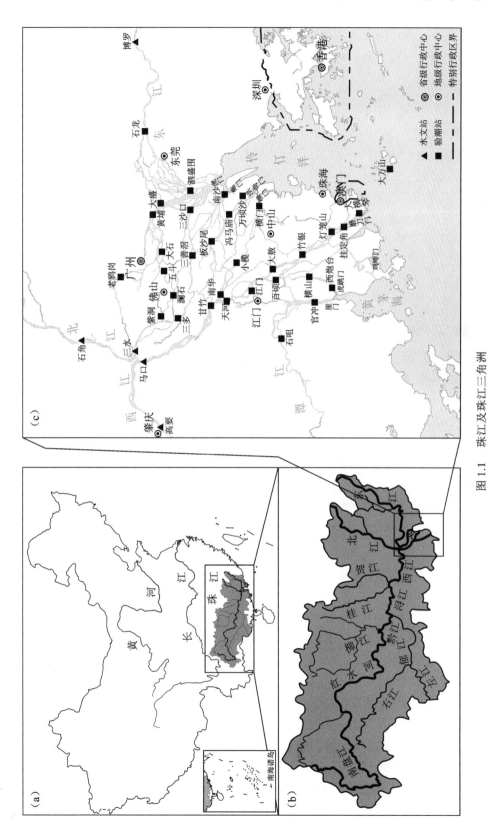

图 1.1 珠江及珠江三角洲

（a）为珠江流域位置；（b）为珠江流域主要水系；（c）为珠江三角洲水系及主要水文站、验潮站的分布

门直接注入南海，鸡啼门注入三灶岛与高栏岛之间的水域[4,9]。因此，整个珠江三角洲呈现出"三江汇流、河网交织、径潮叠加、八口入海"的水系格局。

2. 气候水文特征

1）气候特征

珠江流域地处北纬 21°～27°，位于热带与亚热带地区，气候温暖湿润，多年平均日照时间为 1 282～2 243 h，多年平均气温在 14～22 ℃，多年平均降水量为 1 200～2 200 mm，多年平均蒸发量在 900～1 600 mm[10]。受季风的影响，珠江流域的气候特征呈现出显著的时空差异。从时间上看，有明显的干、湿季，全年 80%的降水集中在湿季（4～9 月），干季（10 月～次年 3 月）降水仅占全年的 20%[11]。从空间上看，气温、降水与蒸发均呈现出由西向东逐渐增加的趋势，西北部多年平均降水量和蒸发量仅为400～800 mm 与 900～1 200 mm，东南部河网多年平均降水量和蒸发量则在 1 600 mm 与1 200 mm 以上[10,12]。

2）径流泥沙特征

珠江三角洲径流丰沛，但时空分配明显不均匀。如表 1.1 所示，西江控制的流域面积最广，西江高要站多年（1957～2020 年）平均流量为 6 932 m³/s，注入三角洲的径流达 2.186×10¹¹ m³/a，占三角洲总径流的 77%；北江控制的流域面积次之，北江石角站多年（1954～2020 年）平均流量为 1 325 m³/s，注入三角洲的径流达 4.178×10¹⁰ m³/a，占三角洲总径流的 15%；东江控制的流域面积最小，东江博罗站多年（1954～2020 年）平均流量为 731 m³/s，注入三角洲的径流达 2.32×10¹⁰ m³/a，占三角洲总径流的 8%[12]。

表 1.1 珠江流域西江、北江和东江水文特征[3]

支流	长度/km	流域面积/（10⁴ km²）	水流		泥沙	
			流量/（m³/s）	占比/%	输沙率/（kg/s）	占比/%
西江	2 075	35.31	6 932	77	2 025	89
北江	468	4.67	1 325	15	173	8
东江	520	2.70	731	8	75	3

受季风气候干湿两季降雨控制，珠江三角洲径流存在明显的年内变化，洪枯季节差异显著。与降雨湿季相对应，每年 4～9 月为径流洪季，高要站、石角站、博罗站径流分别占年总径流量的 77%、85%和 72%左右；对应降雨干季，每年 10 月～次年 3 月为径流枯季，高要站、石角站、博罗站径流分别占年总径流量的 23%、15%和 28%左右。此外，受全球气候年际变化的影响，流域内降雨有丰枯年之分，三角洲径流同样存在年际差异，最小年径流量于 1963 年出现，最大与最小年径流量之比可达 2.6～9.8。

珠江是典型的少沙河流，多年平均含沙量约为 0.3 kg/m³。泥沙通量中悬移质占主导地位，推移质仅为悬移质总量的 10%～15%[13]。由于径流量较大，珠江多年平均输沙量可达 8.87×10⁷ t，经珠江三角洲河网入海的沙量每年约为 7.24×10⁷ t[14]。受径流年内分配不均影响，珠江三角洲河网泥沙通量也有显著的季节差异。西江高要站多年平均输沙量约为 6.45×10^7 t，占珠江三角洲总输沙量的 89%；北江石角站多年平均输沙量约为 5.5×10^6 t，占珠江三角洲总输沙量的 8%；东江博罗站多年平均输沙量约为 2.4×10^6 t，占珠江三角洲总输沙量的 3%[15]。输沙量年内洪枯季分配也不均匀，洪季河流含沙量高，使得输沙量过度集中，西江高要站洪季输沙量占全年输沙量的 94.6%；北江石角站洪季输沙量占比更高，为 95.4%；东江博罗站则为 89.3%；三站相应的枯季输沙量占比很少，仅为 4.6%～10.7%[9]。

3）潮流潮汐特征

珠江三角洲河网是典型的感潮河流，受到径流与潮汐的共同作用，在洪季河网内的水动力由径流主导，枯季水动力则转由潮汐主导。河网内的潮汐过程由进入南海的太平洋潮波经珠江河口湾水域从八大口门传入[16]。珠江河口及河网内的潮汐类型为不正规半日混合潮，每个太阴日内有两次高潮和两次低潮，但涨、落潮时及涨、落潮差分别不等；一年中春分与秋分前后潮位分别达到最高点与最低点，并且潮差较大，到夏至和冬至潮差较小，一般冬潮小于夏潮[17]。

受到天文、地形、水文等条件的制约，珠江河口平均潮差在 0.86～1.63 m（表 1.2），属于弱潮河口。口门的潮差呈现出由中部向两侧递增的趋势，中部的磨刀门和鸡啼门潮差较小，最东侧的虎门潮差为八大口门之首，其原因是伶仃洋河口喇叭形的收敛形态对潮汐能量具有辐聚作用，使得潮波在河口湾内传播至湾顶虎门的过程中振幅不断增大[18]。在多年平均径潮比（多年平均净泄量与涨潮量之比）方面，磨刀门平均径潮比高达 5.53，远大于 1，是典型的河优型河口；两侧的虎门和崖门平均径潮比分别为 0.25 与 0.30，远小于 1，是典型的潮优型河口。总体上看，东四口门的潮汐动力要强于西四口门，八大口门中以虎门的潮汐动力最强。

表 1.2　珠江三角洲河网八大口门径潮比及潮差[19-20]

项目	虎门	蕉门	洪奇门	横门	磨刀门	鸡啼门	虎跳门	崖门
测站	大虎站	南沙站	万顷沙站	横门站	灯笼山站	黄金站	西炮台站	官冲站
平均潮差/m	1.63	1.33	1.21	1.11	0.86	1.01	1.20	1.24
最大潮差/m	3.38	3.27	2.94	2.97	2.98	2.90	3.08	3.21
平均径潮比	0.25	1.67	2.07	2.64	5.53	2.80	3.41	0.30

外海潮波从八大口门进入河网内部后，在径流与河床底部摩擦等作用下逐渐衰减，能量逐渐耗散，使得潮差呈现出由下游向上游递减的分布态势。如表 1.3 所示，河网顶端马口站与三水站的最大潮差和平均潮差分别在 0.6 m、0.34 m 左右，若考虑八大口门潮差均值，潮汐由口门传播至河网顶端，衰减幅度超过 70%。总体而言，北江河网内部站点的潮差普遍要大于西江河网内部站点的潮差，这与东四口门的潮汐动力要强于西四口门有关。此外，河网两侧站点的潮差也要明显大于河网中部站点的潮差，这是由两侧口门虎门和崖门的潮差较大导致的。

表 1.3　珠江三角洲河网主要站点潮差分布[19]

区域	站点	最大潮差/m	平均潮差/m
上游	马口站	0.57	0.32
	三水站	0.62	0.35
	南华站	0.66	0.50
	紫洞站	0.78	0.58
	三多站	0.79	0.59
中下游	江门站	0.71	0.50
	竹银站	0.91	0.71
	横山站	1.10	0.97
	白蕉站	1.07	0.92
	马鞍站	0.94	0.81
	容奇站	1.02	0.87
	三善滘站	1.04	0.91
	板沙尾站	1.22	1.02
	浮标厂站	1.52	1.40
	黄埔站	1.79	1.63

注：潮差数据统计时限为 1950~2016 年。

　　受径流洪枯季节分配不均匀的影响，三角洲地区潮流界、潮区界处于不断变动状态。表 1.4 给出了珠江三角洲主要支流在洪枯季节的潮流界和潮区界。如表 1.4 所示，洪季降雨丰沛，受大量径流下泄压制，潮区界位于河网中部，距下游口门 40~55 km，而潮流对河网水动力的影响十分微弱，潮流界均在距口门 10 km 以内的下游范围，有的甚至被强烈的径流推移至口门外，如洪奇门、蕉门；三角洲顶部河网的潮汐影响十分轻微甚至消失，但口门附近仍受潮汐控制，对整个河网区总体而言，洪水期是径强潮弱。枯季降雨不足，河网径流锐减，潮动力明显增强，整个河网处于感潮状态，潮区界甚至可以上溯至梧州—德庆段，距磨刀门 300 km，潮流界相较于洪季也明显上移至距口门 60~160 km 处[21]。

表 1.4　珠江三角洲主要支流洪枯季节潮流界、潮区界[22]

支流	洪季		枯季	
	潮区界（与口门的距离/km）	潮流界（与口门的距离/km）	潮区界（与口门的距离/km）	潮流界（与口门的距离/km）
西江	外海（55）	灯笼山（5）	梧州—德庆段（300）	三榕峡（160）
北江	三善滘（43）	洪奇门、蕉门外	芦苞—马房段（130）	马房—三水段（90）
东江	大盛—新家埔段（40）	大盛、泗盛围（1.20）	铁岗（90）	下南—石龙段（60）

4）盐度特征

　　盐度的基本定义为每 1 kg 的水内的溶解物质的克数。最初盐度被定义为：每 1 kg

的水内，将溴化物和碘化物计算为氯化物，将碳酸盐计算为氧化物，将所有有机化合物计算为完全氧化的状态，溶解物质的克数。由于盐度和氯化物质量浓度相关，加上氯化物质量浓度很易测得，通常用经验公式将盐度转换为氯化物质量浓度[23]。根据国家标准，氯化物质量浓度大于 250 mg/L（盐度大于 0.5）时，视为氯化物质量浓度超标，一个潮周期内日均氯化物质量浓度连续 10 天超过 250 mg/L 视为严重盐水入侵。盐水入侵是河口处普遍存在的水环境问题，是河口淡水与海洋咸水混合的结果。

珠江三角洲八大口门径潮动力特性差异巨大，盐度分布格局及盐度分层状态也因口门而异[24]。若盐度采用千分比（ppt[①]）表示，并定义盐度分层系数 $Sp = dS/S_0$，用于定量评估珠江三角洲口门的盐度分层状况，其中 dS 为表底层盐度差，S_0 为垂线平均盐度[25]。一般情况下，当 $Sp > 1$ 时，河口为高度分层状态；当 Sp 为 0.01～1 时，河口为缓混合（部分分层）状态；当 $Sp < 0.01$ 时，河口为充分混合状态。图 1.2 给出了珠江三角洲八大口门 2011 年、2016 年枯季期间的实测垂线平均盐度及相应的盐度分层系数。由图 1.2 可知，不同径潮动力特性的口门，盐度分布格局迥异：受喇叭形河口潮汐能量辐聚作用影响，

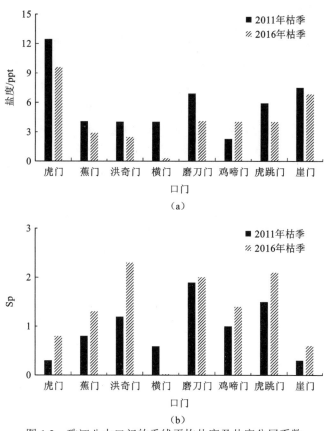

图 1.2　珠江八大口门的垂线平均盐度及盐度分层系数

（a）为垂线平均盐度；（b）为盐度分层系数

① 1 ppt = 10^{-3}。

位于伶仃洋与黄茅海顶端的虎门及崖门为典型潮优型口门,潮动力强,观测期间盐度分层系数 Sp<1,呈现出明显的缓混合状态,且盐度超过 7 ppt,明显高于其他口门。磨刀门、洪奇门等其他六个口门为典型的河优型口门,除横门、蕉门外盐度分层系数 Sp>1,呈现出明显的盐度分层状态,且盐度较低,为 4 ppt 左右,横门在 2016 年枯季甚至未检测到盐度,2011 年枯季横门盐度分层系数小于 1,呈现出缓混合状态。

珠江河口盐水入侵问题的研究多集中在伶仃洋和磨刀门水域,一般将盐水入侵距离定义为,起于河口口门,止于河口上游底层 0.5 ppt 盐度等值线出现位置的长度[26-27]。对于不同分层状态的河口,盐水入侵特性也呈现出不同的规律。伶仃洋和黄茅海河口湾潮动力强,垂向盐度以缓混合状态为主,盐度混合较充分,往往高潮差伴随着高盐度,大潮期间盐水入侵强烈,0.5 ppt 盐度等值线可入侵各口门;而磨刀门河口区存在典型的盐水楔,垂向盐度往往呈现出高度分层状态,并且小潮期间盐水入侵更强烈,枯季盐水入侵距离可达 40~60 km[25,28-29]。磨刀门水道沿岸取水口众多,周围城市的供水安全容易遭受盐水威胁,因此磨刀门也成为珠江三角洲受盐水入侵影响最严重的口门[30-31]。

3. 经济社会概况

珠江三角洲的人类活动与经济社会发展有关,尤其是与当地的快速城市化关系密切。珠江三角洲涉及广州、深圳、珠海、佛山、惠州、东莞、中山、江门、肇庆九个城市和香港、澳门两个特别行政区。三角洲内九市土地面积为 54 770.21 km²,占广东土地面积的 30.47%。20 世纪 70 年代末,国家实施改革开放政策后,该地区经济社会迅速发展,工农业生产活动激增,城市化进程加快。如表 1.5 所示,截至 2021 年底,珠江三角洲(不含香港、澳门)常住人口达到 7801.44 万人,约占全省总人口的 62.73%;地区生产总值跃为 100 585.26 亿元,约占全省生产总值的 80.88%,显然是中国开放程度最高、经济活力最强的区域之一。

表 1.5　珠江三角洲 2021 年经济社会情况统计(不含香港、澳门)

地区	常住人口/万人	面积/km²	地区生产总值/亿元	人均地区生产总值/(万元/人)
广州	1 867.66	7 249.27	28 231.97	15.1
深圳	1 756.00	1 997.47	30 664.85	17.5
珠海	243.96	1 736.46	3 881.75	15.9
佛山	949.89	3 797.72	12 156.54	12.8
惠州	604.29	11 347.39	4 977.36	8.2
东莞	1 046.66	2 460.08	10 855.35	10.4
中山	441.81	1 783.67	3 566.17	8.1
江门	479.81	9 506.92	3 601.28	7.5
肇庆	411.36	14 891.23	2 649.99	6.4
珠江三角洲	7 801.44	54 770.21	100 585.26	12.9
广东	12 436.97	179 725.07	124 369.67	10.0
珠江三角洲占比/%	62.73	30.47	80.88	

伴随着珠江三角洲经济社会高速发展的是整个珠江流域日益增强的人类开发利用。例如，保障城市防洪、发电、供水安全，兼顾工农业生产能源需求的水库大坝（水电站）建设；满足城市化基础建设需求的采砂活动；满足港口、沿海机场等建设需求的围垦工程（填海造陆）；为满足交通需求而建设的桥梁、码头；以航运为目的进行的疏浚、炸礁、堤坝建设等航道整治工程等[32-34]。

1.1.2　珠江河口河网治理研究意义

由于珠江口的独特性、重要性和复杂性，自 20 世纪 50 年代以来有关部门对其进行了一系列的治理，取得了一定的成效。随着该地区经济社会的高速发展，珠江三角洲在水利水电工程、采砂、联围筑闸、围垦、航道整治等高强度人类活动影响下，来水来沙、河口演变产生了明显的变异。河道大幅下切，河口边界快速外移，如磨刀门河口河床地形变化剧烈，1970～2008 年河口底部高程平均下切 2.75 m，最大下切深度甚至超过 12 m；受围垦工程等人类活动影响，口门区广阔的海域消失，岸线变化显著，口门外延距离超过 16 km。伶仃洋中滩日渐消失，中槽形成且日益发展，原有的"三滩两槽"正向"三槽两滩"转变；黄茅海西槽消失，各口门拦门沙体均明显减小。联围筑闸工程封堵支汊河段，缩短堤线，减小了泄水面宽度，增加了主干河道水量，抬高了干流洪水水位和平原地下水位。三角洲上游来沙量下降了近 50%，网河分流比、分沙比发生了重大变化，网河及河口水动力、泥沙输移过程发生了重大改变。前述人类活动外科手术式的干预总体使得珠江三角洲河网河床不均匀下切，引发河势不稳[35]，河网尾闾水位抬升导致洪水下泄不畅[36-37]，咸潮上溯进一步威胁用水安全[38]，水沙输入及分配异变影响河床稳定[9]，给区域可持续发展带来了负面影响。随着《粤港澳大湾区发展规划纲要》的逐步落实，位于粤港澳大湾区核心地带的珠江三角洲的人类开发活动对河网演变进程的干预势必还会加剧。

珠江河口河网人类干预强烈，异变条件复杂，工程措施众多，涉及防洪、排涝、挡潮、纳污、航运、供水安全、城市生态等多重功能。然而，这些工程只是为了满足当时人类社会发展的防洪、排涝、航运等需求，其治理理念较传统，整治技术较欠缺，目标单一，功能不完善，整治工程没有完全发挥其设计功能，在一定程度上限制了河口河网治理的成效及其维持；自然条件或人工干扰下，河口河网区地形、径流量或海洋动力条件也发生了变化，会影响整治工程设计功能的完全实现。另外，现代社会的发展对河口河网治理提出了可持续发展的包含水安全、生态功能等在内的更高要求。因此，对其现有整治工程的适应性进行研究，综合水安全状况评价及风险评估，建立全方位、多目标、深层次、综合化的评判系统，评估河口河网整治工程的适应性和水安全状况，将为珠江河口河网整治提供新思路，为河口河网整治的长期规划提供指导与参考，进一步促进珠江三角洲生态环境建设，为珠江三角洲的可持续发展提供科学依据。

1.2 国内外研究进展

1.2.1 河口整治适应性评估

1. 概念

"适应性"概念由达尔文在进化论中提出,用于解释生物种群的进化与生存环境的关系,指生物针对不同环境状况调整生理特征的能力。20 世纪 90 年代随着全球变化影响的深化,人们开始关注环境变化的适应性问题,后来适应性研究扩展到系统科学领域,用于描述系统对环境变化或扰动的反应,系统适应外界环境要素变化并与之保持协调发展的水平。在国外,对适应性的研究目前主要集中于不同领域对适应性概念的内涵界定、适应性指标选取与框架构建、评价方法的选择、适应性评价对模型的建立及适应性策略的选择等方面。国内的适应性研究起步略晚于国外,2000 年前后开始引入适应性概念,之后围绕适应性指标、适应性驱动机制及适应性评价方法等方面,开展了区域、流域、全国等不同层面的研究,在产业经济、政策和作物种植的适应性方面取得了丰富的成果。但总体来看,国内外对外部环境异变下工程适应性及其影响因素与提升策略的关注不够。

2. 整治工程适应性研究进展

国内外关于河口河网有许多整治工程。为缓解人口增长和土地资源匮乏的矛盾,抵御风暴潮和洪水灾害,荷兰政府分别实施了"须得海工程"和"三角洲工程";美国在密西西比河干支流河道的整治工程种类之全、数量之多在世界河流整治史上是领先的,其工程措施主要是在上游清除暗礁、堵塞支汊与渠化河道,在中游修建防洪堤、丁坝群、护岸,在下游建防洪堤、分洪区、分洪道,并修建导流堤治理拦门沙。国内对长江口实施了众多工程治理措施,如兴隆沙夹泓封堵围垦工程、北支整治工程等;对于黄河口的治理,相继采取了修筑堤防工程和控导工程等多种治理举措,如有计划地人工改道或改汊、截支强干、束水攻沙等;在珠江口的整治中主要有西北江上游控制性水利枢纽工程的建设,珠江三角洲滩涂围垦,工程建设活动如建闸、疏浚、炸礁、束水归槽、筑坝挑流、抛石护岸等。

目前,国内关于整治工程适应性的相关研究多局限在内河。小浪底水库修建后,改变了黄河下游来水来沙过程,针对黄河下游游荡型河段河道整治方案及堤防稳定适应性分析的成果较多[39-46]。例如,彭瑞善和李慧梅[39]曾展开小浪底水库修建后已有河道整治工程的适应性研究,提出为适应小浪底水库建成后下游河道发生冲刷的情况,应加快游荡型河道整治的步伐、强化河道的侧向边界、压缩游荡范围,促进河道向工程控制下的微弯河型转化的建议。王卫红等[46]根据 TM 卫星影像解析、数理统计和理论分析的方法,对小浪底水库长期调控下泄低含沙、小流量过程条件下游荡型河段河道整治工程的适应性进行了评价,发现黄河下游游荡型河段河道整治工程的总体适应性较弱;并探讨了整治工程对水沙变化过程的适应机制，提出了为增强工程的适应性，应从调控合理水沙过程、优化工程设计方案两方面统筹协调考虑的思想。

王梅力等[47]针对受水沙动力变化、坝体结构及维护管理等因素影响的整治建筑物经常出现的水毁破坏现象，基于山区通航河流整治建筑物水毁的大量野外调查观测资料和有关研究成果，对影响整治建筑物水毁的因子及其影响程度进行了分析，给出了流速、水位、河道形态、坝体结构和维护管理等因子影响程度的判别方法及相应的取值，得出了整治建筑物水毁程度的判数计算公式，对整治建筑物技术状况提出了关于整治建筑物水毁程度的定量分类评定方法。何蕾等[48]基于风暴潮历史灾害数据，采用收益损失模型，对不同情景下海平面上升及风暴潮灾害的社会经济影响及适应性措施的效果进行了定量评价分析。研究发现，海平面上升与极端天气频率和强度的加大削弱海防工程的防御能力，现有海堤防御标准被降低，应加高、加固海岸工程以应对未来海平面的变化和风暴潮事件。

国外关于河口海岸整治工程的适应性研究目前有一些成果报道。例如，Lempert 和 Collins[49]使用驱动力-压力-状态-影响-响应框架评估河口海岸地区的弹性、脆弱性等指标，并根据 Robustness 决策概念[50-51]提出相应的适应性对策。van der Most 和 Marchand[52]认为三角洲可持续发展的策略不能仅限于基础设施措施或自然系统的恢复措施，需要对不同类型的响应进行有机组合，应包括用于自然系统的管理和恢复、土地和水的开发与适应、基础设施的扩展和恢复的措施。此外，需要加强治理结构优化以实现这些对策。Gracia 等[53]研究发现，河口海岸治理不能只靠刚性工程（如丁坝、海堤、护岸、石笼网和防波堤）。这些刚性的稳定结构通常会改变海岸的自然环境，无法让河口环境可持续发展，而可持续发展目前是一个关键问题。他们随之提出了一种基于生态系统的方法，利用湿地（如红树林）、生物礁结构（如珊瑚、牡蛎和贻贝）等沿海生态系统构建刚柔并济的河口海岸生态工程系统。Aguilera 等[54]研究了智利沿海城市化进程与整治工程实施对环境的影响，发现有必要保护和恢复沿海自然生态系统的空间连通性，并恢复由已建基础工程设施取代的服务，前提是要预先正确估计沿海城市的城镇化与人类工程如港口的扩张趋势。

综上所述，治理工程的适应性可以理解为是否适应自然环境、社会经济、发展理念的变化，可从单一工程、某一类工程、工程体系等不同层次的适应性上升到治理结构的适应性。

1.2.2 水安全风险评估

1. 概念

水安全（water security）一词最早出现在 2000 年于斯德哥尔摩举行的水讨论会上。这是一个全新的概念，不属于传统安全的范畴，它以全新的高度和更加全面的角度来考量一个区域的水问题。随着全球性资源危机的加剧，国家安全观念发生了重大变化，水安全已成为国家安全的一个重要内容，与国防安全、经济安全、金融安全有同等重要的战略地位[55]。

对水安全一词至今无普遍公认的定义，一个比较准确的诠释为，在一定流域或区域内，以可预见的技术、经济和社会发展水平为依据，以可持续发展为原则，水资源、洪水和水环境能够持续支撑经济社会发展规模、能够维护生态系统良性发展的状态为水安全。水资源安全、洪水安全和水环境安全的有机统一构成水安全体系，三者是一个问题的三个方面，相互联系、相互作用，形成了复杂、时变的水安全系统。水安全的对立面是水风险、水破坏、水灾害。

水在巩固公平、稳定和有创造性的社会及人们所依赖的生态系统方面发挥着重要作用[56]，水安全的概念主要关注对人类和自然水系统耦合的潜在有害状态，主要与缺水（对人类或环境）、洪水或有害水质有关[57]。可见，水安全具有丰富的内涵：①水安全是人类和社会经济可持续发展的一种环境与条件。②水安全系统由众多因素构成，经济社会和生态系统满足的程度不同，水安全的满足程度也不同，因此水安全是一个相对概念。③水安全是一个动态的概念，技术和社会发展水平不同，水安全程度不同。④水安全具有空间地域性、局部性。⑤水安全具有可调控性，通过水安全系统中各因素的调控、整治，可以改变水安全程度。⑥维护水安全需要成本。

因此，水安全问题通常指人类社会生存环境和经济发展过程中发生的与水有关的危害问题，如洪涝、溃坝、水量短缺、水质污染等，并由此给人类社会造成损害，如人类财产损失、人口死亡、健康状况恶化、生存环境的舒适度降低、经济发展受到严重制约等。水安全状况与经济社会和人类生态系统的可持续发展紧密相关。

从广义上讲，风险和不确定性问题存在于整个自然界与人类社会中，研究不确定性问题导致了概率论和数理统计、模糊数学及灰色系统理论等的产生。风险是由不确定性因素产生的，如果某事件的发生完全受到一种确定性的因果规律所支配，而又能被人们所认识，即人们可以对自然现象和自身行为即将产生的后果做出准确的预测，则不存在风险问题。自然界和人类的社会活动中存在着大量不确定性因素，包括客观存在的不确定性，以及由于人们不能准确地预测未来事件发生的状况和后果，产生的实际后果与人们预期后果的背离，可以说没有不确定性就没有风险。在自然环境和社会环境中不确定性的广泛存在性，造成了风险存在的广泛性，通常人们只把与其利益息息相关的不确定性事件作为风险事件，即只将与可能产生的不同程度的损失或额外收益有关的不确定性事件作为风险事件[58]。由于自然环境和社会环境的不确定性，水安全状况也存在不确定性，可称为水安全风险。

2. 水安全评估体系

目前，在国际上运用较多的水安全评估体系是可持续发展指标体系，主要采用以下几种指标：①瑞典水文学家 Malin Falkenmark 提出的水紧缺指标（water-stress index），该指标主要用人均可更新水资源来表示区域水资源的余缺程度。②将水资源的开发利用程度作为用水紧张的分类指标，如程和琴等[59]采用改进的供水保证率公式对上海的供水安全展开评估。③将水资源总量折合成径流深来衡量生态系统的自然状况,当径流深大于 150 mm 时,基本上可以保证适当的人类活动,维持原有生态系统不退化,即可以维持较好的生态环境状况。上述水安全评价指标简单易行,但过于粗略,大多关注水资源数量方面的特性,对于水质、水环境及由此产生的社会、经济、生态等安全问题没有给予充分的关注。英国生态与水文中心为了监测水行业的发展,提出由资源、途径、利用、能力和环境 5 个分指数组成的水贫困指数(water poverty index,WPI),用于反映水资源短缺对人类的影响等。该套指标体系需要大量的数据收集和处理工作,并需要征询专家的意见。

随着数学与计算机技术的不断发展,先进的数学思想、数学模型层出不穷,近年来国内外诸多学者将之融入水安全评估体系研究中,强大的计算机技术,使得繁重的计算任务变得简单,多种多样的水安全评估体系也逐渐发展起来,应用于水安全治理。2007年周劲松等[60]从人类生活质量、社会经济发展和自然生态三个方面构建了水环境安全指标体系,通过层次分析法对我国整体水环境安全进行了评估,结果表明我国水环境安全的总体状况处于预警状态,空间上水环境安全大致呈连片化分布,数值上呈两极化分布,指出国内水环境压力巨大,形势不容乐观。为建立合理的流域水生态安全评估指标体系,张远等[61]以流域为对象,对水生态安全内涵进行了阐释,并对流域水生态安全评估指标进行了系统分析,基于压力、状态、功能、风险四要素,构建了目标层-方案层-要素层-指标层评估体系,采用综合指数法计算生态安全指数(ecology security index,ESI),并根据 ESI 得分将水生态系统的安全等级分为 5 个级别,构建了多指标的流域水生态安全评估方法。长江三峡水利枢纽工程作为我国长江上的重要梯级工程,保证其水安全尤为重要,石为人等[62]为合理评估三峡库区污染时间风险,减轻或避免突发事件造成的危害,研究并提出了一种基于层次分析法的水环境安全风险评估预警模型。在设计的水污染风险评估指标体系的基础上,运用层次分析法确定了各项风险指标的相对权重,根据层次排序与预警等级划分规则,建立了水污染风险评估模型,将水环境污染事件根据指标划分为 I~IV 级环境事件,对应启动不同的预案等级。将该模型应用于三峡库区水环境安全预警系统,对历史污染事件进行风险综合评估,结果表明模型可行并具有较好的实用价值。闫玥[63]利用综合安全评估(formal safety assessment,FSA)方法,分析构成海事事故的危险因素,研究不同的风险项,提出了实际有效的风险控制措施,基于有效性和经济性评估风险控制方案,得到最后的选择结果,完成了对秦皇岛港通航安全的研究,提出了减小通航风险的具体措施。

配水系统(water distribution system,WDS)是城市社会不可缺少的基础设施,由于持续不断的城市饮用水供应,需要建立一个性能评估及监测系统,以预测 WDS 的安全水平。针对城市 WDS 的主要问题,Nazif 等[64]提出了用于评价输水干管物理状态的物理脆弱性指数(physical vulnerability index,PVI),在量化 PVI 时,考虑了管道特性和垫层土规范,利用层次分析法确定这些因素对 PVI 的重要性。采用优化算法,以最小的成本,通过改善系统中管道的物理条件,确定提高系统性能的方法,并且成功地将该系统应用于德黑兰市区的一个研究案例,结果表明该算法可以更好地帮助决策者选择易损管道,进行修复实践，以解决输水管道物理故障的脆弱性问题。坐落于尼泊尔的加德满都河谷目前面临严重的缺水问题，计划引用流域外水对本流域进行供水，该项目被称为"Melamchi 供水项目"，而加德满都市政部门现有基础设施能力有限，仅能供应服务区旱季所需水量的 19%和雨季所需水量的 31%，在这一背景下，为了评估家庭水安全指数（water safety index，WSI）的时间趋势和空间分布，Thapa 等[65]利用基础设施的水需求和供水数据，采用 ArcMap 绘制了 WSI 的空间分布图和人均供水量图。结果显示，2017 年，所有加德满都服务区都存在严重的水不安全状况，在"Melamchi 供水项目"完成后，情况可能会有所改善。最近区域内的配水网络和配水策略可能会导致服务区内部的配水不均，可以通过扩大现有的分配网络和重新分配饮用水来解决这一问题，这可以为该地区另外 121 万人提供服务。Babel 和 Shinde[66]使用基于指标的方法，对流域规模进行分析，为流域规模分析建立了一个可操作的水安全评估框架。驱动力-压力-状态-冲击-风险框架用于识别在流域范围内适用的相关驱动力、相应的尺寸和水安全指标。该研究旨在实现水安全，研究者与公共部门举行了利益相关者会议，考虑他们的观点，以使水评估框架稳健可行。结果确定了五个广泛的方面（由八个指标衡量）：可用水量（衡量家庭、农业和工业用水需求的程度）；水生产率（估计流域用于创收活动的水的经济价值）；流域健康（强调土地、河流健康、环境流量等间接因素，这些因素最终将影响流域的水安全）；水致灾害（考虑了洪水和干旱对总体水安全的影响）；水治理（阐明如何通过政策和机构管理水）。

3. 水安全研究进展

我国对水安全的研究可分为三个阶段：20 世纪 80 年代以前主要是对河道洪、枯流量的研究，初步涉及环境需水问题；20 世纪 80 年代以后，除继续进行水量方面的研究外，开始研究水污染日益严重的问题，主要集中在宏观战略方面，对水污染的防治研究提出了技术路线；20 世纪 90 年代以后，针对淮河水污染、黄河断流、1997 年和 1998 年大洪水等问题，国家提出了治水新思路，即资源水利、人与自然和谐的可持续发展水利，除开展传统的以水功能为主要内容的水安全研究外，刘昌明[67]提出了我国 21 世纪水资源供需的生态水利问题。运用层次分析法，刘学工和单伟[68]展开了黄河防洪实时决策研究，介玉新等[69]建立了长江堤防安全评价系统，黄俊等[70]将其应用于城市防洪工程方案选择。吴婷婷和方国华[71]引入综合评价方法中的层次分析法来进行防洪方案的选择，针对城市防洪工程后评价指标多为定性指标的特点，将三角模糊数层次分析法引入城市防洪工程后评价中，在采用三角模糊数表征专家的判断信息的基础上得出综合评价结果。赵淑杰和张利[72]分析了防洪安全评价的影响因素，创建了防洪安全评价指标体系，并建立了基于模糊层次分析法的综合评价模型，将此模型应用于辽河流域的实例中，对辽河流域的防洪安全进行了综合评价，结果表明，辽河流域防洪体系经过多年建设，防洪安全明显提高，该模型在防洪安全评价中合理、实用，可信度较高。谈广鸣等[73]根据城市防洪工程效益评价范围宽、层次多、评价指标多样化的特点，运用层次分析法建立了效益评价模型，确定了城市防洪工程效益的影响指标及其权重值，并结合灰色区间关联法进行了关联运算，进而提供了最优方案的选择方法。针对长江中下游沿江城市武汉

的城市防洪工程，运用灰色层次分析法评价模型分析了该城市有无防洪工程相对于理想
方案的关联度，进而对其防洪工程效益进行了分析评价。模型计算结果表明，该城市的
防洪工程发挥了较显著的综合效益。

国外关于水安全风险评估也有不少研究成果。例如，Driessen 等[74-75]采用 Walker 等[76]
在社会生态学中提出的弹性观点，提出了洪水风险管理的三种弹性能力，它们是"有足
够的抵抗洪水能力，吸收和恢复的能力，以及通过机遇转变和适应的能力"。堤防是保
障河口河网脆弱性与风险性安全的重要一环，法国的 Serre 等[77]提出了一种用于地理信
息系统的分阶段堤防性能分析方法：第一阶段对堤坝进行功能分析及故障模式和效果分
析；第二阶段基于这些信息和专家知识，对不同情形的堤防破坏场景进行建模，获得堤
防绩效评估所需的指标和标准；第三阶段汇总指标和标准以评估堤防性能。美国新奥尔
良飓风防护体系在卡特琳娜飓风到来时破坏失效，Sills 等[78]研究发现卡特琳娜飓风产生
的涌浪和风暴潮大大超出了堤防的预期设计标准，大部分破坏都是由越浪与底部结构侵
蚀造成的，具体地，I 型防洪墙标高过高和随后的侵蚀与侵蚀引起的防洪墙不稳定性导
致了破坏。水安全的另一个威胁便是盐水入侵，Toan[79]认为考虑到湄公河口水位较高这
一特点，除了在湄公河沿岸设置闸门以防止潮汐泛滥和盐水入侵外，整个河上也应建成
一些干流的闸门。为了避免水在闸门上游壅滞，闸门不应始终关闭，而应在退潮期间保
持打开状态，仅在大潮退潮时关闭。Jepson[80]提出了水安全的四个子要素：①人类发展；
②生态可持续性；③地缘政治与国际关系；④脆弱性和风险性。其中，②与④是水安全
研究中最为关注的部分。水安全中的脆弱性与风险性更倾向于指水灾害，而在国外水安
全方面的研究以供水安全研究为主。事实上，在热带或亚热带的河口地区，洪水与海平
面上升一直是最大的水安全威胁。Octavianti[81]介绍了一种称为"安全化决定因素"的概
念性方法，以评估灾害威胁如何被安全化，然后利用该方法评估了雅加达的洪水事件和
沉没威胁，审查了该城市的防波堤建议。

除洪水安全和供水安全外，水安全的另一重点便是水生态安全。Li 等[82]根据水生生
态压力-水生生态状态-生态功能-社会响应（pressure-state-function-response，PSFR）评
估框架评估了太子河流域山区（35 个小流域）的生态安全状况。研究结果表明，研究区
的水生生态状况可以分为三类：不安全、总体安全和有保障。近几十年来，国内外政府
和学术界一直在努力改善水环境，同时，他们也在探索各种工程方法来实现水安全保障。
例如，Chen[83]研究评估了中国广州与水污染和河流修复相关的环境外部性。Mi 等[84]针
对中国北方典型面源污染河流伊通河实施了生态恢复工程，结果表明，生态工程可以显
著减少面源污染，改善水质、生物多样性和经济效益，是恢复河流生态系统完整性的有
效手段。邱宇[85]基于汀江流域的特点和水环境安全形势，从资源开发利用、水污染物排
放、生态环境状况和环境质量状况等方面构建了水环境安全评价指标体系，引入全排列
多边形图示指标法构建了评价模型，对汀江干流和主要支流的水环境进行了评价。

4. 珠江河口河网水安全

综上所述，水安全这个概念强调了水问题的系统性，主要包括三个有机联系的子系统：

水资源（可利用性，如饮用、灌溉等）、洪水（也涵盖内涝）和水环境（水生态）。珠江河口河网是一个受到人类活动强烈干扰的区域，为了实现可持续发展，需要从水安全的高度来考虑问题，不应将各个水问题孤立起来分析。实际上，这些水问题是有内在关联的，洪涝灾害会影响局部区域供水，而供水必然要涉及水质问题，也就是水环境问题。

最近推行的"五水共治"（即污水、洪水、涝水、供水、节水），反映出协同治水已经成为国内外的新趋势。对于人口密集、经济发达的珠江河口河网地区来说，与防洪安全一样，供水安全也具有特殊意义。世界银行 2015 年 2 月发布的报告称，无论是从地域还是从人口规模来看，中国珠江三角洲地区在 21 世纪初就已超过日本东京地区，成为全球最大的城市片区[86]。这个都市区以珠江水为饮用水源；同样，以珠江水为饮用水源的还有香港和澳门，保障港澳地区的供水历来是中央政府关注的事情。

在全球气候变暖及海平面上升的背景下，暴雨、风暴潮等极端水文事件愈加严重，加之珠江河口河网地区经济的快速发展，人类干扰越来越大，威胁区内供水安全的因素越来越多，如洪水及堤防安全、咸潮上溯、突发性水污染事故（如北江镉污染）、珠江河口河网地区的水污染（流经城镇的水道、河涌的水环境急剧恶化）等[87-88]。供水安全的关键，一是水量，二是水质，而水质与水污染密切相关。自 20 世纪 70 年代开始，珠江三角洲地区在城镇化和工业化高速发展的同时，产生了明显的环境问题。其中，最严重的问题就是陆地和海洋的排污量日益加剧，以及由珠江河口无序挖砂等导致的咸潮上溯加剧。不少研究都表明，珠江八大口门存在重金属、有机氯农药、有机磷农药、无机氯等污染问题，污染物种类和数量较多。水质变化引起了珠江河口河网地区的水生态问题：珠江河口浮游植物种类明显下降，不少珠江河口特有的鱼类数量大幅下降甚至消失，如黄唇鱼；由于生境发生异变，不少产自珠江河口的水产品体内的有害物质含量快速上升，威胁到人类健康。如何在经济快速发展的条件下，控制水污染，实现可持续发展，是实现区内水安全的重要问题。

对于珠江河口水安全的研究，主要集中在以下三个方面。一是河网腹部地区洪水抬升及堤防防御能力的研究，诸裕良等[89]在广义极值分布和蒙特卡洛随机模拟方法的基础上分析了珠江河网洪水重现期与水位关系的变化，发现三角洲腹地洪水重现期与水位的关系随时间的变化为，同一重现期对应的水位随时间升高，这与上游地区大规模挖砂活动导致的中游腹地水位壅高有关。赵小娥等[90]对珠江三角洲几场典型洪水的实测水面线进行分析后发现，在网河区腹部水位异常壅高，出现这种现象的原因包括以联围筑闸、河障、河道采砂为代表的人类活动和海平面上升。何治波等[91]统计发现，珠江流域现有堤防多数为 10 年一遇到 20 年一遇，部分重要堤防达 50 年一遇到 100 年一遇防洪标准，初步形成了以堤防工程为主的防洪工程体系。陈文龙等[92]研究了粤港澳大湾区的防洪潮对策，认为应当按照"堤库结合、以泄为主、蓄泄兼施"的流域防洪方针，加强流域与大湾区防洪体系的协同作用，在系统开展大湾区防洪体系整体安全评估的基础上优化流域水库调度、加固区域堤防体系。二是对风暴潮影响的研究，黄镇国等[93]选取不同的风暴潮组合水文工况，模拟计算珠江三角洲 24 个代表潮位站高潮水位的升幅，发现在潮区海平面上升 30 cm 后，风暴潮潮位的重现期普遍缩短一个半等级。何蕾等[48]则基于风暴潮历史灾害数据，采用收益损失模型，对不同情景下海平面上升和风暴潮灾害的社会经济影响及治理措施效果进行了定量评价分析，得出了海平面上升和极端风暴潮事件的增加将削弱海防工程防御能力的结论，提出应加高、加固海防工程以应对未来海平面变化和风暴潮事件。三是聚焦于区域的水环境与水资源，如李奕霖[94]从人口增长、水资源需求、污水排放等角度对广东地区的水安全进行了评价。许伟等[95]对珠江河口复杂河网的水资源调度进行了研究，研究表明水资源调度对改善珠江三角洲的水环境问题有很大作用。李嘉怡等[96]对珠江河口悬浮物中的重金属分布特征进行了研究，并对区域河口的水生态风险进行了评价。因此，对珠江河口水安全状况进行及时、系统的评价并开展风险评估是十分必要的[97]。

1.2.3　评估方法

从评价标准的角度来看，评价方法分为两类：一是没有评价标准的评价，称为聚类评价；二是在已知评价标准下的评价，称为等级评价，又称模式识别方法。前者不需要进行指标权重的确定；对于后者，权重的确定非常关键，它直接决定着评价的结果。目前，对权重的研究成果还不能与权重的重要性相匹配，定权方法有专家调查法（Delphi方法）、层次分析法、环比法、熵法、变异系数法、关联度法等。这些方法有些是主观判别法，有些是客观判别法，目前探索的前沿是主客观组合判别方法、不完全信息情况下权重的确定方法，还有对权重稳定性的研究等。

评估方法[98]主要有层次分析法、模糊综合评价法、模糊物元模型法、投影寻踪法，还有主成分分析法、集对分析法、灰色关联度分析评价法、相似差值评价模型、反向传播（back propagation，BP）人工神经网络评价法等。其中，层次分析法已经广泛应用于水安全评估及决策支持系统。下面介绍几种常用的评估方法。

1）层次分析法

层次分析法是一种将定性与定量分析方法相结合的多目标决策分析方法，其最早出现在20世纪70年代初，是由美国运筹学家匹兹堡大学教授T. L. Saaty提出的一种层次权重决策分析方法[99]。它是一种定性和定量相结合的、系统化、层次化的分析方法，这种方法凸显了人的主观思维判断在系统决策过程中的作用，能够较为有效地处理定性与定量因素间的关系，尤其是定性因素占主导地位的决策问题。

随着人类现代社会的不断发展，安全和环境问题成为各级政府与公众所关注的问题，对安全和环境风险进行评价成为治理安全与环境问题的一个重要方面。而层次分析法作为一种综合评价方法在风险评价尤其是安全和环境风险评价中得到广泛应用。例如，在安全生产科学技术方面，层次分析法广泛地应用在煤矿安全评价、危险化学品评价、油库安全评价等研究中，其定量确定评价指标体系中各种灾害因素的权重，将所得到的综合危险分数作为综合评价模型下的危险分级标准，对危险等级做出统一判断，提高安全生产管理水平[100-103]。层次分析法的另一大使用群体则是城市管理者和决策者，他们基于层次分析法对城市灾害应急能力及交通安全运输能力进行研究，完善城市灾害应急体系和交通系统[104-106]。此外，近年来越来越多的学者将层次分析法应用于环境保护的研究中，包括水安全评价、环境保护措施研究、生态环境质量评价指标体系研究及水生野生动物保护区污染源确定等[107-109]。层次分析法经过多年的发展，衍生出改进的层次分析法、模糊层次分析法、可拓模糊层次分析法和灰色层次分析法等多种方法，并且根据研究的实际情况有其各自的适用范围[110-113]。

2）模糊综合评价法

模糊分析是对现实中出现的模糊概念进行分析评价的数学方法[114-115]。模糊概念是指对于具体标准而言，目前尚未找到精确分类标准，因此难以对标准进行隶属判别。模糊综合评价法运用了模糊变换的数学原理，对目标进行综合评判。从数学原理上看，这种方法相较于传统数学方法，能够有效地解决模糊评判的问题，适合作为辅助决策方法。水环境质量综合评价涉及了大量的复杂因素，而且评价指标多为模糊概念，模糊分析在水环境质量综合评价的应用上效果良好[116]。

3）主成分分析法

主成分分析法是一种多元统计数学分析方法。对于多元分析，存在着多个自变量，而且自变量之间存在一定的关系，这就使数据之间存在信息重叠，信息重叠会掩盖自变量的特征[117-118]。主成分分析法采用了降维的思想，从诸多自变量中找出主成分自变量。通过这种途径，主成分分析法能够抓住主要矛盾，简化分析过程。

4）集对分析法

集对分析法是把两个集合联系的确定性和不确定性看成一个系统，系统中的确定性与不确定性既互相联系又互相制约，因此对这两个集合的联系度进行描述时，应从确定性和不确定性两个方面来进行[119-120]，所用的表达式如下：

$$\mu_c = \frac{S}{N} + \frac{F}{N}o_c + \frac{P}{N}o_d = a_t + b_c o_c + c_d o_d \qquad (1.1)$$

式中：μ_c为联系数；S/N为两个集合的同一程度，即同一度，记为a_t；F/N为两个集合的不确定程度，即差异度，记为b_c；P/N为两个集合的对立程度，即对立度，记为c_d，其中$a_t+b_c+c_d=1$；o_c为差异度系数，可根据具体情况在(-1, 1)区间取值；o_d为对立度标识系数，o_d往往取-1。

1.3 本书主要内容

本书旨在反映珠江河口河网径潮动力条件受到水库大坝建设、人工采砂、滩涂围垦、联围筑闸、航道整治等人类活动的影响后的变化情况，定量评价整治工程适应性，评估珠江河口河网水安全状况，为河口河网整治的长期规划提供指导与参考。各章主要内容如下。

第 1 章介绍珠江河口河网的地理位置、气候水文特征，阐述本书所探究的主要科学问题及其研究意义，梳理国内外的有关研究现状，介绍本书所用到的科学研究方法。

第 2 章罗列 20 世纪 60 年代以来施加于珠江河口河网水域的人类活动的时空分布情况，对主要工程类型如水库大坝建设、人工采砂、滩涂围垦等分小节列出详细的数据并做定性的影响分析，选取典型险段、磨刀门等典型整治工程，对其整治效果进行初步评估。

第 3 章结合水沙、地形、盐度等资料分析多种多样的人类活动剧烈影响河床及河口岸线情况下珠江三角洲水系的径潮盐动力格局调整情况及演变趋势，以及强人类活动驱动下珠江河口河网的异变新格局。

第 4 章详细介绍本书所用到的珠江河口河网水动力-水质模拟技术及数学模型，包括带闸、堰等内边界条件的一维河网水动力数学模型、平面二维水动力数学模型、三维径-潮-盐-水质数学模型等，对模型的基本算法、解法及模型的构建过程与适用条件进行说明阐述。

第 5 章为本书的核心章节，选取典型的河网建闸、险段治理、滩涂围垦整治工程为研究对象，以整治工程功能的变化为目标，综合考虑整治工程实施后对河道水动力指标、水质指标和经济社会指标的影响，结合河口与河网地形边界在水流作用和人类活动下的变化，基于层次分析法构建整治工程适应性评价体系，以评估珠江河口河网典型整治工程在历史过程中的功能及面对新形势下水安全治理新需求时所能发挥的作用。

第 6 章采用现场调查试验与模型分析评价相结合的方式，对珠江河口河网的水质安全评价指标进行时空分析，建立水质安全评价体系，评估水质安全状况。

第 7 章根据历史灾害评估和现状经济社会要素调查，运用层次分析法构建多层次的水安全风险分析评估模型。通过该模型研究评估复杂边界条件下各致灾因子对灾害范围和灾害程度的影响，从而准确评估珠江河口水安全的状况，并针对水沙条件改变和咸潮上溯加剧等问题，论证相关整治方案对河口水安全的影响。

除特别说明外，本书中的所有高程均为珠江基面高程。

参 考 文 献

[1] ZHANG W, WEI X Y, ZHENG J H, et al. Estimating suspended sediment loads in the Pearl River Delta region using sediment rating curves[J]. Continental shelf research, 2012, 38: 35-46.

[2] ZHANG Q, XU C Y, CHEN X, et al. Abrupt changes in the discharge and sediment load of the Pearl River, China[J]. Hydrological processes, 2012, 26(10): 1495-1508.

[3] LIU F, YUAN L R, YANG Q S, et al. Hydrological responses to the combined influence of diverse human interventions in the Pearl River Delta, China[J]. Catena, 2014, 113: 41-55.

[4] CAI H, YANG Q, ZHANG Z, et al. Impact of river-tide dynamics on the temporal-spatial distribution of residual water levels in the Pearl River channel networks[J]. Estuaries and coasts, 2018, 41(10): 1-9.

[5] XIA X M, LI Y, YANG H, et al. Observations on the size and settling velocity distributions of suspended sediment in the Pearl River Estuary, China[J]. Continental shelf research, 2004, 24(16): 1809-1826.

[6] 吴超羽, 包芸, 任杰, 等. 珠江三角洲及河网形成演变的数值模拟和地貌动力学分析: 距今 6000～2500a[J]. 海洋学报(中文版), 2006(4): 64-80.

[7] ZHANG Q, CHEN Y D, JIANG T, et al. Human-induced regulations of river channels and implications for hydrological alterations in the Pearl River Delta, China[J]. Stochastic environmental research and risk assessment, 2011, 25(7): 1001-1011.

[8] 珠江水利委员会珠江水利科学研究院. 珠江河口已建和规划建设项目防洪影响综合评价报告[R]. 广州: 珠江水利委员会珠江水利科学研究院, 2013.

[9] LIU F, HU S, GUO X, et al. Recent changes in the sediment regime of the Pearl River (south China): Causes and implications for the Pearl River Delta[J]. Hydrological processes, 2017, 32: 1771-1785.

[10] 雷亚平. 全新世海进盛期以来珠江长时间尺度水沙变化过程研究[D]. 广州: 中山大学, 2004.

[11] ZHANG W, WANG W G, ZHENG J H, et al. Reconstruction of stage-discharge relationships and analysis of hydraulic geometry variations: The case study of the Pearl River Delta, China[J]. Global and planetary change, 2015, 125(3): 60-70.

[12] 赵荻能. 珠江河口三角洲近 165 年演变及对人类活动响应研究[D]. 杭州: 浙江大学, 2017.

[13] 罗宪林, 杨清书, 贾良文. 珠江三角洲网河河床演变[M]. 广州: 中山大学出版社, 2002.

[14] LIU F, XIE R, LUO X, et al. Stepwise adjustment of deltaic channels in response to human interventions and its hydrological implications for sustainable water managements in the Pearl River Delta, China[J]. Journal of hydrology, 2019, 573: 194-206.

[15] TAN C, HUANG B, LIU K, et al. Using the wavelet transform to detect temporal variations in hydrological processes in the Pearl River, China[J]. Quaternary international, 2017, 440: 52-63.

[16] 陈文彪. 珠江河口整治开发研究[M]. 北京: 中国水利水电出版社, 2013.

[17] 陈小文, 刘霞, 张蔚. 珠江河口滩涂围垦动态及其影响[J]. 河海大学学报(自然科学版), 2011, 39(1): 39-43.

[18] WANG H, ZHANG P, HU S, et al. Tidal regime shift in Lingdingyang Bay, the Pearl River Delta: An identification and assessment of driving factors[J]. Hydrological processes, 2020, 34(2): 2878-2894.

[19] CAI H, HUANG J, NIU L, et al. Decadal variability of tidal dynamics in the Pearl River Delta: Spatial patterns, causes, and implications for estuarine water management[J]. Hydrological processes, 2018, 32: 3805-3819.

[20] 储南洋. 人类活动影响下伶仃洋滩槽地貌结构演变研究[D]. 广州: 中山大学, 2020.

[21] 胡德礼. 珠江河口潮波传播过程的系统响应特征研究[D]. 广州: 中山大学, 2009.

[22] 广东省航道局, 中山大学河口海岸研究所. 珠江三角洲主要航道潮汐动力的变化及其对航道的影响研究总结报告[R]. 广州: 中山大学, 2007.

[23] 包万友, 刘喜民, 张昊. 盐度定义狭义性与广义性[J]. 海洋学报(中文版), 2001(2): 52-56.

[24] 范中亚, 林澍, 曾凡棠, 等. 珠江口门枯季动力过程及盐度分布特征[J]. 热带地理, 2013, 33(4): 400-406.

[25] GONG W, MAA P Y, HONG B, et al. Salt transport during a dry season in the Modaomen Estuary, Pearl

River Delta, China[J]. Ocean & coastal management, 2014, 100: 139-150.

[26] BAO Y, LIU J. The study of salt intrusion limit in Modaomen Estuary during dry season[J]. Shipbuilding, 2008, 49 (SI2): 441-445.

[27] GONG W, SHEN J. Response of salt intrusion to changing river flow and tidal amplitude during winter season in the Modaomen Estuary, Pearl River Delta area, China[J]. Continental shelf research, 2011, 31: 769-788.

[28] 刘杰斌, 包芸, 黄宇铭. 丰、枯水年磨刀门水道盐水上溯运动规律对比[J]. 力学学报, 2010, 42(6): 1098-1103.

[29] GONG W, CHEN Y, ZHANG H, et al. Effects of wave-current interaction on salt intrusion during a typhoon event in a highly stratified estuary[J]. Estuaries and coasts, 2018, 41: 1904.

[30] 贾良文, 吴超羽, 任杰, 等. 珠江口磨刀门枯季水文特征及河口动力过程[J]. 水科学进展, 2006, 17(1): 82-88.

[31] 贾良文, 吴超羽. 磨刀门河口近期水文动力变化及人类活动对其影响研究[J]. 海洋工程, 2007, 25(4): 46-53.

[32] 梁向阳. 珠江三角洲近期海岸变迁与滩涂开发利用[J]. 环境, 2005 (z1): 153-156.

[33] 黄东, 郑国栋, 黄本胜, 等. 珠江三角洲网河区桥梁阻水问题初探[C]// 全国水动力学学术会议. 上海: 水动力学研究与进展杂志社, 2003.

[34] 罗晓霞. 珠江三角洲航运规划及实施总览[J]. 珠江水运, 2002, 4: 28-29.

[35] LUO X, ZENG E, JI R, et al. Effects of in-channel sand excavation on the hydrology of the Pearl River Delta, China[J]. Journal of hydrology, 2007, 343: 230-239.

[36] 朱三华. 珠江河口泄洪整治研究[J]. 人民珠江, 2010, 31(6): 10-12.

[37] 徐辉荣, 王鑫, 黄剑威. 珠江河口"洪水就近入海"泄洪方略研究[J]. 广东水利水电, 2021(8): 8-13.

[38] LIU C, YU M, JIA L, et al. Impacts of physical alterations on salt transport during the dry season in the Modaomen Estuary, Pearl River Delta, China[J]. Estuarine, coastal and shelf science, 2019, 227: 106345.

[39] 彭瑞善, 李慧梅. 小浪底水库修建后已有河道整治工程适应性研究[J]. 人民黄河, 1996(10): 30-33, 62.

[40] 陈懋平, 马荣曾. 小浪底水库运用后黄河下游游荡型河段河道整治方案适应性分析及对策[J]. 人民黄河, 1999(3): 3-5.

[41] 江恩惠, 张清, 陈书奎. 小浪底水库运用初期黄河下游河道整治工程适应性分析[C]// 第十四届全国水动力学研讨会论文集. 郑州: 黄河水利科学研究院, 2000: 361-366.

[42] 张遂芹, 边鹏, 窦焕春, 等. 黄河首次调水调沙期间河南河段河道整治工程适应性分析[J]. 水利建设与管理, 2003, 23(3): 59-60.

[43] 赵宇坤, 刘汉东, 李庆安. 黄河下游堤防稳定性分析方法适应性研究[J]. 人民黄河, 2004(12): 1-6, 46.

[44] 吕文堂, 马继业, 窦焕春. 黄河下游堤防加固措施及适应性分析[J]. 中国水利, 2004(15): 48-49.

[45] 王保民, 赵彦彦, 毋甜. 赵口—黑岗口河段河势演变及工程适应性分析[J]. 人民黄河, 2012, 34(2): 14-16.

[46] 王卫红, 李勇, 许志辉, 等. 大型水库调控对游荡型河道整治工程适应性的影响[J]. 泥沙研究, 2013(6): 12-21.

[47] 王梅力, 林孝松, 王平义. 山区通航河流整治建筑物水毁程度及技术状况评定[J]. 中国水运, 2015, 15(5): 273-274, 276.

[48] 何蕾, 李国胜, 李阔, 等. 珠江三角洲地区风暴潮灾害工程性适应的损益分析[J]. 地理研究, 2019, 38(2): 427-436.

[49] LEMPERT R J, COLLINS M T. Managing the risk of uncertain threshold responses: Comparison of robust, optimum, and precautionary approaches[J]. Risk analysis, 2007, 27(4): 1009-1026.

[50] HARRIS G. Seeking sustainability within complex regional NRM systems[C]//Proceedings of the Surveying & Spatial Sciences Institute Biennial International Conference. Adelaide: Surveying & Spatial Sciences Institute, 2009.

[51] SHEAVES M, SPORNE I, CATHERINE M, et al. Principles for operationalizing climate change adaptation strategies to support the resilience of estuarine and coastal ecosystems: An Australian perspective[J]. Marine policy, 2016(68): 229-240.

[52] VAN DER MOST H, MARCHAND M. 11. 08-Management of the sustainable development of deltas[J]. Treatise on estuarine and coastal science, 2011, 11: 179-204.

[53] GRACIA A, RANGEL N, OAKLEY J, et al. Use of ecosystems in coastal erosion management[J]. Ocean & coastal management, 2018, 156: 277-289.

[54] AGUILERA M A, TAPIA J, GALLARDO C, et al. Loss of coastal ecosystem spatial connectivity and services by urbanization: Natural-to-urban integration for bay management[J]. Journal of environmental management, 2020, 276: 111297.

[55] 王淑云, 刘恒, 耿雷华, 等. 水安全评价研究综述[J]. 人民黄河, 2009, 31(7): 11-13.

[56] WADA Y, GAIN A K, GIUPPONI C. Assessment of global water security: Moving beyond water scarcity assessment[C]// AGU Fall Meeting Abstracts. [S.l.]:[s.n.], 2015.

[57] HALL J, BORGOMEO E. Risk-based principles for defining and managing water security[J]. Philosophical transactions of the royal society A, 2013, 371(2002): 20120407.

[58] 付湘, 王丽萍, 边玮. 洪水风险管理与保险[M]. 北京: 科学出版社, 2008.

[59] 程和琴, 塔娜, 周莹, 等. 海平面上升背景下上海市长江口水源地供水安全风险评估及对策[J]. 气候变化研究进展, 2015, 11(4): 263-269.

[60] 周劲松, 吴舜泽, 逯元堂, 等. 水环境安全评估体系研究[C]//2007 中国环境科学学会学术年会优秀论文集(上卷). 北京: 中国环境科学出版社, 2007: 410-415.

[61] 张远, 高欣, 林佳宁, 等. 流域水生态安全评估方法[J]. 环境科学研究, 2016, 29(10): 1393-1399.

[62] 石为人, 李渊, 邓春光, 等. 基于 AHP 的水环境安全风险评估模型设计及实现[J]. 仪器仪表学报, 2009, 30(5): 1009-1013.

[63] 闫玥. 基于 FSA 方法的秦皇岛港通航环境评估[J]. 中国海事, 2014(5): 51-54.

[64] NAZIF S, KARAMOUZ M, YOUSEFI M, et al. Increasing water security: An algorithm to improve water distribution performance [J]. Water resources management, 2013, 27(8): 2903-2921.

[65] THAPA B R, ISHIDAIRA H, PANDEY V P, et al. Evaluation of water security in Kathmandu Valley before and after water transfer from another basin[J]. Water, 2018, 10(2): 224.

[66] BABEL M S, SHINDE V R. A framework for water security assessment at basin scale [J]. APN science

bulletin, 2018, 8(1): 27-32.

[67] 刘昌明. 中国 21 世纪水供需分析: 生态水利研究[J]. 中国水利, 1999(10): 18-20.

[68] 刘学工, 单伟. 层次分析法在黄河防洪实时决策中的应用研究[J]. 华北水利水电学院学报, 1998, 19(2): 18-25.

[69] 介玉新, 胡韬, 李青云, 等. 层次分析法在长江堤防安全评价系统中的应用[J]. 清华大学学报 (自然科学版), 2004, 44(12): 1634-1637.

[70] 黄俊, 付湘, 柯志波. 层次分析法在城市防洪工程方案选择中的应用[J]. 水利与建筑工程学报, 2007, 5(1): 52-55.

[71] 吴婷婷, 方国华. 基于三角模糊数层次分析法的城市防洪工程后评价研究[J]. 水利经济, 2010, 28(4): 11-14.

[72] 赵淑杰, 张利. 基于模糊层次分析法的防洪安全评价研究[J]. 东北水利水电, 2013, 26(2): 52-54.

[73] 谈广鸣, 舒彩文, 肖阳, 等. 基于灰色层次分析法的城市防洪工程效益评价[J]. 武汉大学学报(工学版), 2016, 49(3): 347-358.

[74] DRIESSEN P, RIJSWICK H V, KUNDZEWICZ Z W, et al. Toward more resilient flood risk governance[J]. Ecology and society, 2016, 21(4): 759-772.

[75] DRIESSEN P, HEGGER D, KUNDZEWICZ Z, et al. Governance strategies for improving flood resilience in the face of climate change[J]. Water, 2018, 10(11): 1595.

[76] WALKER B, HOLLING C S, CARPENTER S R, et al. Resilience, adaptability and transformability in social-ecological systems[J]. Ecology and society, 2004, 9(2): 5.

[77] SERRE D, PEYRAS L, TOURMENT R, et al. Levee performance assessment methods integrated in a GIS to support planning maintenance actions[J]. Journal of infrastructure systems, 2008, 14(3): 201-213.

[78] SILLS G L, VROMAN N D, WAHL R E, et al. Overview of New Orleans levee failures: Lessons learned and their impact on national levee design and assessment[J]. Journal of geotechnical and geoenvironmental engineering, 2008, 134(5): 556-565.

[79] TOAN T Q. 9-Climate change and sea level rise in the Mekong Delta: Flood, tidal inundation, salinity intrusion, and irrigation adaptation methods[J]. Coastal disasters and climate change in vietnam, 2014, 12(2): 199-218.

[80] JEPSON W. Measuring 'no-win' waterscapes: Experience-based scales and classification approaches to assess household water security in *colonias* on the US-Mexico border[J]. Geoforum, 2014, 51: 107-120.

[81] OCTAVIANTI T. Rethinking water security: How does flooding fit into the concept?[J]. Environmental science & policy, 2020, 106: 145-156.

[82] LI M D, FAN J T, KONG W J, et al. Assessment of aquatic ecological security for mountainous rivers: A case study in the Taizi River Basin, northeast China[J]. Chinese journal of applied ecology, 2018, 29(8): 2685-2694.

[83] CHEN W Y. Environmental externalities of urban river pollution and restoration: A hedonic analysis in Guangzhou (China)[J]. Landscape and urban planning, 2017, 157: 170-179.

[84] MI Y, HE C, BIAN H, et al. Ecological engineering restoration of a non-point source polluted river in northern China[J]. Ecological engineering, 2015, 76: 142-150.

[85] 邱宇. 汀江流域水环境安全评估[J]. 环境科学研究, 2013, 26(2): 152-159.

[86] 世界银行. 东亚变化中的城市图景: 度量十年的空间增长[R]. 华盛顿: 世界银行, 2015.

[87] 姚启文. 珠江河口生态水利模式的探讨[J]. 广东水利水电, 2004 (4): 13-15.

[88] 俞香连. 浅析珠江口咸潮的成因、危害和防治[J]. 中学地理教学参考, 2005, 6: 25.

[89] 诸裕良, 周允谦, 许陈澄. 珠江三角洲洪水位重现期变化研究[J]. 科学技术与工程, 2013, 13(33): 9894-9901, 9921.

[90] 赵小娥, 翁士创, 陈春燕, 等. 珠江三角洲4场洪水水面线变化趋势分析[J]. 人民珠江, 2015, 36(1): 25-28.

[91] 何治波, 吴珊珊, 张文明. 珠江流域防汛抗旱减灾体系建设与成就[J]. 中国防汛抗旱, 2019, 29(10): 71-79.

[92] 陈文龙, 袁菲, 张印, 等. 粤港澳大湾区防洪(潮)对策研究[J]. 中国防汛抗旱, 2022, 32(7): 1-4.

[93] 黄镇国, 张伟强, 赖冠文, 等. 珠江三角洲海平面上升对堤围防御能力的影响[J]. 地理学报, 1999, 6: 518-525.

[94] 李奕霖. 广东省水安全评价及保障模式研究[D]. 西安: 西安理工大学, 2019.

[95] 许伟, 刘培, 黄鹏飞, 等. 珠江河口复杂河网的水资源调度研究[J]. 水资源保护, 2022,38(4): 75-79.

[96] 李嘉怡, 董汉英, 牛丽霞, 等. 珠江虎门河口夏季悬浮物中重金属分布特征及其风险评价[J]. 海洋环境科学, 2021, 40(2): 184-189, 199.

[97] 宋美英. 珠江河口水体和沉积物中重金属的分布特征及风险评估[D]. 广州: 暨南大学, 2014.

[98] 张霞, 何南. 综合评价方法分类及适用性研究[J]. 统计与决策, 2022, 38(6): 31-36.

[99] 许树柏. 层次分析法原理[M]. 天津: 天津大学出版社, 1988.

[100] 荆全忠, 姜秀慧, 杨鉴淞, 等. 基于层次分析法(AHP)的煤矿安全生产能力指标体系研究[J]. 中国安全科学学报, 2006(9): 74-79.

[101] 李玉明, 张嘉勇, 赵礼兵. 基于层次分析法建立瓦斯事故评价模型[J]. 煤炭技术, 2006, 25(9): 66-67.

[102] 胡海军, 程光旭, 禹盛林, 等. 一种基于层次分析法的危险化学品源安全评价综合模型[J]. 安防科技, 2011(10): 141-144.

[103] 苏欣, 袁宗明, 王维, 等. 层次分析法在油库安全评价中的应用[J]. 天然气与石油, 2006, 24(1): 1-4.

[104] 铁永波, 唐川, 周春花. 层次分析法在城市灾害应急能力评价中的应用[J]. 地质灾害与环境保护, 2005(4): 433-437.

[105] 吴义虎, 刘文军, 肖旗梅. 高速公路交通安全评价的层次分析法[J]. 长沙理工大学学报(自然科学版), 2006, 3(2): 7-11.

[106] 宋祥波, 肖贵平, 贾明涛. 基于层次分析法的机车行车安全评价研究[J]. 中国安全生产科学技术, 2006, 2(6): 86-89.

[107] 王顺久, 李跃清, 丁晶. 基于指标体系的水安全评价方法研究[J]. 中国农村水利水电, 2007(2): 116-119.

[108] 耿雷华, 刘恒, 钟华平, 等. 健康河流的评价指标和评价标准[J]. 水利学报, 2006(3): 3-8.

[109] 李铸衡. 应用层次分析法确定水生野生动物保护区主要污染源[J]. 长春师范大学学报, 2005,

24(9): 116-119.

[110] 金菊良, 魏一鸣, 丁晶. 基于改进层次分析法的模糊综合评价模型[J]. 水利学报, 2004(3): 65-70.

[111] 张吉军. 模糊层次分析法(FAHP)[J]. 模糊系统与数学, 2000, 14(2): 80-88.

[112] 李振福, 杨忠振. 模糊可拓层次分析法研究[J]. 上海海事大学学报, 2006(3): 71-75.

[113] 施泉生. 灰色层次分析法在中小型电厂安全性评价中的应用[J]. 中国安全科学学报, 2005, 15(7): 21.

[114] 郭飞, 吕金华. 基于模糊综合评价法的游牧民定居工程效果评价研究: 以闽玛生态村为例[J]. 中国集体经济, 2022(15): 8-11.

[115] 吴丽萍. 模糊综合评价方法及其应用研究[D]. 太原: 太原理工大学, 2006.

[116] 潘峰, 付强, 梁川. 模糊综合评价在水环境质量综合评价中的应用研究[J]. 环境工程, 2002(2): 58-61, 5.

[117] 虞晓芬, 傅玳. 多指标综合评价方法综述[J]. 统计与决策, 2004(11): 119-121.

[118] 叶双峰. 关于主成分分析做综合评价的改进[J]. 数理统计与管理, 2001(2): 52-55, 61.

[119] YE Y X, MI Z C, WANG H Y, et al. Set-pair-analysis-based method for multiple attributes decision-making with intervals[J]. Systems engineering & electronics, 2006, 28(9): 1344-1347.

[120] 卢敏, 张展羽, 石月珍. 集对分析法在水安全评价中的应用研究[J]. 河海大学学报(自然科学版), 2006, 34(5): 505-508.

第 2 章

珠江河口河网开发利用及整治工程

　　作为世界上最复杂的河口系统之一，珠江河口河网地区也是粤港澳大湾区的核心区域，其集经济建设中心、高强度高密度人类活动中心、水资源高需求中心[1-4]于一体。全面地调查梳理该区域涉水整治工程及其运行效果，有助于水行政部门掌握区域水资源开发利用的历史信息和发展趋势，对合理制定水资源开发利用规划，保障粤港澳大湾区的防洪及用水安全，维护粤港澳大湾区的持续发展具有重要意义。

　　本章重点讨论河网区中西江、北江三角洲河网及河口区中磨刀门、虎门两大口门的相关开发利用与整治工程措施。为阐明问题，也简要梳理了河口河网上游流域的人类开发与治理活动，将珠江河口河网区作为一个完整系统进行统计分析。

2.1 珠江三角洲主要人类活动时空分布

如 1.1.1 小节所述,珠江三角洲的人类活动与经济社会发展有关,尤其与当地的快速城市化关系密切。如图 2.1 所示,珠江三角洲的主要人类活动分为两类:一类直接改变河口河网地形,包括河道采砂、航道整治、滩涂围垦和河口湾采砂;另一类改变水沙条件,主要为上游水库大坝建设、水土保持工程及联围筑闸等。

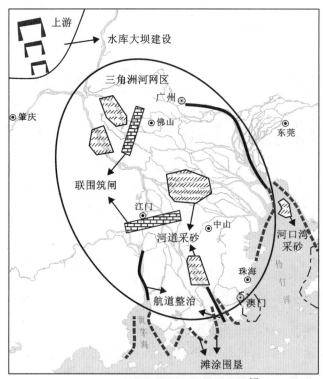

图 2.1 研究区域主要人类活动分布[5]

从图 2.2 可以看到,最早对珠江三角洲河网产生影响的人类活动是联围筑闸与滩涂围垦,随后水库大坝建设、航道整治、河道和河口湾采砂等活动逐步兴起并加剧。总体来看,以 1978 年实行改革开放发展战略为节点,之前上述人类活动的强度尚且不高;之后伴随着珠江三角洲核心地区经济的腾飞与城市化进程的加快,人类对珠江三角洲河网开发利用活动的强度急剧增加。至今,河网内的联围筑闸基本完成,河道采砂被明令禁止,而水库大坝建设、航道整治、滩涂围垦和河口湾采砂等工程活动仍在进行,河网水系的自然演变进程将长期受到人类活动的干扰。

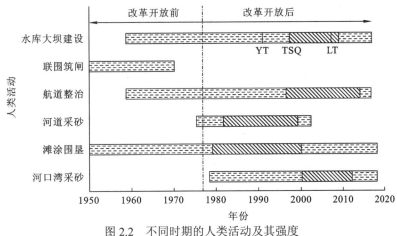

图 2.2　不同时期的人类活动及其强度

▨ 表示该人类活动的高峰期；YT、TSQ 和 LT 分别代表岩滩水库、天生桥水库与龙滩水库

2.2　珠江流域与河口河网区开发利用及整治工程

为更清晰地认识该区域人类活动的时空分布，分别对各主要人类活动进行简要梳理。

2.2.1　水库大坝建设

水库大坝建设、水电站开发关系着国家能源安全和人类社会的可持续发展。水库大坝建设能强有力地提高下游城市的防洪能力，为工农业生产、人民生活提供可靠的安全保障；梯级水电站开发模式不仅能充分利用河流中蕴含的水能，使其转换为电能，为社会运作提供清洁能源，有效减少温室气体的排放，也有利于深水航道建设，使得大型货轮能通过河口直接深入内陆地区，拉动当地的经济发展。但大规模的水库大坝建设也带来了一些负面效应，如下游河流的泥沙来源被切断、河床冲刷严重、堤防安全受到威胁、水生生物的天然栖息地遭到破坏等[6-7]。

自 1949 年中华人民共和国成立以来，为了保证河流沿岸防洪安全，满足日益增长的工农业用水需求、生产生活能源需求，中国建设了超过世界总数 1/2 的大型水库大坝[8]。据不完全统计，在珠江流域水库大坝建设总量超过 8936 座，建成及正在建设的大型水库（库容 $> 1 \times 10^8$ m³）超过 33 座[9]。图 2.3 和表 2.1 给出了珠江三角洲上游主要大型水库大坝的统计信息及其在珠江流域的分布情况。表 2.1 中西江有大型水库大坝 13 座，北江、东江各 3 座。这些水库的总库容超过 7.53×10^{10} m³，占珠江年径流量的 22.4%。西江水库库容为 5.6903×10^{10} m³，占西江年径流量的 27.4%；北江水库库容为 3.342×10^9 m³，占北江年径流量的 8.1%；东江水库库容为 1.704×10^{10} m³，占东江年径流量的 73.0%。另外，除表 2.1 中所示的飞来峡水库、南水水库、长湖水库外，北江还有 8 座大型水库，即孟洲坝水库、锦江水库（仁化）、潭岭水库、小坑水库、乐昌峡水库、锦潭水库、莽山水库、清远水库，加上近 70 座中型水库，它们控制的水量占北江流域的 16%。东江还有天堂山水库、显岗水库等大型水库。水库大坝建设能对珠江流域的径流过程产生有效的调节作用，尤其是对东江径流的调控作用更突出。

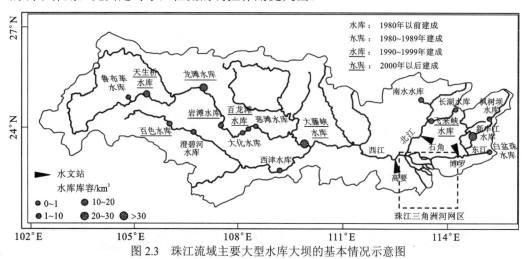

图 2.3　珠江流域主要大型水库大坝的基本情况示意图

图片改编自文献[7]

表 2.1　珠江流域主要大型水库大坝的统计表[8-9]

支流（数量）	水库	坝高/m	总库容/（10^8 m³）	年发电量/（10^8 kW·h）	主坝坝型	建成年份
西江（13）	西津水库	51	30	9.5	重力坝	1964
	澄碧河水库	70	11.3	1.14	黏土心墙坝	1966
	恶滩水库	32.9	9.5	35	重力坝	1981
	大化水库	75	9.6	33.19	重力坝	1982
	鲁布革水库	104	1.1	28.49	堆石坝	1988
	岩滩水库	110	33.8	75.47	重力坝	1992
	百龙滩水库	28	2.4	13.35	重力坝	1996
	天生桥一级水库	180	102.6	52.45	面板堆石坝	1997
	天生桥二级水库	60.7	0.26	82	重力坝	2000
	平班水库	62.2	2.78	16.03	重力坝	2004
	百色水库	130	56	17.01	碾压混凝土坝	2006
	龙滩水库	192	273	187	重力坝	2006
	桥巩水库	69.36	1.9	22.24	重力坝	2008
	大藤峡水库	校核水位 64.23	34.79	60.55	重力坝	预计 2023
北江（3）	南水水库	80	12.43	2.92	黏土斜墙堆石坝	1971
	长湖水库	66	1.49	2.88	重力坝	1973
	飞来峡水库	52	19.5	5.54	均质土坝	1999

支流 （数量）	水库	坝高 /m	总库容 /（10^8 m³）	年发电量 /（10^8 kW·h）	主坝坝型	建成年份
东江 （3）	新丰江水库	124	138.9	6.06	重力坝	1960
	枫树坝水库	92	19.3	6.06	重力坝	1973
	白盆珠水库	66	12.2	0.86	重力坝	1985

注：天生桥一级水库、天生桥二级水库算作一座水库。

图 2.4（a）给出了珠江流域主要大型大坝建设数量的年代变化：1960～2010 年，大型大坝建设数量一直处于稳步上升的状态，平均每十年建成 3～4 座；2010 年以后，珠江流域水电开发趋于饱和，大型大坝建设数量锐减，建设总量达到最大。图 2.4（b）给出了珠江流域主要大型水库累计库容的时间变化，其可分为三个阶段：第一阶段 1960～1990 年，以大（二）型水库（库容介于 $1×10^8$～$1×10^9$ m³）建设为主，珠江流域大型水库库容以 $8.8×10^8$ m³/a 的速度持续上升；第二阶段 1990～2010 年，受大型水库建设，尤其是超大型水库天生桥水库（$1.0286×10^{10}$ m³）、百色水库（$5.6×10^9$ m³）、龙滩水库（$2.73×10^{10}$ m³）建成的影响，水库库容发生突变，以 $2.36×10^9$ m³/a 的速度迅速增长，说明这一阶段人类活动（大坝建设）变得更加剧烈，也将产生更长远的影响；第三阶段 2010 年至今，有大藤峡水库、莽山水库、乐昌峡水库等建成，水库库容逐步达到峰值。

图 2.4（c）和（d）分别给出了珠江流域水库泥沙年淤积量和水库淤积率的年代变化。Dai 等[10]指出 1950～2000 年珠江流域内水库年淤积量达 $1.0×10^8$～$6.3×10^8$ t，是珠江三角洲年均入海泥沙量（$2×10^7$ t）的 5～31.5 倍。随着珠江流域水库淤积率的增加，泥沙年淤积量由 1954 年的 $2×10^7$ t 跃升为 2010 年的 $1.08×10^9$ t。如此巨大的水库拦沙量主要由 1980 年及之前建设的大坝所贡献，特别是东江的水库，20 世纪 80 年代水库淤积率就接近 70%[图 2.4（d）]；西江上游的西津水库在 1962～1998 年拦蓄泥沙 $2.1×10^8$ m³，水库淤积率达 14.8%[11]；流域上游的一些小型水库，它们的水库淤积率则更高[7-8]，如云南响水坝水库建成 20 多年就淤积泥沙 $7.14×10^6$ m³，占有效库容的 36%，广西兰马水库甚至因泥沙淤积损失 4/5 的有效库容而造成工程报废[9]。1980 年之后建设的水库，特别是一些超大型水库如岩滩水库、天生桥水库、龙滩水库等[图 2.4（b）]，水库淤积率很低[12-13]；再考虑到西江和北江水库淤积率到 2000 年仍处于较低水平[30%以下，图 2.4（d）]，说明珠江流域大坝建设对泥沙的拦蓄作用在未来几十年仍将持续，下游珠江三角洲的泥沙来源会长期处于切断状态。

河流输沙量随着流域水库累计库容的增加而减少，从水库控制流域面积占比最大的东江来看，近几十年来博罗站水沙年内分配丰枯比明显较西江、北江等偏小，水库建成运行后其流量的峰值较工程前有很大削弱，同时枯水月份的低流量值明显回升，新丰江水库、枫树坝水库和白盆珠水库起到了明显的削洪调峰和提高枯水流量的作用。经三大水库联合调洪，可将博罗站 100 年一遇的洪峰流量由 14 400 m³/s 降低为约 30 年一遇的 12 000 m³/s。同时，水库的蓄水拦沙作用使得博罗站含沙量与输沙量明显减小。据统计，与建库前相比，三大水库运行后，平均含沙量与年输沙量均分别减少过半。

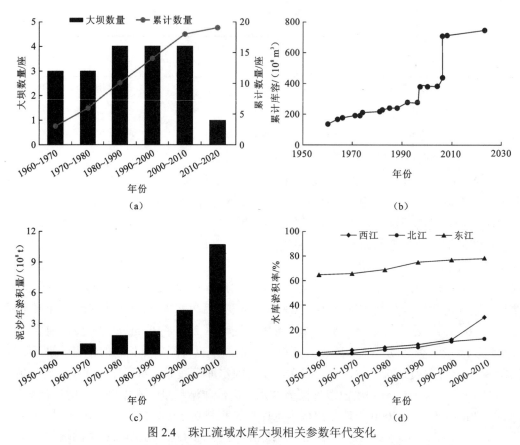

图 2.4 珠江流域水库大坝相关参数年代变化

（a）为珠江流域主要大型大坝建设数量及累计数量的年代变化；（b）为珠江流域主要大型水库累计库容的时间变化；
（c）为珠江流域水库泥沙年淤积量年代变化；（d）为珠江流域三大河流的水库淤积率年代变化

综上所述，水库拦沙是影响河床演变的因素之一，其直接效果是来沙量减少、下游河沙补给不足，河床冲刷下切或淤积减弱，但拦沙只是其作用之一，另外，通过水库调洪削峰，洪峰减小，洪水输沙动力相应减弱，输沙量减少。

2.2.2 水土流失及水土保持

水土流失是河流获取泥沙的重要途径之一，而乱砍滥伐、陡坡开荒、坡地耕种、过度放牧等农业生产活动及采矿、交通建设等工业活动是水土流失的重要驱动因素[14]；此外，封山育林、植被保护等水土保持措施又能有效减少水土流失面积，从而降低河流泥沙含量。因此，流域来沙状况也与流域土地开发活动密切相关。随着人口大规模增长，毁林开荒盛行，珠江流域的水土流失现象一直到中华人民共和国成立初期仍未得到很好控制，1954 年的调查结果显示珠江流域水土流失面积达 $4.1 \times 10^4 \text{ km}^2$。

图 2.5（a）和（b）分别给出了珠江流域水土流失面积和广东森林覆盖率的时间变化。由图 2.5 可知：1960～1990 年，受人口增长及国家工农业发展的影响，人类活动加剧，珠江流域水土流失面积高速增长至 $6.3 \times 10^4 \text{ km}^2$，是 20 世纪 50 年代的 1.5 倍多。特别是

20 世纪 70 年代改革开放政策实施后，国家经济发展迅猛，城市化进程加快，人类活动对植被的破坏也更为严重，以流域内的广东为例，其森林覆盖率由 1975 年的 38%骤降为 1985 年的 26.7%[15]。2010～2020 年，随着国家科学发展观及"可持续发展"理念的提出、《中华人民共和国水土保持法》等法律条例的推行，政府实施封育保护、生态修复和植树种草等水土保持措施，广东的森林覆盖率上升至 58.66%，是 1985 年的 2 倍多[16-17]。森林覆盖率的提高有利于防治和减轻水土流失，因此珠江流域的水土流失现象得以缓解[14]，2004 年后的水土流失面积仅仅比 1995 年增加了 30 km^2[图 2.5（a）]。

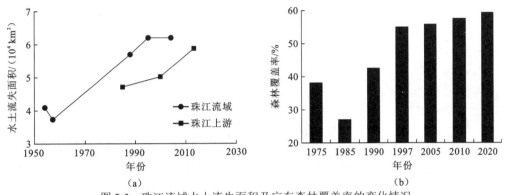

图 2.5 珠江流域水土流失面积及广东森林覆盖率的变化情况

（a）为珠江流域水土流失面积的时间变化；（b）为广东森林覆盖率的时间变化

2.2.3 联围筑闸

中华人民共和国成立后，从 20 世纪 50 年代初至 70 年代中期有计划地实施了大规模的联围筑闸工程。其指导思想为，将小堤围合并成大堤围，对堤围加高培厚，"控支强干"，"联围并流"，以达到简化河系、缩短防洪堤线的目的；同时，整险护岸，稳定河道，整理围内灌排体系，大力兴建电力排灌站；筑闸控制，以利防洪排涝，发展农业生产。20 世纪 50 年代初，已经将堤围减少至 2950 个，20 世纪 70 年代中期更减少至 441 个。数百条纵横交错的大小河道简化成与西江、北江主干走向大致一致的数十条行洪干道。目前，思贤滘以下网河区主要的堤围有佛山大堤（干堤西起南海）、樵桑联围、中顺大围、江新联围、金安围、十三围、南顺第二联围、顺德第一联围、白蕉联围、中珠联围坦洲段、民三联围、万顷沙围、番顺联围等。

珠江流域共建水闸 3300 多座，多数集中在三角洲地区，其中大型水闸的分布见图 2.6，大型水闸基本情况见表 2.2。水闸共堵塞主要汊河 16 处，如西江干流的凫洲河、百花头、眉燕滘、二滘口、雷霆岩、门颈海，北江干流的西南涌、佛山涌、横岗头等。加上 20 世纪 70 年代中期完成的甘竹溪水闸、石岐河东水闸和西河口水闸等，诸闸减少泄水面宽度达 1600 m 以上。网河区水闸的功能为拦洪挡潮，中上段的水闸主要为拦洪，近口门下段的水闸主要为挡潮。水闸减小的泄水的总宽度，超过网河区中上段西江干流的宽度，估计其泄水能力与北江干流具有相同的量级。

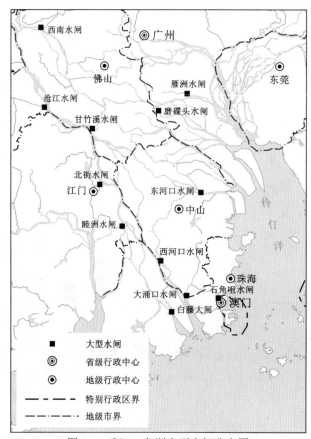

图 2.6　珠江三角洲大型水闸分布图

表 2.2　珠江河口河网地区大型水闸基本情况

水闸名称	所在河流或堤围	所属区或市	主要用途	闸底高程/m	设计流量/(m³/s)	建设时间
西南水闸	北江西南涌	三水	防洪、分洪	1.80	1 100	1957 年 4 月
磨碟头水闸	沙湾水道—核核涌	番禺	防洪、防潮	-4.0	1 200	1975 年 3 月
雁洲水闸	市桥水道	番禺	防洪、防潮	-4	1 056	2008 年
甘竹溪水闸	西江—甘竹溪	顺德	分洪、发电、灌溉		3 820	1974 年
东河口水闸	鸡鸦水道—东河口	中山	防潮、排水、灌溉	-5.2	1 020	1974 年 5 月
西河口水闸	磨刀门水道—石岐河	中山	防潮、排水、灌溉	-4.2	1 075	1972 年 10 月
大涌口水闸	磨刀门水道—大涌	中山	防潮、排水、灌溉	3.5	1 654	1960 年 7 月建旧闸，1966 年 7 月扩建，2002 年重建
石角咀水闸	前山水道	珠海	防潮、排水	-3.5	1 720	1959 年 7 月建旧闸，1975 年 8 月扩建
白藤大闸	鸡啼门水道—友谊河	珠海	防潮、排水	-3.05	1 140	1975 年 2 月
沧江水闸	西江—高明河	高明	防洪、灌溉	-0.5	1 400	1973 年 5 月
北街水闸	西江—江门水道	江门	防洪、排水	-4.0	600	1978 年
睦洲水闸	荷麻溪	新会	防洪、排水	-3.5	800	1980 年

联围筑闸工程的利弊是多方面的。联围筑闸工程缩短堤线，易于防守洪水，但减少了泄水面宽度，增加了主干河道水量，抬高了洪水水位和平原地下水位。缩窄河身，使河口延伸加快，影响排洪进潮，但增加土地面积，加大口门滩地淤长，可以获得宝贵的土地资源。建闸封堵支汊河段，可调节用水，有利于排灌，但被堵塞河汊易淤废，河水污染加重，居民健康受到威胁，围内造成内涝和盐内渍，水稻病害增加。固定河身，有利于稳定航道，但闸堵河汊，使航行不顺畅，鱼类减少，水产养殖条件恶化等。

从三角洲演变过程分析，上段三角洲平原水网的简化和下段三角洲平原水网的发展是三角洲自然变化的规律。联围筑闸是历代劳动人民从实践中创造出来的治理珠江三角洲的宝贵经验。联围筑闸是顺应和加速三角洲向海扩张之势，为人类争取更多土地资源的主动行为。根据珠江三角洲网河水道演变的规律和趋势，适度与合理联围筑闸是必要的。但随着珠江三角洲经济的高速发展，河道整治工程的规模和技术受经济条件与自然条件的限制会越来越少，联围筑闸引起的某些利弊可通过其他措施来转换，可以兼顾防洪、航运、生产和环保等方面的利益，对网河水道进行良性改造。

2.2.4 采砂

随着珠江三角洲区域城市化进程的不断推进，对建筑用砂的需求促使珠江三角洲河网的采砂活动自 20 世纪 70 年代后期以来快速兴起，在 20 世纪 80 年代中期随着珠江三角洲基础设施建设的爆发与房地产市场的繁荣达到顶峰。如图 2.7 所示，采砂活动几乎遍布整个西江、北江河网，其中北江河网的采砂河段分布更为密集，北江河网腹地成为采砂的重灾区。20 世纪 90 年代中期以后北江河网采砂强度降低，采砂地点也逐渐转向北江下游及西江河网；进入 21 世纪后，在日益提高的河床生态保护和堤防安全建设要求下，政府严格管控采砂活动，明令禁止在河网采砂，此时河网采砂量已经显著减少，仅存在个别盗采现象。

采砂活动具有无序性，受限于监督管理制度的不健全，现在精确核算当时珠江三角洲河网的采砂量已十分困难。根据对西江、北江河网主要采砂河段的调查（表 2.3），可以大致估算出 1986～1999 年北江河网采砂高峰期的采砂量约为 $2.818\,2 \times 10^8\ \mathrm{m}^3$，而西江河网采砂高峰期（1992～1999 年）的采砂量约为 $2.80\,754 \times 10^8\ \mathrm{m}^{3[18]}$。若将西江、北江河网顶点马口站和三水站的年输沙量分别作为西江、北江河网的输沙量进行估算，可以得到西江、北江河网在各自采砂高峰期的采砂量分别是其时段输沙量的 1.09 倍和 2.93 倍，这说明河网的来沙不足以支撑如此大的采砂强度，河网河床势必遭受不同程度的侵蚀下切，并且采砂造成的影响在北江河网将更加显著。后续通过对比采砂前后的河网航深图也发现，西江、北江河网采砂强度最大的河段主要集中在北江河网的北江干流、顺德水道等，这些水道的河床在大规模采砂驱动下平均下切了 3～4 m，为强采砂水道。而次强采砂河段则主要分布在西江干流和磨刀门水道等，这些水道采砂导致河床平均深度增加了 1.5～2.5 m[18]。

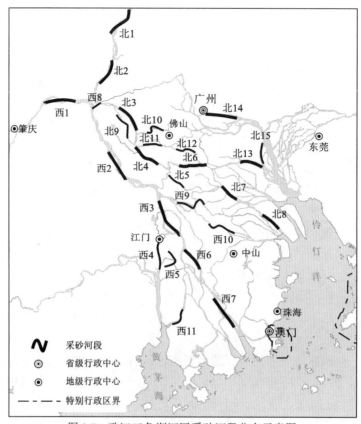

图 2.7　珠江三角洲河网采砂河段分布示意图

图片改编自文献[18]

表 2.3　西江、北江河网采砂量统计[18]

河段	总长度/km	调查年份	采砂量/（10^4 m^3）	时段输沙量/（10^4 m^3）	采砂量/时段输沙量
西 1—西 11 段	291.6	1992～1999	28 075.4	25 841.0	1.09
北 1—北 15 段	365.2	1986～1999	28 182.0	9 630.9	2.93
总计	656.8		56 257.4	35 471.9	1.59

此外，20 世纪 90 年代末，受制于河网区河道采砂禁令，采砂活动开始向河网以上河段及下游河口湾区域蔓延[9]。其中，伶仃洋河口湾内砂源丰富的中滩成为采砂活动的集中地。通过比较不同年份的伶仃洋地形图及航道开挖标准，估算得到 2003～2014 年河口湾深水航道疏浚挖砂量约为 $1.2×10^8$ m^3，而中滩采砂量超过 $6.1×10^8$ m^3；若将港口建设等工程的挖砂量计算在内，河口湾内总挖砂量超过 $7.3×10^8$ m^3[19]。高强度的河口湾采砂破坏了原有的滩槽结构，大幅增加了湾内水深和纳潮量，导致潮汐传播时受到的阻力减小，湾内潮动力显著增强[20]。

2.2.5　航道整治

与人为采砂活动类似，航道整治也直接作用于河床表面，迫使河床地形发生改变。航道整治的一般原则为河道浚深与整治建筑物相结合，以增加航深来满足相应的通航标准[21]。其中，疏浚、炸礁等清障浚深措施改变了河床下垫面的自然冲淤性质，使得河床直接下切。为巩固航道尺度采取整治建筑物措施，如丁坝、支护工程建设等，具有束水攻沙的作用，有利于河滩淤积河槽冲刷，从而使得航深增加，河流宽深比变小；对限制性航段采取的裁弯切嘴工程则直接改变了河势，有利于水流的平顺通畅。

1. 河网区航道整治

珠江三角洲水系复杂，河网交错纵横，航道自然条件优越，水运资源发达。2020 年统计数据显示，广东水路完成货运量 103 759 万 t，货物周转量 24 404.38 亿 t·km；完成客运量 1344 万人次，旅客周转量 4.27 亿人次·km；港口货物吞吐量达 20.22 亿 t，其中内河完成港口货物吞吐量 2.64 亿 t。在广东水运航道系统中，近一半的内河航道位于珠江三角洲内，其数量超过 800 条，通航里程超过 5.8×10^3 km。

发达的航运必然需要航道整治工程来维护，珠江三角洲的航道整治工程由来已久，数量众多，空间跨度大，时间跨度久。早在清朝时期，广州市区前航道就开始筑堤束窄河道，道光年间对佛山涌实施了全河段的疏浚；民国时期，珠江水利工程总局又对沥滘水道进行了整治[9]。中华人民共和国成立后，大规模的航道整治措施开始实行以提高日益增长的通航需求，20 世纪 70~80 年代，珠江三角洲高级航道网布局雏形初现；1999年《广东省内河航道总体布局规划》提出了完整的珠江三角洲"三纵三横"骨干航道建设的理念，后来的航道规划中对"三纵三横"骨干航道进行了加密和延伸[22]；到了 21世纪初，交通部发布了《珠江三角洲高等级航道网规划》《全国内河航道与港口布局规划》，规划航道总里程 939 km，提出了以海船进江航道为核心，以三级航道为基础，由 16 条航道组成的"三纵三横三线"高等级航道网（图 2.8）[22]。三纵指的是西江下游出海航道、白坭水道—陈村水道—洪奇沥水道、广州港出海航道；三横指的是东平水道、潭江—劳龙虎水道—莲沙容水道—东江北干流、小榄水道—横门出海航道；三线指的是崖门水道—崖门出海航道、虎跳门水道、顺德水道[23]。

目前航道整治基本满足规划标准的有西江下游出海航道[24]、陈村水道[9,25]、广州港出海航道[26]、东平水道[27]、潭江—莲沙容水道[28]、小榄水道—横门出海航道[29-30]、崖门出海航道、虎跳门水道[31]；正在进行航道整治的河道有洪奇沥水道、劳龙虎水道、东江北干流（石龙—东江口段）、崖门水道、顺德水道；即将实施整治的河道有磨刀门水道、磨刀门出海航道、白坭水道等[32]。

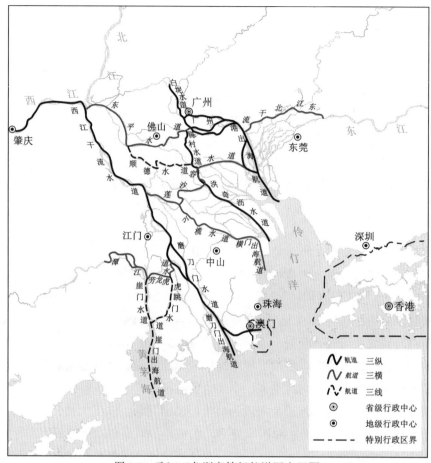

图 2.8　珠江三角洲高等级航道网布局图

表 2.4 给出了珠江三角洲主要航道在不同年代实施的具体整治措施,其主要工程措施一般包括裁弯取直工程、筑坝工程、护岸工程及疏浚清淤工程等。据不完全统计,截至 2013 年,三角洲内主要航道疏浚挖砂量超过 3.5×10^7 m³,炸礁超过 1.85×10^6 m³,裁弯切嘴工程 10 余处。相较于 2.2.4 小节人为采砂对珠江三角洲河网下切发挥的作用,从疏浚工程量来看,航道整治对整个三角洲河床变化的影响较小,比无序、无度采砂的影响小一个数量级,但航道整治工程对局部河段河床演变发挥的作用仍不可忽视,有的甚至达到了颠覆效果。例如,裁弯工程直接改变了河势;疏浚清淤工程则如挖砂一样,直接改变河床形态;而丁坝的修建,改变了河道原来自然中枯水位的河势,以及横断面的流速分布,对河道泥沙冲淤的部位进行了重新调整,使中枯水位流量集中在整治的支流上,势必造成被控支落淤,而增加整治线内的流速,冲刷航槽。此外,珠江三角洲经济的飞速发展及港口货物吞吐量的日益增长,势必对三角洲内的航道建设提出新的更高要求,整治、维护工程也将越来越多。这意味着航道整治对珠江三角洲未来河床演变产生的影响不仅不会消失,甚至会越来越大。

表 2.4　珠江三角洲主要航道的整治措施

航道（起讫）	长度/km	整治时间及措施
西江下游出海航道 （肇庆—虎跳门）	168	1996～2006 年，浅滩开挖 20 余处，总疏浚长度达 53.5 km，疏浚量超过 1.268×10^7 m³；炸礁多处，约 7.5×10^5 m³；虎跳门水道丁坝工程、西江干流江心洲护岸工程 1.53×10^6 m³；横坑裁弯、狗尾山及南镇切嘴工程等超过 2.8 km
陈村水道 （三山口—濠滘口）	22	1951～1979 年共计疏浚挖砂 3.8×10^6 m³，其中 1966 年去除石嘴、礁石 1×10^4 m³；2004～2006 年，疏浚零星浅点 13.9 km，挖砂 5.9×10^5 m³，炸礁 2.9×10^4 m³，清礁石覆盖层 1.5×10^4 m³，护岸 4.1 km，抛筑丁坝 6 座，打捞沉船 17 艘
广州港出海航道 （广州—桂山岛）	146	1955 年莲花山水道拓宽、裁弯取直；1959 年伶仃水道浚深至 8 m；1968～1972 年大濠洲水道炸礁 5×10^5 m³，清礁石覆盖层 3.3×10^5 m³；1956～1971 年黄埔出海航道共计疏浚 1.177×10^7 m³；1996～2012 年广州港出海航道经过三期工程浚深至 17 m
东平水道 （思贤滘—广州）	76	1958～1979 年，疏浚挖砂 1.44×10^6 m³，修建单排编篱坝 800 多座；1985～1991 年，疏浚土石方近 1×10^6 m³，炸礁 3.4×10^4 m³，实施裁弯工程 4 处；2009～2012 年，疏浚 2.5×10^5 m³，炸礁 2.3×10^5 m³
莲沙容水道 （莲花山—南华）	90	1999～2006 年疏浚 1.96×10^6 m³，炸礁 8.1×10^4 m³，护岸抛石 1.83×10^5 m³，切嘴（重力式护岸）300 m
白坭水道 （白坭圩—文滘口）	54.8	2010～2013 年护岸 1.9 km，炸礁 2.18×10^5 m³，疏浚 1.541×10^6 m³，废渣清运 2.677×10^6 m³

2. 河口湾航道整治

珠江三角洲的航道整治工程，不仅大规模地在上游河网区实施，还不断向河口湾延伸。对于河口湾区域的航道整治，主要集中在磨刀门河口和伶仃洋。其中，磨刀门河口航道整治面临的主要问题是由于泥沙淤积、拦门沙发育，严重影响了通航能力。影响拦门沙形成和演变的因素错综复杂，有自然因素和人为因素，自然因素是客观存在的，人为因素则起着促进作用，但影响重大，应合理地加以引导。有关研究表明，口门拦门沙开挖后对河口段水位和流量的影响十分有限（10%之内），这主要是因为拦门沙被开挖后，原本伏于拦门沙之外的高盐陆架水迅速占据水体的中下层，对洪水的排泄形成顶托作用[33]。因此，可以认为拦门沙的开挖并不能大幅增加洪水排泄的效率，且一味通过"消灭"拦门沙来提高口门的排洪能力还可能产生极其不利的生态环境效应，如咸潮加剧等。对此有关部门采用"一主一支"的治理方案，在磨刀门口门入海航道保留一个主要航道与一个支汊航道，经过 1983 年以后 20 多年的治理，磨刀门主干道合理延伸，拦门沙下移，保证了主槽 2200～2300 m 的河宽，并使得分支洪湾—澳门出海航道形成了宽约 500 m 的规则水道[34]。虽然两个汊道深槽的位置已基本稳定，但磨刀门拦门沙仍然一直处于发展变化的过程中。中心拦门沙区在洪水年，将整体向外推移，在枯季及小水年则表现为内、外坡冲刷，滩顶淤高，拦门沙形态将由"宽胖"型向"瘦高"型转变。拦门沙西半部分，是上游径流输沙和海域来沙的主要沉积区,未来很长一段时间将呈现出淤积发展的趋势,对通航产生不利影响。2008 年后,磨刀门河口航道整治的主要精力集中在口门拦门沙的治理上,以期进一步提升航道等级,达到 3 000 t 级航道的要求(航宽 100 m,航深 6 m)[35],同时还需兼顾防洪、排涝、灌溉、生态环境等方面的要求,最终达到综合治理的目标。

伶仃洋河口区主要包括规模最大的广州港(南沙港)及其出海航道、深圳前海港区及铜鼓航道、中山港及横门出海航道。规模最大的广州港及其出海航道,自伶仃洋湾口附近的桂山锚地,经榕树头水道、伶仃航道、川鼻航道、大虎航道、坭洲头航道和莲花山东航道至黄埔新港,全长约 115 km。广州港出海航道由川鼻航道、伶仃航道北段和伶仃航道南段组成,全长 87.5 km。伶仃航道自 1959 年开通后,航道维护尺度为底宽 150 m,底标高-6.9 m,可通航 1×10^4 t 级船舶,1979 年拓宽浚深至底宽 160 m,底标高-8.6 m,为 2×10^4 t 级航道。广州港于 1989 年开始进行 3.5×10^4 t 级航道工程的规划实施。广州港出海航道三期工程按 1×10^5 t 级集装箱船不乘潮单向通航、1.2×10^5 t 级散货船乘潮单向通航、5×10^4 t 级集装箱船不乘潮双向通航的标准建设,航道设计底标高-17 m,有效宽度 243 m。该工程于 2011 年完成,由此可见,伶仃洋西槽在近 60 年的时间里从 5 m 水深直接浚深到 18 m。

2.2.6 滩涂围垦

潮间带滩涂的开发利用,尤其是筑堤围垦、填海造陆,能有效缓解沿海城市发展的用地压力,进而满足港口、机场、房地产建设等用地需求。珠江三角洲滩涂开发利用历史已有 2000 多年,海岸线缓慢向海推进[36]。中华人民共和国成立以来,人类活动增强,大大提高了珠江三角洲滩涂的开发速度,特别是改革开放后的几十年,广东社会经济的持续高速发展及城市化进程的快速推进,使得对土地资源的需求急剧上升,沿海城市的围垦面积迅猛增长。如表 2.5 所示,根据广东省水利厅的调查,1963~2015 年珠江三角洲沿海 6 座城市的总围垦面积达 641.5 km²,其中珠海围垦面积最大,为 289.0 km²,占比最高,达 45.1%,主要围垦位置在磨刀门、鸡啼门附近水域;东莞围垦面积最小,为 24.5 km²,占比最低,为 3.8%,主要围垦位置在伶仃洋的交椅湾水域。

表 2.5 珠江三角洲沿海城市围垦面积

城市	围垦时间	围垦面积/km²	占比/%	围垦位置
广州	1963~2015 年	119.3	18.6	伶仃洋西岸
深圳	1978~2015 年	72.4	11.3	深圳湾、伶仃洋东岸
珠海	1980~2015 年	289.0	45.1	磨刀门、鸡啼门
东莞	1980~2015 年	24.5	3.8	交椅湾
中山	1990~2015 年	49.0	7.6	伶仃洋西岸
江门	1963~2015 年	87.3	13.6	黄茅海

注:2004 年前围垦数据引自广东省水利厅;2004~2015 年数据来自卫星遥感图。

图 2.9（a）给出了中华人民共和国成立以来珠江三角洲围垦面积的时间变化。如图 2.9（a）所示，20 世纪 50 年代以来，珠江三角洲的围垦面积一直处于扩大状态，在 2015 年达到 812 km²；其中，1950～1980 年围垦速度较慢，30 年围垦 187 km²，较大面积的围垦片区有 1956 年由广东省水利厅规划的斗门平沙垦区（33 km²）和 1962 年解放军兴建的八一大围垦区（17 km²）；改革开放后，在经济社会发展的推动下，围垦速度剧增，尤其是 1978～1995 年，不到 20 年围垦 454 km²，约为前 30 年围垦总面积的 2.4 倍；1995 年后，广东水利部门考虑到围垦对珠江三角洲河网防洪纳潮的影响，围垦速度放缓，平均每 10 年围垦 86 km²。这些围垦区域主要集中在八大口门区和伶仃洋、黄茅海两岸。图 2.9（b）给出了 1978 年以来珠江三角洲主要区域围垦面积的对比。由图 2.9（b）可知，伶仃洋围垦面积最大，占比 46.0%；鸡啼门围垦面积最小，占比 7.7%；磨刀门、黄茅海围垦面积相当，分别各占 24.6% 和 21.7%。

表 2.6 和图 2.10 分别给出了改革开放以来珠江三角洲不同区域的围垦进程及其空间分布。如图 2.10（b）所示，伶仃洋大面积的围垦主要集中在西岸，共计围垦 192.71 km²，包括虎门、蕉门外的鸡抱沙—孖沙围垦，洪奇门东侧的万顷沙围垦，横门外的横门滩围垦和横门南汊滨岸围垦，以及淇澳岛围垦；伶仃洋东岸围垦面积较小，为 94.64 km²，主要分布在东莞交椅湾、大铲湾（前海湾）和深圳湾（后海湾）等处。伶仃洋 77% 面积的围垦主要因为 2000 年以前的工程建设；近年来围垦放缓，围垦面积的增加大部分来自广州南沙港区、深圳大铲湾码头及宝安国际机场等的建设。磨刀门的围垦在 1999 年末基本达到饱和，此时岸线基本与河口滩涂开发治导线重合，截至 2000 年共围垦 147.24 km²，分布在三灶岛—三灶湾、鹤洲—交杯沙、横门岛等区域[图 2.10（d）]；近十几年来，因港珠澳大桥建设，磨刀门围垦面积略有增加，新增围垦面积大约 6.29 km²，总围垦面积达到 153.53 km²。鸡啼门的围垦面积最小，为 48.43 km²，分布在东、西两岸：东岸的围垦与磨刀门围垦相接，使得三灶岛北侧已与大陆相连；西岸的围垦则因 21 世纪初以来的高栏港建设，占鸡啼门围垦总面积的 45%。黄茅海的围垦始于海湾顶部的西岸崖门及东岸虎跳门，一直延伸至海湾岸线底部[图 2.10（c）]。自 20 世纪 80 年代黄茅海大开发以来，围垦面积持续增长，到 2015 年西岸围垦面积为 58.84 km²；东岸围垦面积稍高于西岸，为 76.86 km²。

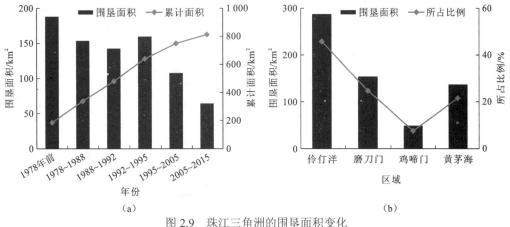

图 2.9　珠江三角洲的围垦面积变化

（a）为年际变化；（b）为主要区域围垦面积的对比

表 2.6 珠江三角洲不同片区的围垦面积

区域	围垦片区	围垦面积/km²						
		1978~1988 年	1988~1992 年	1992~1995 年	1995~2000 年	2000~2005 年	2005~2015 年	1978~2015 年
伶仃洋	鸡抱沙—孖沙	8.55	6.99	11.55	7.16	0	15.68	49.93
	万顷沙	28.77	9.04	11.12	1.92	0.84	0	51.69
	横门滩	0.85	10.26	12.33	0	5.07	2.64	31.15
	横门南汉滨岸	6.56	11.93	11.23	3.79	13.51	2.85	49.87
	淇澳岛	2.84	3.13	2.06	1.08	0.96	0	10.07
	交椅湾	4.21	9.48	5.14	0.67	2.75	0	22.25
	伶仃洋东岸	0.93	5.54	1.26	3.23	2.61	1.72	15.29
	大铲湾（前海湾）	4.35	7.10	2.81	4.27	3.56	4.71	26.8
	深圳湾（后海湾）	2.52	8.18	10.29	0	9.31	0	30.3
磨刀门	三灶岛—三灶湾	38.42	2.90	2.64	2.53	0	0	46.49
	鹤洲—交杯沙	17.88	0.84	30.51	2.30	2.85	0	54.38
	洪湾北	2.89	10.65	0.48	0	0	0	14.02
	横琴岛—路环岛	2.89	3.13	27.27	1.91	0	3.44	38.64
鸡啼门	鸡啼门西岸	1.50	1.57	6.35	0	2.09	19.88	31.39
	鸡啼门东岸	2.33	6.69	0.37	0.95	5.82	0.88	17.04
黄茅海	黄茅海西岸	10.59	10.22	16.99	4.76	11.33	4.95	58.84
	黄茅海东岸	16.39	33.76	7.06	5.92	6.44	7.29	76.86

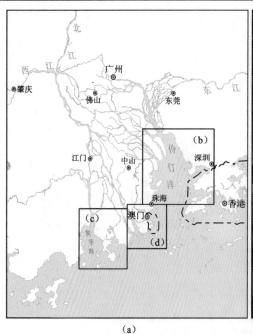

（a）

（b）

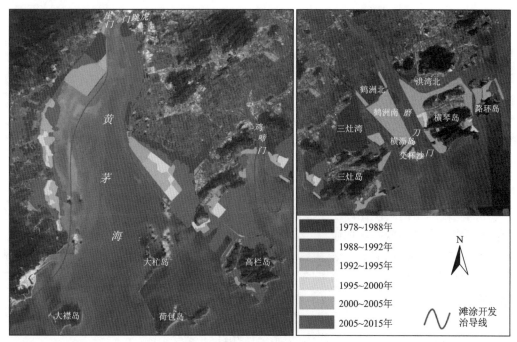

（c）　　　　　　　　　　　　　　　　　（d）

图 2.10　珠江三角洲围垦面积空间分布

（a）为珠江三角洲；（b）为伶仃洋；（c）为黄茅海和鸡啼门；（d）为磨刀门

扫一扫　看彩图

2.3　典型整治工程及整治效果

随着经济社会的飞速发展，人类活动已经显著改变了珠江三角洲河网河床形态、水文情势的演变趋势。当流域来水来沙条件和河床边界条件因人类活动而改变后，河流将通过再造床过程做出相应的调整，这种反馈有时还是十分强烈的。因此，梳理和考察各类整治工程对径潮动力的调整作用，即整治效果，便显得十分重要。

2.3.1　堤围险段整治工程

1. 险段概况

西江与北江在三水思贤滘相通后进入西北江三角洲网河区，复杂的河网特性，加上大量的人类活动影响，西北江三角洲地区的堤围更易形成险段[37]。根据统计资料，西北江三角洲地区的大小险段达到 189 个，占东江、西江、北江流域险段总数的 81.1%，险段长度达到 149.64 km，占总长度的 71.8%。西北江三角洲的险段主要分布在广州、佛山、江门、中山、珠海等地区，其中以佛山、中山的险段数量居多。

2. 典型险段整治情况

西江干流思贤滘西滘口—斗门大桥段上有较多的堤围险段，主要有龙池险段、富湾险段、九江沙口塌岸段等。龙池险段和富湾险段分别位于西江干流水道左、右两岸，两个险段的主要特征均是迎流顶冲、深槽迫岸。九江沙口塌岸段曾发生过多次塌方事故，堤围冲刷严重，经监测目前岸边有三个较大的深坑。根据该河段的演变分析，河道下切较严重，平均约下切 1.8 m，河道整体处于冲刷态势，易对堤围形成安全隐患。下面将对各个典型险段进行具体阐述。

1）龙池险段和富湾险段

龙池险段和富湾险段在西江干流水道左、右两岸分布[图 2.11（a）]。其中，龙池险段位于左岸三水樵桑联围白坭段，桩号为 17+100～17+900。富湾险段位于右岸高明富湾，桩号为 2+550～3+070。两个险段均属于迎流顶冲、深槽迫岸类型。对两个险段的合成地形图与三维图分析可知，渡头上游的丁坝对外 200 m 左右有一个 40～45 m 深的深坑，面积约 7576 m^2，靠向高明侧。

龙池险段的主要整治措施为修筑丁坝群、抛石护脚固稳岸坡、填塘固基；富湾险段的主要整治措施为丁坝、抛石、堤围加固，于 2011 年建设完成。

2）九江沙口塌岸段

九江沙口塌岸段位于樵桑联围西堤，自沙口水闸起全长约 1.2 km[图 2.11（b）]。险段堤围冲刷严重，2008 年 6 月和 2011 年 10 月险段都出现了塌方险情。2005 年 7 月，九江沙口下街入口处外滩临水岸坡出现大范围崩塌，塌坡范围纵向约为 80 m，崩塌面积约为 3150 m^2，坡顶距水面约 4.8 m，事故使 13 间民房倒塌；2008 年 6 月，沙口约 210 m 的西江堤岸突然发生坍塌，岸上九江饲料厂的饲料仓库也发生坍塌，由于地面被掏空，仓库中的大量饲料原料及半成品掉入西江。塌方段纵向长度大约为 210 m，宽度最窄处为 5 m，最宽处达到 10 m；2011 年 10 月，在饲料厂码头附近再次出现岸坡塌方险情。

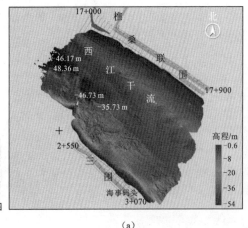
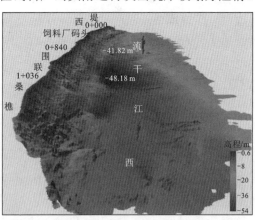

（a） （b）

图 2.11 西江主要险段全景

（a）为龙池险段和富湾险段全景；（b）为九江沙口塌岸段全景

该险段的主要整治措施为水上削坡减载、水下抛石固基。2007 年 3 月正式开工,2007 年 10 月工程完工,2012 年 6 月竣工验收。

3. 工程效果

1)龙池险段和富湾险段

对比 2010 年、2013 年险段断面深泓(图 2.12)及附近河道地形监测成果,可以发现以下特点:①龙池险段平均变幅为 0.5 m,在河床主航道的 17+225～17+900 段,起点距为 200～350 m 处,有较多河底高程为-30 m 左右的小深坑,由现场施工导致。富湾险段下游段河床面也存在淤积状态,但变幅仅为 0.1 m 左右。②龙池险段重点监测段 17+600～17+650 段,有淤积的趋势,总体上边坡呈稳定状态。富湾险段 2+875～2+975 段,水边坡脚部分(高程在-8～0 m)存在 2～4 m 下切,但是这段坡度较缓,边坡比基本在 1∶3.5 左右,其余对比断面暂时无异常现象。

经整治,该堤段未发生险情,堤防基本稳定。

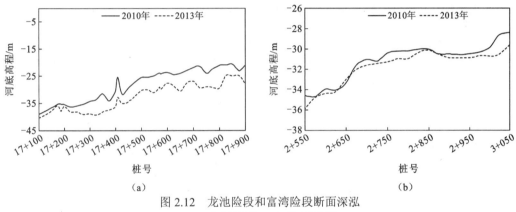

图 2.12　龙池险段和富湾险段断面深泓

(a)为龙池险段;(b)为富湾险段

2)九江沙口塌岸段

2011 年、2013 年九江沙口塌岸段附近的河床监测成果如图 2.13 所示。总体来看,2011 年、2013 年险段附近的河床呈现冲刷下切的趋势,河床高程平均下切 0.52 m。根据往年监测资料,在沙口水闸下游 0+720～1+020 段离岸边 110～150 m 范围内分布着三个高程约为-46 m、-47 m、-48 m 的深坑。但 2013 年的监测结果表明,1+020、0+940 处深坑有了一定的淤积,但最深处仍有-45.9 m。九江沙口塌岸段 0+360 断面在起点距 55～75 m(河底高程为-20～-10 m)内存在 1～2 m 的下切现象,其余对比断面边坡稳定。

从河床变化情况可见,由于深槽迫岸、威胁堤围安全的态势进一步加剧,险段仍然处于发展变化过程中,整治措施实施后岸坡仍存在不稳定性,仅靠抛石无法解决该堤段深槽迫岸的险情。目前,对该险段采取每年汛前检查、抛石加固的岁修管理模式。

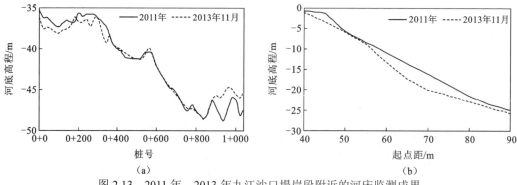

图 2.13   2011 年、2013 年九江沙口塌岸段附近的河床监测成果

（a）为断面深泓；（b）为 0+360 断面边坡

2.3.2   河口综合治理布局及治导线

1. 珠江河口河势控导布局

在维持珠江河口"两湾八口"的基本格局上，按照"河口湾三滩两槽稳定，河优型口门主干支汊协调"的思路，维持珠江河口东、西两侧伶仃洋和黄茅海河口湾的喇叭口形态，增强东部涨潮动力，保障西部输沙能力，稳定伶仃洋—虎门—狮子洋和黄茅海—崖门—银洲湖潮汐通道与河口湾"三滩两槽"格局，保护两岸滩涂湿地生态空间，综合发挥其泄洪、纳潮、排沙、通航和生态功能；合理确定径流作用较强的磨刀门、横门、洪奇门和蕉门河优型口门的延伸方向，保持延伸水道多汊道的通道格局，控导主支汊宽度和分流比，适度控导水沙向西南方向的输移，预留拦门沙和滩涂湿地发育空间，维持口门排洪、输沙通畅和生态健康；合理确定鸡啼门和虎跳门的延伸方向，稳定口门分流比，维持口门畅通。

2. 河口治导线

珠江河口规划治导线是根据出海河道演变发展的自然规律，合理确定河口延伸方向，保持河口稳定，畅通尾闾，加大泄洪、纳潮、输沙能力的河口水系总体布局控制线，是河口整治与管理的基本依据。珠江河口治导线规划的总体思路是：因势利导，合理控导径流作用较强、向外延伸较快的磨刀门、横门、洪奇门、蕉门和鸡啼门的延伸方向，并保持延伸水道多汊道的通道格局，以维持口门的排洪、输沙能力；伶仃洋和黄茅海河口湾是珠江河口东、西两侧的潮汐通道，应充分发挥其纳潮、排洪、通航和生态功能，加大虎门、崖门口的潮汐吞吐能力，加强潮流动力，理顺水流条件，以维护潮汐通道的稳定，充分发挥伶仃洋—虎门—狮子洋这条"黄金水道"的功能。根据上述思路，参考 2010 年国务院批准的《珠江河口综合治理规划》[38]，将水利部珠江水利委员会推荐的珠江河口规划治导线总体布局梳理如下。

1）磨刀门、鸡啼门及澳门附近水域规划治导线

（1）磨刀门。

1999年以后，磨刀门治理开发历程进入以治导线为控制的河口有序开发利用阶段。2003年水利部批复了《珠江河口综合治理规划任务书》，并于2010年由国务院批准《珠江河口综合治理规划》。经多年规划治理，磨刀门河口已延伸至横洲外开敞的水域。规划治导线：采用一主一支布局，主干由挂定角向南延伸15 km至横洲口，行洪宽度2 200～2 300 m，扩宽率为1%；支汊洪湾水道由挂定角向东延伸9 km至马骝洲，行洪宽度500 m。横洲口外的西治导线，从磨刀门西治导线西3点开始，向南延伸至交杯岛与当地现状堤线相交，然后向西偏转6°，延伸440 m后以650 m半径的圆弧向西转，与龙屎窟西侧-1 m等高线连接。白龙河治导线以两岸现状堤线为基础，东治导线出口与横洲岛西侧断点（磨刀门西13点）相连，控制水域面积2.5 km²。规划治导线见图2.14（a）。

（2）鸡啼门。

以大霖为起点，控制河宽为600 m，沿深槽以3%的扩宽率向南延伸。西治导线近期延伸至高栏岛的白藤咀，长13.7 km；东治导线在离小木乃约3 km后，以弧线与三灶岛阳光咀抛石堤头相连，长7.25 km[图2.14（a）]。

（3）澳门附近水域。

澳门浅海区是该区域主要的泄洪通道，由于河宽水缓，南北侧滩涂淤长迅速，为理顺水道北侧过于内弯的岸线，控制南侧过于宽阔的浅滩，去除氹仔北侧的缓流、回流区，使水流集中于主干道内，规划如下治导线［图2.14（a）］：北治导线沿-3.6～-3.0 m高程的滩面向东南延伸（N2），南治导线沿-2.5～-1.5 m高程的滩面向东延伸，保留澳门国际机场现有过流通道，以改善流态（S2）；南北规划治导线之间相隔1 000 m；湾仔浅海区维持1995年岸线，西岸出口规划治导线沿-4.0～-3.0 m滩面布置（W1），并与洪湾水道北治导线平顺相接，使湾仔浅海区向南出流，改善水流交汇现状，即十字门浅海区中段规划治导线基本沿现状深槽呈南北走向，取消其蓄潮功能，两侧治导线间距在270～330 m，使十字门浅海区变成十字门水道，十字门浅海区南口以西侧单治导线方案延伸至三洲，十字门浅海区北口西侧规划治导线采用1995年岸线，并将外伸的抛石堤削角，十字门浅海区北口东侧暂采用圆弧线（SN）与澳门浅海区南治导线平顺相接。

2）伶仃洋区域规划治导线

（1）虎门。

虎门水道（黄埔—虎门口）规划治导线基本沿现状岸线平顺连接，控制新沙港尾、大虎、大角山断面的水道宽度为2 200 m、3 150 m和3 600 m[图2.14（a）]。

（2）蕉门。

按一主一支的格局延伸蕉门口。凫洲水道进口处河宽为1 200 m，南、北两岸以治导线控制，按3%的扩宽率延伸；蕉门南支七涌口处河宽控制为800 m，以3%的扩宽率向南延伸并与伶仃洋西治导线相连[图2.14（a）]。

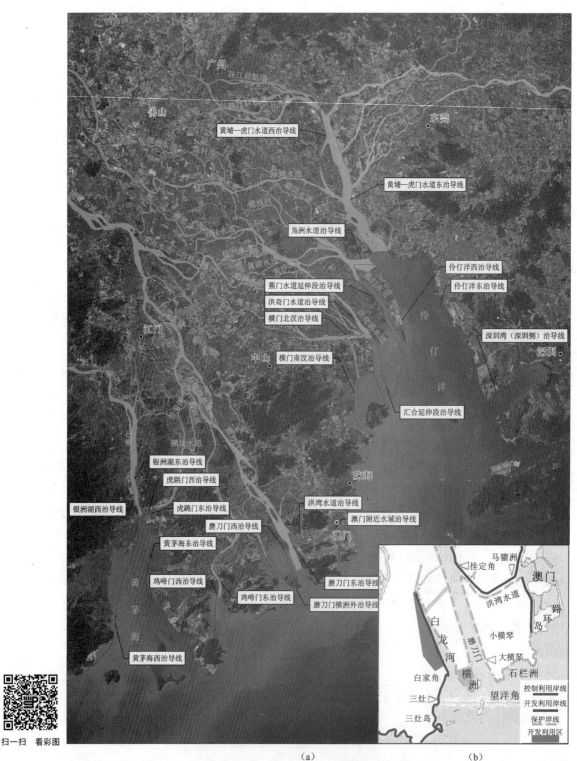

（a）

（b）

图 2.14　珠江河口治导线及滩涂利用规划

（a）为总体方案示意图；（b）为磨刀门治导线规划示意图

（3）横门北汊与洪奇门汇合延伸段。

洪奇门与横门北汊交汇后，汇合延伸段以万顷沙二十涌口为起点，控制河宽 1600 m，以 3%的扩宽率延伸至淇澳岛东侧与伶仃洋西治导线相连[图 2.14（a）]。

（4）横门。

横门水道采用一主一支布局，北支为主干，南支为支汊。北支起始断面宽以 550 m 控制，并以南、北两侧治导线控导延伸与洪奇门延伸治导线相连；南支在芙蓉山口河宽为 500 m，以 3%的扩宽率延伸至金星门[图 2.14（a）]。

（5）伶仃洋河口湾。

以东、西侧治导线形成规则的大喇叭河口湾形态，东侧治导线考虑港口码头的外伸，自东莞交椅湾的沙角起，向南延伸至大铲湾的棚头咀，基本沿-5.0 m 等高线布设；西侧治导线从凫洲水道出口南岸直线与龙穴岛连接，龙穴岛以下以弧线连接至孖沙尾部，基本沿-3.0 m 等高线下延，与蕉门、洪奇门治导线出口衔接后弯向西南至淇澳岛东侧[图 2.14（a）]。

（6）深圳湾北侧。

从深圳湾湾口的三突堤起至东角头，治导线以现状码头前沿为控制，用弧线平顺连接，在东角头至红树林保护区西缘，治导线顺深圳湾走向平顺连接，其中大沙河出口按 5%扩宽率延伸，延伸距离为 1800 m，从红树林保护区西缘至新洲河口，以红树林保护区现状岸线为规划治导线，治导线长 23.98 km，控制水域滩涂面积 8.96 km²[图 2.14（a）]。上述规划治导线在后续与香港合作开展深圳湾总体规划时还会进行适当改动。

3）黄茅海及上游区域规划治导线

（1）银洲湖。

从天马港开始，东治导线经三江口，西治导线经下沙河，按虎坑口、官冲和崖门口断面宽度（1700 m、1065 m、630 m）不变控制两线，基本上顺现状岸线布置。东治导线长 30.20 km，西治导线长 28.34 km[图 2.14（a）]。

（2）虎跳门。

以现状岸线为控制，口门段治导线以西炮台站河宽 420 m 为控制，向下延伸 2.6 km，出口断面河宽为 570 m（河道两岸现状宽度）。出口处北治导线与银洲湖东治导线平顺连接，形成互不干扰的汇流嘴，南治导线与黄茅海东治导线平顺相接[图 2.14（a）]。

（3）黄茅海河口湾。

西治导线从崖门出口西侧起，沿旧石堤尾往南，经白排以西 750 m，再往南经黄茅岛与角咀山相接，然后以大弧线拐向西南与蛇鼻咀相接，长 37.3 km。东治导线从虎跳门出口南侧开始，至三虎码头，沿-2.0 m 等高线与南水岛抛石堤头相连，长 28.1 km；再从十八螺咀抛石堤头延伸到高栏岛西侧，长 8.1 km，黄茅海河口湾东、西治导线控制水域面积 1 637 km²[图 2.14（a）]。

3. 治理保护效果

《珠江河口综合治理规划》统筹协调了水利、交通、生态环境、海洋等相关部门及地方人民政府对珠江河口治理的要求，提出了河口规划治导线、泄洪整治、岸线滩涂保护与利用、水资源保护及采砂控制等规划方案。在《珠江河口综合治理规划》指导下，有关部门加强河口治理与保护，有力保障了珠江河口功能的充分发挥。

河口河势总体稳定。规划治导线作为河口整治和管理的控制线，维持了八大口门分流基本稳定的格局，引导了蕉门、横门主支汊的有序延伸，维护了伶仃洋和黄茅海的喇叭口形态，维持了河口湾的总体河势稳定。21 世纪初与 20 世纪 90 年代相比，黄埔、官冲多年平均潮差分别增大 0.13 m、0.05 m，潮动力有所增强，有利于潮汐吞吐及维护伶仃洋—虎门—狮子洋和黄茅海—崖门—银洲湖两条潮汐通道的稳定。

流域洪水安全宣泄。随着海堤建设和达标加固，珠江河口防御洪水和风暴潮的能力进一步提高，取得了巨大的防灾减灾效益。泄洪整治方案中的清障、退堤、导流、开卡涉及多方利益，协调难度大，尚未按《珠江河口综合治理规划》实施，但近些年结合采砂和航道建设，疏浚方案基本得到落实，口门段主槽下切、加宽，主流更为集中，基本保障了《珠江河口综合治理规划》设计洪水的安全下泄。八大口门中，磨刀门水面比降加大，泄流能力增强，上游 200 年一遇洪水条件下，洪水分配比增加 2.12%，泄洪主通道的地位进一步巩固；洪奇门洪水分配比增加 0.88%，排洪作用得到适度增强；虎门、横门、蕉门的排洪能力基本得到维持。与 20 世纪 90 年代相比，21 世纪初蕉门、洪奇门、横门三个径流型口门的多年平均低潮位分别下降 0.12 m、0.14 m、0.13 m，有利于区域排涝。

岸线滩涂有效保护。珠江河口岸线长度为 932.6 km，已开发利用岸线长 289.5 km，岸线开发利用率为 31.04%，其中港口码头岸线长 188.2 km，桥梁岸线长 37.3 km，农田鱼塘岸线长 29.2 km，城镇景观建设岸线长 34.8 km，上述四类岸线分别占已开发利用岸线长度的 65.0%、12.9%、10.1%、12.0%。河口岸线的有序利用促进了当地经济社会的发展。1978～2000 年，珠江河口围垦总面积为 478 km^2，2010～2019 年为 25 km^2，围垦速率由 20 世纪末的 22 km^2/a，降低为近几年的 2.5 km^2/a，珠江河口滩涂开发规模和速率得到有效控制，滩涂湿地得到一定的保护。

水生态环境持续向好。2020 年，在珠江河口设立的 9 个入海河口断面中，磨刀门等8 个断面的水质为 II～III 类，深圳河口水质由之前的长期劣 V 类提升为 IV 类。磨刀门水道广昌泵站集中式生活饮用水水源地的水质达到或优于 III 类。近 5 年来，珠江河口近岸水域的水质整体呈改善趋势，清洁和较清洁水域（II 类海水水质以上）所占比例提高了 5 个百分点。珠江河口现有红树林面积约 987 hm^2，据统计，近年来红树林面积增加约 300 hm^2。

2.3.3　磨刀门整治工程

以磨刀门河口治理为典型工程,通过梳理其第一阶段——白藤堵海防咸,第二阶段——修建白藤大闸,第三阶段——修筑治导堤及滩涂围垦,第四阶段——疏浚,第五阶段——治理结构优化、综合施策的整治工程,反映磨刀门河口治理的逐步优化和完善过程。

1. 第一阶段——白藤堵海防咸

1)整治工程

20 世纪 50 年代末期珠江河口的白藤堵海工程是珠江河口一个非常典型且重要的口门整治工程。白藤岛是泥湾门水道出海口处的一个小岛,东北接近磨刀门水道出海口,南边面临大海,北近斗门县城,西邻鸡啼门附近小林。堵海工程前,泥湾门水道是西江排洪、进潮的重要河道之一。为解决当地咸潮问题及风暴潮灾害,1958 年 8 月成立了中珠白藤堵海防咸工程指挥部,动工建设白藤堵海工程,工程布置如图 2.15 所示。1959 年 12 月,东、西两堤 5.725 km 白藤大堤全面合龙;1961 年 5 月整个工程全面完工,封锁了潮水进出泥湾门水道的通道,形成了一个面积达 32 km² 的白藤湖。白藤堵海工程彻底改变了泥湾门和鸡啼门的入海流动通道关系,引起了工程周边水域水动力特征的重大改变。

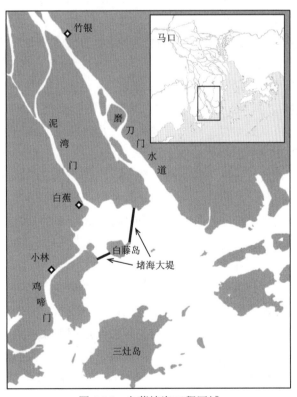

图 2.15　白藤堵海工程区域

2）工程效果

工程初期（1958～1962 年）完全封堵泥湾门出海口，形成 30 km² 的白藤湖蓄滞水区，原泥湾门径潮流经白藤湖阻滞后由鸡啼门进出，延长径流出海流路 16 km，防咸潮和风暴潮效果虽好，但却使附近各口门潮差明显减小，内涝加重。工程实施 10 年后，鸡啼门水道发生严重自然冲刷，水深由 2 m 多变成 6 m 多，该地区低潮水位又基本恢复到堵海工程以前的状况，内涝情况基本消失，具体如下。

（1）工程实施后初期影响。

工程实施对外部咸潮和风暴潮起到了较好的防护作用，但使该区域低潮水位显著抬高，影响自流排灌，带来了严重的内涝问题。

堵海前泥湾门水道直面磨刀门内海区，潮波可以直接进出泥湾门水道；而在堵海工程实施后泥湾门水道不再直通外海，其潮波更像是从磨刀门水道上游竹银逆向传入的。堵海工程引发周边区域水动力特征巨大变化的动力原因是封堵了泥湾门入海的路径，虽然水流可以按原设想在与外海相通的鸡啼门连通外海，但由于鸡啼门水道自然情况下只是河网中的一个次要支汊河道，水深 2 m 多，过潮面积很小，潮波在其中的传播能力比较弱，在白藤堵海工程实施后泥湾门水道中的潮波不是通过鸡啼门水道从外海向陆地正向传播，而是从磨刀门水道的竹银经过泥湾门水道自上而下逆向传播。因为潮波要从磨刀门水道绕道逆向传播下来，会造成潮波相位的长时间延后，使堵海工程前后泥湾门水道白蕉站水位过程的相位变化相差 2～3 h；而磨刀门水道竹银站的低潮水位远高于外海，因此传入泥湾门水道的低潮水位也大幅提升 0.5 m 以上，造成了泥湾门水系严重的内涝灾害。

（2）工程实施 10 年后效果。

工程实施 10 年后，鸡啼门水道发生严重自然冲刷，水深由 2 m 多变成 6 m 多，该地区低潮水位又基本恢复到堵海工程以前的状况，内涝情况基本消失。

表 2.7 给出了鸡啼门水道小林站的平均涨落潮流量和最大通潮量。在堵海工程前，由于鸡啼门水道水深较浅，且上下游水面坡降较小，流速也较小，其平均落潮流量仅为 919 m³/s，最大通潮量也仅为 1 730 m³/s，这个阶段的鸡啼门水道流量较小。在堵海工程实施后，鸡啼门流速的突然增大使鸡啼门水道的通潮量有了较大增长。经过 10 年的自然冲刷后，鸡啼门水道不断加深，河道过水面积和流速都进一步增大，鸡啼门水道的通潮量大幅增加，最大通潮量增加到 5 330 m³/s，约为堵海工程前的 3 倍，堵海工程后的 2 倍。经河口自然冲淤过程的调整，以及鸡啼门水道的快速冲刷，通潮能力增强，潮波在泥湾门水道中的逆向传播现象消失，潮波又转回由海向陆的正常传播过程。这说明潮波的逆向传播是不稳定的，自然界通过剧烈的泥沙冲淤过程形成新的地形地貌边界，使潮波的传播逐步转向由海向陆的稳定传播方向。潮波逆向传播现象的消失使得堵海工程引起的弊端——内涝问题基本解决。

表 2.7 鸡啼门水道潮量统计表 （单位：m³/s）

项目	工程前	工程后	10 年后
平均涨潮流量	906	1 124	2 443
平均落潮流量	919	1 359	3 273
最大通潮量	1 730	2 410	5 330

2. 第二阶段——修建白藤大闸

1）整治工程

为消除白藤堵海的遗留问题，1971 年 2 月，斗门县人民政府成立白藤湖治理工程指挥部，对白藤湖进行综合治理，破堤建闸与湖内围垦同时进行。经反复调查研究，采用以河湖分家为主要措施的整治方案。该方案的目的是要彻底消除白藤堵海遗留的问题，取得防洪、排涝、引淡、防咸、防风、围垦造田和交通航运等最大的综合效益。该方案的主要工程如下：首期工程为兴建白藤大闸，位于堵海大堤与原泥湾门深槽交汇处，大闸总净宽 151 m，共 30 孔，其中 29 孔净宽 5 m，中孔宽 6 m，供过往船只通航，闸底高程为-3.0 m，闸顶高程为 3.5 m，主要作用为挡潮、排水，设计通过流量为 1 140 m³/s，工程于 1971 年 2 月动工，1974 年 9 月，担负着 92.8 km² 灌溉任务，全长 151 m 的大型浮运大闸——白藤大闸正式建成；第二项工程为沙头水闸，位于鬼仔角，是白藤湖内河航运的咽喉，船闸闸首净宽 8.5 m，底坎高程为-2.5 m，闸室宽 12.5 m，长 30 m，也于 1974 年 9 月完成；第三项工程为湖西大堤，是河湖分家的主体工程，大堤东北起于沙头水闸，西南至小霖三板头与鸡啼门水道岸线相接，全长 5 800 m，于 1975 年底完成。

2）工程效果

1970～1975 年白藤大闸建成，泥湾门径潮流不经白藤湖而直接进出鸡啼门，径潮流进退顺畅，使潮差恢复，低潮退潮时可自排，减轻了涝灾。工程影响达到稳定后，延长河道 16 km 的因素继续产生影响，鸡啼门水道滩槽分异发展，宽深比变小，河道向口门外的延伸速度加快。

整治工程完成后，河湖分家，白藤湖对径流和潮流的调蓄作用消失，再加上鸡啼门水道经多年洪潮冲刷，其泄洪、纳潮能力逐年加大，白藤堵海工程所造成的不良影响基本消除，而其工程效益得到进一步巩固和提高，同时，还围垦开发了 3×10⁴ 亩①滩涂，建成了占地 7 000 亩的白藤湖旅游区和经济开发区，白藤堵海整治工程获得了成功。

3. 第三阶段——修筑治导堤及滩涂围垦

1979 年，水利部珠江水利委员会成立后，以磨刀门口门整治为重点，全面开展河口治理规划。1986 年提出了《珠江磨刀门口门治理开发工程规划报告》（以下简称《规划报告》）。

---

① 1 亩≈666.67 m²。

1）整治工程

为加强磨刀门排洪、输沙能力，理顺磨刀门口门外水域流态，改善排水条件，合理开发滩涂资源，1984 年开始对磨刀门进行进一步整治，包括磨刀门主干道的东、西导堤和洪湾水道的南、北导堤工程，见图 2.16。

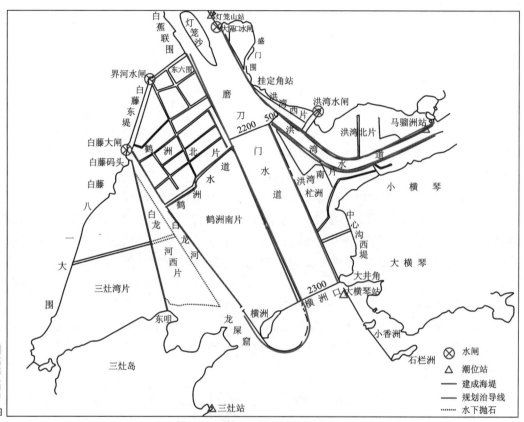

图 2.16 磨刀门整治工程示意图

磨刀门水道东治导线北起挂定角，南至大井角；西治导线北起东六围尾，向南延伸后，在洪湾口与东治导线的距离为 2 200 m，往南再以 1%的放宽率延伸，至大井角对面与东治导线的距离为 2 300 m，以下以弧线往西弯向交杯沙沙脊，再接交杯石和横洲尾。1984 年 3 月西治导堤开始抛石，2000 年基本完成，从东六围尾延伸至横洲口，延伸约13 830 m；东治导堤 1990 年 5 月抛石，1997 年完成，从洪湾水道分流口延伸至大井角，延伸了 9 250 m。

洪湾水道治导堤线，进口在挂定角与杜洲间，出口在澳门西侧马骝洲，两治导堤线间距 500 m，水道的转弯曲率半径满足远景通航规划的要求。其北治导堤 1985 年 5 月开始抛石，1988 年基本建成；南治导堤 1990 年动工，1995 年 9 月建成。1991～1993 年进行了河槽疏浚。在整治磨刀门口门的同时规划开发滩涂，治导堤与河岸和岛屿形成鹤洲北、鹤洲南、三灶湾、白龙河西、洪湾南、洪湾北和洪湾西七片垦区，规划围垦面积为1.257×10^4 hm^2，计划开发面积 9.2×10^3 hm^2。规划整治工程实施后，原口门浅海区大部分成为陆地，由横洲口、洪湾口和龙屎窟与外海相通，磨刀门主槽、洪湾水道为泄洪通道，白龙河为排水通道。1995 年底，因资金短缺等工程被暂停。经过 11 年的实施，磨刀门原浅海区已形成磨刀门主槽和洪湾水道"一主一支"河道格局，内海区不复存在。在整治的同时建成鹤洲北、洪湾西、三灶湾、洪湾北和洪湾南 5 片垦区，1984~1995 年，完成围垦面积 7.55×10^3 hm^2（开发利用面积 6.45×10^3 hm^2），建成海堤 49.20 km，累计投入资金 7.18 亿元。1998~2000 年由经营单位带资完成鹤洲南垦区 21.84 km 海堤的续建工程，累计投入资金 0.99 亿元，负责经营围内约 2.66×10^3 km^2 水域面积的水产养殖。

2）工程效果

（1）泄洪断面面积增加，口门深槽外移。

根据 1977 年、1983 年、1994 年、1998 年、2000 年实测地形资料，磨刀门主槽河段（灯笼山—大井角段）整治前年均淤积 5.6 cm。整治后河道容积增加，年均刷深 4.8 cm，河道 0 m 以下过水断面面积较工程前平均增幅大于 30%；洪湾水道（洪湾口—马骝洲段）整治前年均淤厚 4.4 cm，整治后年均加深 4.2 cm。虽然整治后河道容积的变化与河道采砂有关，但根据河道采砂的调查分析，扣除采砂量影响后的河道容积仍然是增加的。

根据 1960 年、1980 年、1998 年、2000 年实测地形资料，整治后新河口段河道（灯笼山—大井角段 15.49 km）比整治前老河口段河道（大排沙—灯笼山段 14.24 km）0 m 以下过水断面面积的平均增幅大于 50%。根据 1983 年、1994 年、2000 年实测地形资料，横洲口外（大井角下游）-5 m 深槽，整治后向外扩展推进的速度比整治前加快。整治后磨刀门口门段河道过水断面面积增加，口门外深槽外移加快，这种变化趋势有利于磨刀门的洪水畅泄。

（2）洪水分流变化、流速变化。

根据相关研究成果，采用"94·6"和"98·6"洪水的实测资料计算分析磨刀门工程整治前后灯笼山站占马口站的洪水分流比变化，结果表明当马口站流量小于 35 000 m^3/s 时分流比减小，当马口站流量大于 40 000 m^3/s 时分流比增加，分流比的变幅均小于 2%。有关分析说明，近年来，磨刀门上游天河站的分流比随马口站流量的增加而减少 2%~3%。但磨口门整治工程实施后，灯笼山站的洪水分流还能维持工程前的水平，并随马口站流量的加大而略有增加，说明整治后磨刀门口门水流畅通，泄洪能力不减。整治后磨刀门主槽河段在大洪水年时流速普遍加大，如"94·6"大洪水（50 年一遇，遭遇中潮）情况下，整治后流速比整治前增加了 29%~46%。流速的增加使磨刀门口门的水流输沙能力增强，有利于洪水和泥沙往外海排泄。

（3）防洪高潮位升高值比口门自然延伸低。

河口的延伸不可避免地会使上游水位升高，尤其是延伸初期。随着河道的相互调整，水位升高值会降低。水位升高值需要重点关注的是防洪高潮位，在水利部批复的《规划报告》中，利用数学模型和物理模型对磨刀门河口延伸后的防洪高潮位升高值进行过预测。利用实测的水文资料进行分析，磨刀门整治工程实施后，当上游马口站发生 100 年一遇、50 年一遇洪水，遭遇下边界三灶站汛期高潮位均值时，灯笼山站高潮位分别抬高

0.17 m 和 0.15 m，均低于《规划报告》的预测值（0.24 m 和 0.20 m）。研究表明，整治后磨刀门水道沿程洪水水位线略有抬高，影响值沿河道上溯呈递减趋势，至北街附近影响基本消失。

（4）口门地区防潮能力得到提高。

在整治工程实施的同时开发了新的垦区，原口门附近的白蕉联围、白藤东堤、八一大堤等海堤因有了磨刀门治导堤做屏障而受益。同时，口门延伸后，进一步降低了风暴潮水位，提高了河口区防御台风暴潮的能力。

（5）航运分析。

磨刀门整治工程实施前，洪湾水道的通航能力为乘潮（加上常年疏浚）通航 300 t级船舶。整治工程实施后洪湾水道变为单一河道，彻底改变了原来径流、潮流多处交汇的复杂水流条件，洪湾水道的通航能力已提高到通航 1 000 t级船舶。磨刀门整治工程实施后大大降低了洪湾水道的风浪，据调查，船舶通过吨级和载客量增长很快，运量提高也很快，具有显著的航运效益。

（6）涨潮差与涨潮量。

磨刀门整治工程实施后，河口延伸 15 km，径流动力加强，潮流动力有所减弱，整治后灯笼山的涨潮差和涨潮量有所减少。据实测资料分析，涨潮差的减少随上游径流量变化，当上游马口站流量为 10 000～17 000 m^3/s（中水）时，磨刀门整治后，灯笼山站涨潮差减少 0.04～0.27 m。涨潮量的减少与上游径流量和涨潮差的变化有关，中水大潮灯笼山站涨潮量减少 10%左右。

（7）灌排效果与影响。

磨刀门整治后，由于河口延伸，涨潮差和涨潮量减少，不可避免地使枯水期口门高潮位有所下降、中水期低潮位有所升高。根据实测水文资料，整治后枯水中潮、枯水大潮下灯笼山站高潮位比整治前的下降值小于 0.01 m；整治后中水小潮、中水大潮下灯笼山站低潮位比整治前的升高值在 0.05 m 以内。

整治工程的实施使咸界下移，含氯度减少明显，弥补了高潮位降低的影响，同时延长了灌溉的取水时间，对河口地区农田的偷淡灌溉是有利的。

（8）供水。

根据珠海对澳门供水公司的取水经验，上游马口站流量小于 3 000 m^3/s 时，一般需要"避咸引淡"取水。磨刀门整治工程的实施使咸界下移，挂定角取水口的水质更有保障。

（9）滩涂资源综合利用分析。

磨刀门整治工程实施的同时开发了鹤洲北、洪湾西、三灶湾、洪湾北、洪湾南、鹤洲南等 6 片垦区，垦区成围初期主要进行农业开发，后来根据经济发展的需求，特别是在 1992 年成立珠海西区之后，农业垦区部分土地的用途发生了变化，逐步转变为被第二产业开发或用作保税区，磨刀门整治工程取得了较大的滩涂资源综合利用效益。

4. 第四阶段——疏浚

为加强磨刀门排洪、输沙的主导作用，减轻上游防洪压力，根据《1999 年珠江河口疏浚治理工程实施方案》[39]，组织了主干道疏浚工程，如图 2.17 所示。2002 年 1 月～2003 年 3 月实施疏浚整治一期工程，疏浚工程北起东八围，南至鹤洲冲下游，疏浚河段长 8.41 km。疏浚工程实施后，口门附近水道的洪潮水位有所降低，进一步减轻了上游的泄洪压力，使磨刀门综合治理效果得以体现。

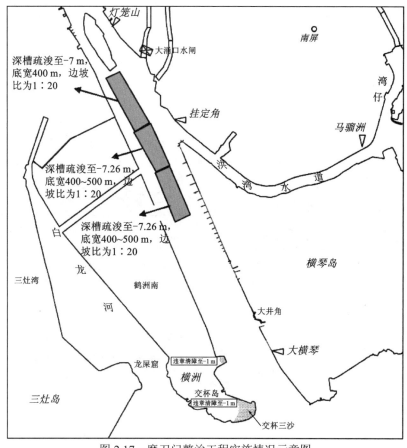

图 2.17　磨刀门整治工程实施情况示意图

5. 第五阶段——治理结构优化、综合施策

1）综合治理

为进一步巩固磨刀门治理效果、加强河口管理，根据《珠江河口综合治理规划》[38]，结合珠江河口地区经济发展、水文情势变化情况和地区经济发展要求，实施了河口规划治导线，泄洪整治，岸线、滩涂保护与利用，水资源保护规划等综合整治措施。

（1）规划治导线。

为了稳固珠江河口西四口门的河势，有序开发利用河口岸线，1999 年以来，磨刀门河口在规划的治导线下得到延伸，详见 2.3.2 小节磨刀门、鸡啼门及澳门附近水域规划治导线。

（2）泄洪整治。

根据重点口门泄洪整治规划，以磨刀门主干道东、西两侧堤岸为基础，按设计泄洪断面和中水断面，全面整治挂定角—石栏洲段主干道。磨刀门泄洪整治工程布置见图 2.18。

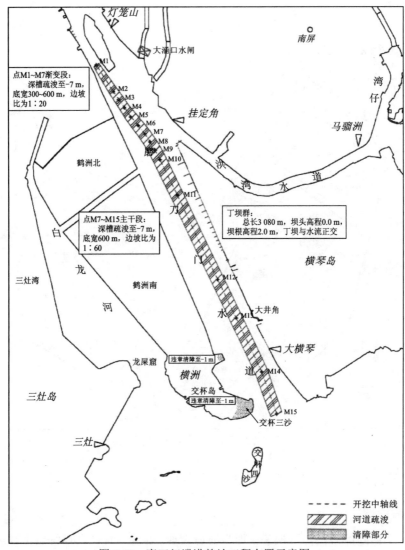

图 2.18　磨刀门泄洪整治工程布置示意图

整治措施包括主槽疏浚、横洲口清障和修筑河道东岸丁坝工程等，规划疏浚主河道 18.6 km（断面底宽 300～600 m，开挖至-7 m，边坡比为 1∶60～1∶20）；清除横洲外的违章抛石堤，并将违章抛石堤与规划岸线之间的陆地恢复至原滩涂高程-1.0 m；主干道东堤外侧修建总长约为 3.1 km 的 16 条丁坝（丁坝坝头高程为 0.0 m，坝根高程为 2.0 m），以稳定河床，控导主流轴线不再东移。

（3）岸线、滩涂保护与利用。

磨刀门水域岸线总长 146 km，规划控制利用区岸线 70 km，开发利用区岸线 1 km，保留区岸线 75 km。工程附近岸线、滩涂利用示意图如图 2.14（b）所示。磨刀门水域可利用滩涂面积 1870 hm²，包括交杯三沙和白龙河西岸的开发利用区，以及白龙河东侧出口的保留区，见表 2.8。

表 2.8　磨刀门河口滩涂利用规划表

水域	功能	地点	滩涂面积/hm²	合计/hm²
磨刀门	开发利用区	白龙河西岸	1 079	1 870
		交杯三沙	541	
	保留区	白龙河东侧	250	

（4）水资源保护规划。

磨刀门水道水功能区划情况见表 2.9。由于珠江河口水域与海域在管理范围上没有严格地划分界线，珠江河口水功能区划与广东海洋功能区划及近岸海域环境功能区划有部分区域重叠。

表 2.9　磨刀门水道水功能区划与海洋功能区划及近岸海域环境功能区划情况

功能区名称		行政区	范围				水功能排序	水质目标	海洋功能区划主要功能	近岸海域环境功能区划主要功能	近岸海域水质目标
一级功能区	二级功能区		起	止	长度/km	面积/km²					
磨刀门水道开发利用区	磨刀门水道珠海饮用渔业用水区	珠海、中山	灯笼山	挂定角	6	7	饮用渔业	II	未划	未划	
	磨刀门水道珠海渔业景观用水区	珠海	挂定角	婆尾	25	80	渔业景观	III	航道、渔港、工业、旅游、防风暴潮区、滩涂养殖、增殖区、珠海港污染防治区、口门整治、盐差能区	种植、海水养殖	海水二类

2）综合整治工程效果

目前磨刀门水道已外延至横洲口，口门岸线基本与规划治导线重合。按泄洪整治规划对磨刀门挂定角至石栏洲主干道全面整治后，磨刀门维持了东、西汊双槽的格局，且西汊落潮量较大，东汊涨潮流占优。磨刀门河口及口外东、西两汊 2015 年 9 月 10～11 日的同步水文观测资料显示，西汊净泄流量达 66%，东汊则占 34%[40]。随着磨刀门岸线、滩涂保护与利用规划的制定，磨刀门沿岸各类用地变化趋于平稳，特别是农用地和林地降速趋缓，2011~2017年，磨刀门沿岸建设用地的增加主要在划定的开发利用区内，保护岸线沿岸基本为养殖用地和林地[41]。按水资源保护规划，磨刀门灯笼山—挂定角段划为饮用水功能区，主要供珠海、澳门两地用水，丰水期水量充沛，且西江水源水质总体保持在 II~III 类水平，满足规划要求，但近年来受咸潮上溯加剧的影响，每年的 10 月~次年 3 月，功能区内各取水泵站均出现咸潮，发生水质性缺水[42]。

2.4 本 章 小 结

珠江河口河网地区特殊的地理位置，决定了该区域城市化程度高、人类活动密集、对河流资源的开发利用程度高。特别是改革开放以来，珠江河口地区的开发利用速度进一步加快，水库大坝建设、水土保持、采砂、航道整治及滩涂围垦等人类活动对自然河道演变的干扰进一步增强。随着建设粤港澳大湾区战略的提出，研究与梳理该区域内高强度的河道治理开发工程及措施，分析这些工程措施的近期和远期效果，对维护粤港澳大湾区的持续发展具有重要意义。本章梳理总结了珠江河口河网地区水库建设、土地开发及水土保持、采砂、航道整治、滩涂围垦、联围筑闸、制定规划治导线等工程措施及其影响，并选取典型险段整治工程、磨刀门整治工程等典型整治工程，对其整治效果进行了初步评估。

其中，水库大坝建设和水土保持措施的实施，在河网上游拦蓄了大量泥沙，河道冲淤状态因此发生转变，河网区河床由 20 世纪 70 年代之前的微弱淤积状态转变为冲刷状态。加之快速的城市化进程，三角洲河网区出现了无序、失控、大规模的采砂活动，以及用于珠江高级航道网建设和维护的切嘴、疏浚等整治措施，20 世纪 80 年代至今整个珠江三角洲河网区出现了广范围、大尺度、长时间的河床下切，并且这种河床下切是极其不均匀的，总体来看，北江下切程度大于西江。对河网区产生深远影响的另一个整治措施是大规模的联围筑闸工程，其中心思想为"控支强干""联围并流"，达到简化河系、缩短防洪堤线的目的，维护了主干水道泄洪的动力，但也抬高了其洪水水位和平原地下水位，同时被堵塞河汊易淤废且水质出现恶化。而珠江河口地区主要的人类活动表现为在口门附近强烈的滩涂开发、筑堤围垦活动。受围垦工程等人为干扰的影响，河口区岸线发生了显著变化，口门外广阔的海域严重萎缩，使进入河网地区的潮汐动力产生剧烈变化，对整个河网的水动力具有深远影响。

河床地形剧烈且不均匀的下切严重威胁河道堤防的安全稳定性，加之珠江河网内本就十分复杂的水流情况，西北江三角洲地区的堤围存在较多的险段。其中，龙池险段、富湾险段和九江沙口塌岸段为重点整治的险段，整治手段包括修筑丁坝、抛石和堤围加固等，整治后险段的稳定性有了一定程度的改善，但仍未完全排除险情，需要持续监测和维护。在河口治理方面，为保持河口正常的泄洪、纳潮功能，制定了珠江河口规划治导线，对合理确定河口延伸方向，保持河口稳定具有重要意义。以磨刀门河口为重点治理对象，经历了"白藤堵海防咸—修建白藤大闸—修筑治导堤及滩涂围垦—疏浚—治理结构优化、综合施策"等阶段的整治后，磨刀门维持东、西汊双槽的格局，径潮通道稳定，水质改善，但咸潮上溯现象加剧。

参 考 文 献

[1] 周锐波. 珠江三角洲经济发展模式评析[J]. 中国发展, 2004(3): 11-16.

[2] 刘志佳, 黄河清. 珠三角地区建设用地扩张与经济、人口变化之间相互作用的时空演变特征分析[J]. 资源科学, 2015, 37(7): 1394-1402.

[3] 罗章仁. 人类活动引起的珠江三角洲网河和河口效应[J]. 海洋地质前沿, 2004, 20(7): 35-36.

[4] 王现方, 赖万安. 珠江三角洲水资源整合配置规划思路[J]. 人民珠江, 2003, 4: 1-4.

[5] 陈小齐. 人类活动影响下珠江三角洲河网地貌动力演变规律研究[D]. 武汉: 武汉大学, 2022.

[6] LIU F, HU S, GUO X, et al. Recent changes in the sediment regime of the Pearl River (south China): Causes and implications for the Pearl River Delta[J]. Hydrological processes, 2017, 32: 1771-1785.

[7] LIU F, XIE R, LUO X, et al. Stepwise adjustment of deltaic channels in response to human interventions and its hydrological implications for sustainable water managements in the Pearl River Delta, China[J]. Journal of hydrology, 2019, 573: 194-206.

[8] LIU F, YUAN L, YANG Q, et al. Hydrological responses to the combined influence of diverse human activities in the Pearl River Delta, China[J]. Catena, 2014, 113: 41-55.

[9] 罗宪林. 珠江三角洲网河河床演变[M]. 广州: 中山大学出版社, 2002.

[10]DAI S, YANG S, CAI A. Impacts of dams on the sediment flux of the Pearl River, southern China[J]. Catena, 2008, 76(1): 36-43.

[11] 张星. 西津水电站水库泥沙淤积研究[J]. 人民珠江, 2003 (2): 5-7, 40.

[12] 赵鑫, 王国华. 天生桥二级水电站水库淤积及泥沙含量分析[J]. 红水河, 1998, 17(3): 47-50.

[13] 黄理军, 张文萍, 王辉, 等. 龙滩水电站推移质输沙量试验研究[J]. 中国农村水利水电, 2007(12): 9-12.

[14] 王敬贵, 亢庆, 杨德生. 珠江上游水土流失与石漠化现状及其成因和防治对策[J]. 亚热带水土保持, 2014 (3): 38-41.

[15] 夏汉平. 论长江与珠江流域的水灾、水土流失及植被生态恢复工程[J]. 热带地理, 1999, 19(2): 124-129.

[16] 张富明, 袁水庆. 广东省区范围林火卫星监测的初报[J]. 森林防火, 1993 (4): 16-17.

[17] 陈哲华, 杨超裕, 邓冬旺, 等. 广东省森林覆盖率的影响因素分析和模型预测: 基于灰色关联分析和 GM(1, 1)模型[J]. 林业与环境科学, 2017, 33(5): 101-106.

[18] LUO X L, ZENG E Y, JI R Y, et al. Effects of in-channel sand excavation on the hydrology of the Pearl River Delta, China[J]. Journal of hydrology, 2007, 343(3/4): 230-239.

[19] WANG Y, CAI S, YANG Y, et al. Morphological consequences of upstream water and sediment changes and estuarine engineering activities in Pearl River Estuary channels over the last 50 years[J]. Science of the total environment, 2020, 765(1): 144172.

[20] ZHANG P, YANG Q, WANG H, et al. Stepwise alterations in tidal hydrodynamics in a highly human-modified estuary: The roles of channel deepening and narrowing[J]. Journal of hydrology, 2021, 597: 126153.

[21] 刘贤, 张绪进, 刘亚辉, 等. 东江中游长河段浅滩群航道整治模型试验研究[J]. 水运工程, 2019(8): 127-133.

[22] 交通部科学研究院. 珠江三角洲高等级航道网规划[R]. 北京: 中华人民共和国交通部, 2005.

[23] 赵学问, 车进胜, 林超明. 珠江三角洲高等级航道网规划与建设概述[J]. 中国水运(下半月), 2011, 11(9): 15-16.

[24] 刘宏霄, 罗敬思, 徐治中. 西江下游航道整治工程效益分析[J]. 珠江水运, 2019(14): 61-62.

[25] 王兴华. 陈村水道航道整治工程综述[J]. 中国水运(学术版), 2007 (1): 106-107.

[26] 广东造船编辑部. 广州港深水航道拓宽工程开工[J]. 广东造船, 2016, 35(5): 83.

[27] 刘勇南. 东平水道航道整治工程设计风险分析与控制[J]. 珠江水运, 2011 (16): 41-48.

[28] 王志良, 唐洪武, 肖洋, 等. 莲沙容水道火烧头切嘴整治工程试验[J]. 水利水运科学研究, 2000(4): 48-52.

[29] 毕耕. 小榄、横门航道正式列入广东"九五"航道重点建设项目[J]. 珠江水运, 1998 (3): 32.

[30] 何远海. 小榄水道航道整治护岸工程砂枕护脚施工探索[J]. 珠江水运, 2004 (4): 47-49.

[31] 陈勇. 横山至虎跳门口航道整治工程及西江四顷段整治工程评价[J]. 珠江水运, 2007 (9): 40-41.

[32] 申其国, 谢凌峰, 解鸣晓, 等. 珠江三角洲河口湾航道整治研究[J]. 水道港口, 2019, 40(3): 286-292.

[33] 谭超, 黄本胜, 杨清书, 等. 珠江磨刀门河口拦门沙对排洪影响的初步研究[J]. 水利学报, 2011, 42(11): 1341-1348.

[34] 钱挹清. 整治澳门附近水域 促进磨刀门出海航道建设[J]. 人民珠江, 1997(3): 25-26.

[35] 莫思平, 季荣耀, 陆永军, 等. 珠江口磨刀门出海航道整治研究[C]// 第十四届中国海洋(岸)工程学术讨论会. 北京: 海洋出版社, 2009: 151-154.

[36] 陈小文, 刘霞, 张蔚. 珠江河口滩涂围垦动态及其影响[J]. 河海大学学报(自然科学版), 2011, 39(1): 39-43.

[37] 何用, 张金明, 何贞俊. 珠三角分汊河道险段形成机理及整治措施初探[J]. 人民长江, 2015, 46(9): 41-45.

[38] 水利部珠江水利委员会. 珠江河口综合治理规划[R]. 广州: 水利部珠江水利委员会, 2010.

[39] 水利部珠江水利委员会勘测设计研究院. 1999 年珠江河口疏浚治理工程实施方案[R]. 广州: 水利部珠江水利委员会勘测设计研究院, 1999.

[40] 吴门伍, 严黎, 陈莹, 等. 珠江河口磨刀门口外东西两汊实测分流比分析[J]. 人民长江, 2019, 50(1): 13-17.

[41] 何韵. 环珠江口海岸带国土空间发展潜力与开发利用适宜性评价[D]. 广州: 广州大学, 2019.

[42] 方晔, 王杭州, 吴红. 饮用水源安全保障体系建设的系统思考[J]. 水工业市场, 2012(7): 30-33.

第 ③ 章

珠江河口河网水沙及径潮输移动力特性变化

　　水库建设、河道采砂、航道整治、以防洪为主要目的的"控支强干""联围并流"等联围筑闸和以土地利用为目的的滩涂围垦工程，这些多种多样的人类活动对珠江三角洲的河网河床及河口岸线产生了剧烈影响，从而迫使三角洲水系的径潮动力格局出现调整，使其出现了与自然演变截然不同的演变趋势[1-5]。近年来，随着《珠江三角洲地区改革发展规划纲要（2008—2020）》的颁布实施及《粤港澳大湾区发展规划纲要》的逐步落实，该地区经济社会发展和城市化进程必将进入新的高速发展阶段，人类活动势必更加剧烈，其对珠江三角洲自然环境动力过程的影响也将日趋严重。因此，本章针对珠江河口河网水沙及径潮输移动力特性变化展开全面系统的研究，分析强人类活动驱动下珠江河口河网水沙及径潮输移动力异变新格局。

3.1 来水来沙变化

3.1.1 来水来沙量的变化

上游的来水来沙状况是影响河床地形演变的重要边界条件。珠江流域的水库大坝建设及水土保持等人类活动将直接改变进入珠江三角洲的水沙过程。图 3.1 给出了 1960～2016 年珠江三角洲年均流量及输沙率随时间的变化。图 3.2 给出了三角洲上游三个控制站点含沙量的时间变化,用于分区域探讨人类活动对三角洲来水来沙状况的影响。图 3.3 给出了累计泥沙量与累计径流量的对比,用于识别来沙突变时间。

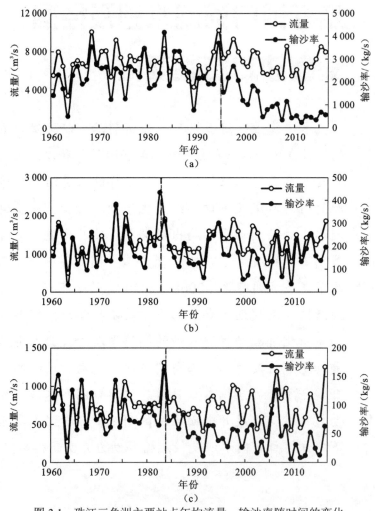

图 3.1 珠江三角洲主要站点年均流量、输沙率随时间的变化

(a) 为西江高要站;(b) 为北江石角站;(c) 为东江博罗站

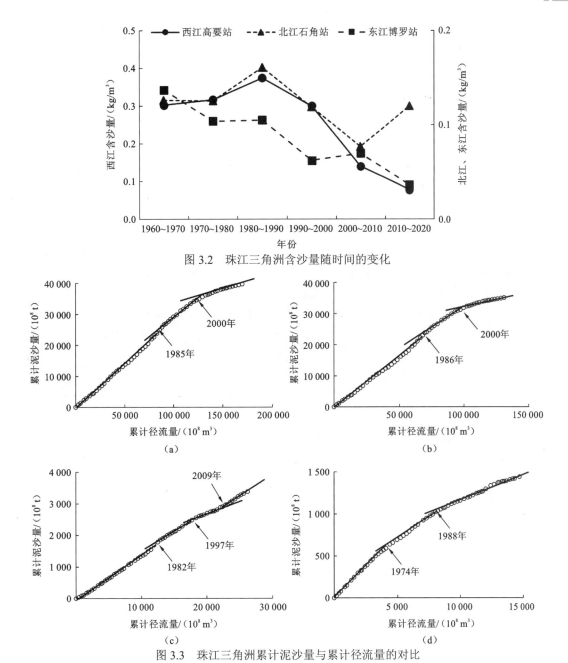

图 3.2　珠江三角洲含沙量随时间的变化

图 3.3　珠江三角洲累计泥沙量与累计径流量的对比

（a）为珠江（西江、北江和东江之和）；（b）为西江（高要站）；（c）为北江（石角站）；（d）为东江（博罗站）

　　如图 3.1 所示，受气候（主要是降雨）年际变化的影响，1960～2016 年珠江流量（高要站、石角站、博罗站流量之和）在 7 500 m³/s 上下波动，无明显升高或降低的趋势。然而，在流量总体保持稳定的前提下，珠江的输沙率却呈现出大幅降低的趋势，尤其是在 1985 年和 2000 年，累计泥沙量与累计径流量的对比图中直线倾斜程度（斜率）发生突变[图 3.3（a）]。在来水含沙量稳定的条件下，输沙率与流量之间存在正相关关系，流量的波动能引起输沙率的振荡，即流量变大，输沙率也变大，反之亦然。直线斜率代表着水体中的泥沙含量，倾斜程度显著变缓意味着珠江三角洲来水的含沙量降低。如图 3.2 所示，珠江三角洲的来水含沙量呈现出明显的下降趋势，尤其是西江和东江降幅更突出，其含沙量在 21 世纪初仅占 20 世纪 60 年代水平的 25%左右。综上可知，人类活动对珠江三角洲的流量影响很小，但对输沙率却影响巨大。特别是水库大坝的拦沙作用及植树造林、退耕还林等水土保持措施降低了水土流失面积，这大幅削减了珠江三角洲泥沙的来源。到 21 世纪初，珠江的输沙率已经不到 20 世纪 50 年代水平的 1/3。

西江是珠江的最大支流，控制着珠江三角洲 77%的径流量和 89%的泥沙量。图 3.1（a）显示 1960～2016 年西江流量保持稳定，输沙率却显著降低，21 世纪初的输沙率仅仅是 20 世纪 50 年代水平的 24%，输沙率的突变发生在 1997 年左右，而含沙量突变发生在 1986 年和 2000 年[图 3.3（b）]，与珠江整体含沙量突变时间接近[图 3.3（a）]。北江控制着珠江三角洲 15%的径流量和 8%的泥沙量，其对珠江来沙量锐减的影响也是不可忽略的。图 3.1（b）和图 3.3（c）显示，北江输沙率在 1982 年及 1997 年均明显降低，21 世纪初的输沙率是 20 世纪 50 年代水平的 75%，其输沙率降幅低于西江。2009 年后，北江的输沙率有所恢复，接近 20 世纪 50 年代水平，其 21 世纪初的来水含沙量也与 20 世纪 60 年代水平接近（图 3.2），这可能与北江水土流失加剧或水库排沙增多有关。东江径流量和泥沙量仅占珠江三角洲的 8%和 3%，虽然不能对珠江三角洲来沙量的大幅降低起决定性作用，但其也表现出流量相对稳定、输沙率锐减的状态。由于东江大型水库大坝建设较早，其输沙率锐减发生的时间也早于西江和北江，图 3.1（c）和图 3.3（d）显示 1974 年和 1988 年东江发生了两次输沙率锐减的情况，到 21 世纪初东江的输沙率仅占 20 世纪 50 年代水平的 26%，与西江输沙率降幅接近。

对水沙变化的原因分析可知，流域内的人类活动主要通过两个方面影响河流的输沙规律。一方面，流域内水土流失，从而使得河流入海泥沙量增加；另一方面，水库及大坝的建设、运营截留了大量河沙，这又导致了河流入海泥沙通量的降低。20 世纪 90 年代以前，大范围的森林砍伐与土地利用加速了该地区的水土流失，从而使得进入下游河口区的泥沙通量逐渐上升；而 20 世纪 90 年代以后，由于珠江上游众多大型水库及大坝的建设与运营，截留了大量的上游来沙，直接导致进入珠江口的泥沙通量迅速下降[6-7]。

综上所述，受水库大坝建设及水土保持等人类活动的综合影响，珠江三角洲的泥沙来源几乎被切断，河流含沙量降低，输沙率大幅减小，并且西江和东江输沙率的降幅远大于北江。同时，注意到东江受大坝建设等人类活动影响最早，输沙率最先降低，北江次之，西江最晚。考虑到珠江流域主要水库的泥沙淤积率不高，可以认为在未来珠江三角洲将长期保持低输沙率的状态。输沙率的锐减将对珠江三角洲的河床演变产生深远影响，一方面有利于河网区河床冲刷下切及航道维护，另一方面加剧了险段崩岸风险，甚至促进了三角洲海岸前缘的蚀退，增加了咸潮风险。

3.1.2　水沙年内分配的变化

1960～2016 年，进入珠江三角洲河网的水沙不仅在总量上显著变化，其年内分配也出现了调整。图 3.4（a）分别按洪季（4~9 月）和枯季（10 月~次年 3 月）统计了 1960~2016 年汇入珠江三角洲西北江河网的径流量与输沙量（西江高要站和北江石角站之和）。可以看到，每年洪季的径流量与输沙量分别在 2×10^{11} m³ 和 6×10^{7} t 左右，是枯季的 3~10 倍，表明汇入西北江河网的水沙均集中在洪季。而进入 21 世纪后，枯季径流量与输沙量在全年中的占比有增大的趋势，特别是 2006 年后，枯季径流量与输沙量在全年中的占比分别约为 28% 和 15%，相比于 2006 年前分别提升了 6% 和 7%。

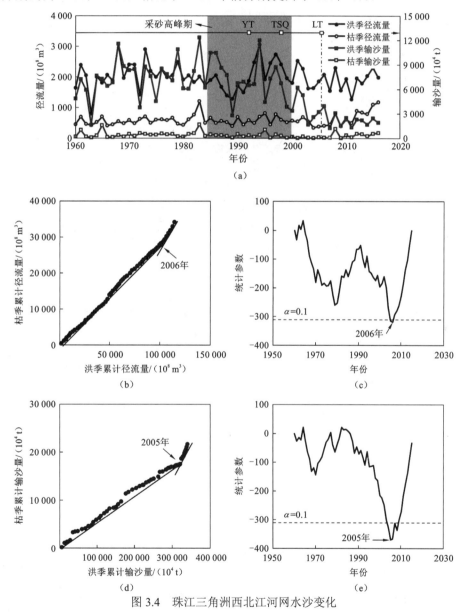

图 3.4　珠江三角洲西北江河网水沙变化

（a）为洪、枯季径流量与输沙量；（b）为洪季径流量与枯季径流量的双累计曲线；（c）为对径流量双累计曲线斜率进行
Pettitt 检验；（d）为洪季输沙量与枯季输沙量的双累计曲线；（e）为对输沙量双累计曲线斜率进行 Pettitt 检验
YT、TSQ、LT 分别代表岩滩水库、天生桥水库与龙滩水库

为更准确地辨识西北江河网水沙年内分配突变的时间，点绘河网洪季与枯季径流量的双累计曲线[图 3.4（b）]，并对曲线斜率进行 Pettitt 检验[图 3.4（c）]；同时，点绘河网洪季与枯季输沙量的双累计曲线[图 3.4（d）]，并对曲线斜率进行 Pettitt 检验[图 3.4（e）]。可以看到，径流量的双累计曲线在 2006 年处发生转折（置信度超过 90%），输沙量的双累计曲线在 2005 年处发生转折（置信度超过 90%），可以认为西北江河网水沙年内分配在 2006 年前后发生了一定程度的改变，2006 年后枯季径流量与输沙量在全年的占比均呈现增大趋势。无论是在时间上还是在作用机制上，采砂活动都不应是水沙年内分配突变的原因；从 2005 年起，水利部珠江水利委员会为压制咸潮实行了枯季水量调度；而 2006 年正好与龙滩水库的建成时间相符[图 3.4（a）]，龙滩水库是西江流域骨干水库群联合调度的核心[8]，这说明大型水库联合调度对水沙的调节作用是河网水沙年内分配变化的主导因素。

3.2 珠江河口河网地形变化

珠江三角洲主要水道在 20 世纪 50～60 年代初，普遍处于轻微的自然淤积状态；进入 20 世纪 60 年代后，由于大规模联围筑闸，"控支强干""联围并流"，河宽缩窄，洪水归槽，水位壅高，产生了束水攻沙效应，河床普遍有所冲刷，但河床的冲刷深度与冲刷量都不大。这种冲刷效应一直持续到 20 世纪 60 年代后期，随着水位壅高和河床冲刷调整，到 70 年代以后水位又接近于原来的状态。此后，伴随着河道整治、采砂、河口围垦、占用滩地、桥梁码头建设等，河道水沙特性进一步改变，河网各水道的分流比不断变化，河流消长及河床变形的后果在 90 年代充分反映出来。

3.2.1 河网区河床变化

受上游水库建设拦蓄大量泥沙、采砂、航道整治等人类活动的综合影响，珠江三角洲的河床地形发生了显著变化，无论是横断面形态还是深泓纵剖面高程均呈现出明显的下切。从河网河道整体冲淤分布、主要河道深泓线变化、剩余水深与潭-脊结构演变、典型断面变化、河床形态自适应演变进程等角度分析了珠江三角洲河网区的河床变化。

1. 河网河道整体冲淤分布

珠江三角洲河网位于河海动力的交汇区，受径流与潮汐的共同作用，冲淤交替，河床演变情况复杂。20 世纪 80 年代前，三角洲的河道整体处于准自然演变状态下的淤积发育阶段。属于淤积河道的总长度占统计河道总长度的 72.6%，并且淤积程度越接近河口区越严重，口门外海拦门沙的淤积发展也使得口门外海域逐渐变浅、变小。80 年代中期～90 年代末的剧烈人工采砂活动使得三角洲河网河道的断面形态发生了与自然演变截然不同的变化，原来淤积为主的河道过流断面面积普遍加大，河床下切。2000 年之后，珠江三角洲地区开始控制采砂，采砂区基本上位于出海口门处。因此，珠江三角洲河网急剧下切的态势得到有效控制，部分河道还出现微小淤积。但是在河网上游兴建大型水库拦截大量来沙的情况下，河网河床整体上仍处于冲刷状态。

重点关注河网河床在人为干预下的演变情况，图 3.5 给出了 1977～1999 年和 1999～2016 年两个时期主要河道河床的冲淤分布情况。从驱动因素上看，1977～1999 年河床演变的主要驱动因素是河网大规模、高强度的河道采砂活动；而 1999～2016 年河床演变的主要驱动因素是流域上游水库群建设导致的水沙条件异变。总体上看，两个时期内河网河床均呈现出冲刷下切的趋势。但不同的是，1977～1999 年，北江河网河床平均下切的程度比西江河网更大，其中下切幅度较大的河道有东平水道上半段和顺德水道，平均下切幅度超过了 2 m，这些河道正是采砂调查所指出的强采砂河道[9]；1999～2016 年，相比于西江河网，北江河网河床平均下切的程度较小，甚至在东平水道下游和前、后航道水系的河床上出现了轻微淤积抬高的现象，这一时期河床下切幅度较大的河道有西江干流水道、容桂水道上半段及东平水道上半段，平均下切幅度在 2 m 以上，它们基本上是河网中的主干河道，表明西北江河网水沙条件异变对其主干河道河床演变的影响要比对支流河道的影响更为显著。思贤滘以下的西北江三角洲河网区，1999 年之后的冲淤分布情况较为复杂。根据收集到的 1999～2008 年部分河道河床演变资料，将其分为西江河网区主干河道与支流河道、北江河网区主干河道与支流河道进行详细阐述。

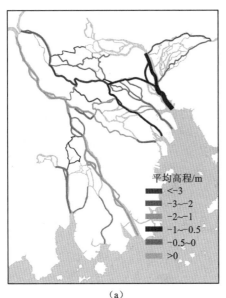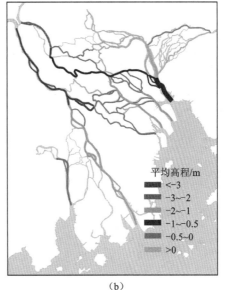

扫一扫　看彩图

（a）　　　　　　　　　　　　　　　　　　（b）

图 3.5　河网河道不同时期河床冲淤分布的变化

（a）为 1977～1999 年；（b）为 1999～2016 年

西江河网区主干河道从思贤滘西滘口至磨刀门，包括了西江干流水道、西海水道和磨刀门水道。其中，高明河汇入口至天河站段变化较大，特别是九江大桥至东海水道口，普遍下切达 5 m 以上。河道平均河底高程由 1999 年的-9.55 m 下降至 2008 年的-10.85 m，下切较为严重。西江河网区支流河道在此期间冲刷较为剧烈的河道主要有石板沙水道、泥湾门水道、赤粉水道、横坑水道、螺洲溪等。其中，石板沙口河道左侧明显下切，河道由原来的-5～-4 m 下切至-10 m，石板沙尾也呈现一定幅度的下切；螺洲溪上游从石板沙水道分出，下游汇入泥湾门水道，平均河底高程由-4.73 m 下降到-6.18 m。而劳劳溪、荷麻溪、虎坑水道等属于微淤河道。此外，虎跳门水道等则属于冲淤平衡河道，其上接横坑水道、劳劳溪，下游汇入崖门水道，横山—沙仔段冲刷程度较大，而西炮台附近的河床则显著淤升，其余河段基本维持不变，并且虎跳门水道近年来因航道维护，河面宽度大幅缩窄，大部分河道河面宽度缩窄均在 100 m 以上，局部甚至达到 200 m，占河道宽度的 20%以上。

北江河网区主干河道从思贤滘东滘口至洪奇门，包括了东平水道、顺德水道、李家沙水道和洪奇沥水道。其中，思贤滘至吉利涌口，特别是狮山大桥—金沙大桥段，河道下切最为剧烈，局部下切深度超过 7 m。研究时期内北江河网区主干河道整体上表现为冲刷，冲刷幅度小于西江。在主要的支流河道中，西樵水道、蕉门水道、桂洲水道、黄圃沥等河道的冲刷程度较大，甘竹溪、顺德支流和黄沙沥等则属于典型的淤积河道，而容桂水道和上、下横沥等河道则表现为冲淤相间或微冲微淤的态势。此外，受航道疏浚影响，蕉门水道滩地萎缩，河宽增大，从下横沥汇口至河口段，平均河面扩宽幅度达 18%。

珠江三角洲河床剧烈下切必然导致河网区河槽容积的显著增加，这有利于雨季洪水的宣泄，但也增加了枯季河口的纳潮能力，从而加剧了咸潮入侵问题。表 3.1 和图 3.6 统计了这些主要河道在 1977～2008 年的河槽容积变化，并且用每千米容积差来表示河槽容积的变化强度。在不同人类活动的驱动下，珠江三角洲河网区河槽容积的变化也呈现出时空差异。

表 3.1 珠江三角洲主要河道的河槽容积变化

河网区	主要河道	河长/km	对比时间	河槽容积差/（10^4 m³）	年均容积差/（10^4 m³/a）	每千米容积差/（10^4 m³/km）
西江河网区	西江干流水道及西海水道	86	1991～1999 年	18 950.4	2 368.8	220.4
			1999～2008 年	26 792.4	2 976.9	311.5
			1991～2008 年	45 742.8	2 690.8	531.9
	磨刀门水道	51	1977～1999 年	6 773.4	307.9	132.8
			1999～2008 年	18 083.1	2 009.2	354.6
			1977～2008 年	24 856.5	801.8	487.4
	小榄水道	29	1987～1999 年	1 125.6	93.8	38.8
			1999～2008 年	-4.0	-0.4	-0.1
			1987～2008 年	1 121.6	53.4	38.7
	荷麻溪、横坑水道及虎跳门水道	45	1989～1999 年	384.0	38.4	8.5
			1999～2008 年	0.3	0.03	0.01
			1989～2008 年	384.3	20.2	8.5

续表

河网区	主要河道	河长/km	对比时间	河槽容积差 /（10⁴ m³）	年均容积差 /（10⁴ m³/a）	每千米容积差 /（10⁴ m³/km）
北江河网区	北江干流水道	25	1984~1999 年	4 730.0	315.3	189.2
			1999~2008 年	1 359.0	151.0	54.4
			1984~2008 年	6 089.0	253.7	243.6
	顺德水道	49	1984~1999 年	7 778.0	518.5	158.7
			1999~2008 年	2 784.7	309.4	56.8
			1984~2008 年	10 562.7	440.1	215.6
	李家沙水道	10	1996~1999 年	8.2	2.7	0.8
			1999~2008 年	1 593.8	177.1	159.4
			1996~2008 年	1 602.0	133.5	160.2
	洪奇沥水道	31	1984~1999 年	3 748.5	249.9	120.9
			1999~2008 年	6 011.8	668.0	193.9
			1984~2008 年	9 760.3	406.7	314.8
东江河网区	东江干流水道	50	1988~1997 年	8 932.0	992.4	178.6
			1997~2002 年	9 109.0	1 821.8	182.2
			1988~2002 年	18 041.0	1 288.6	360.8
	东江北干流	40	1988~1997 年	3 150.3	350.0	78.8
			1997~2002 年	1 668.2	333.6	41.7
			1988~2002 年	4 818.5	344.2	120.5
	东江南支流	36	1988~1997 年	2 099.8	233.3	58.3

注：1999 年前数据引文献[9]；1999 年后数据引自广东省水利水电科学研究院科研报告。

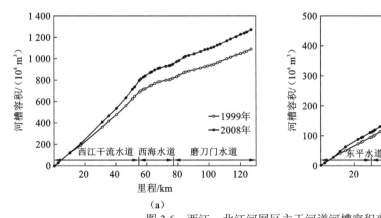
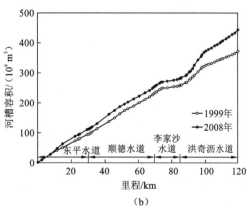

图 3.6 西江、北江河网区主干河道河槽容积变化

（a）为西江河网区主干河道；（b）为北江河网区主干河道

可见，西江河网区主干河道（包括西江干流水道、西海水道及磨刀门水道）河槽容积在研究时期内持续增大，在 1980～1999 年增幅为 1×10^6～2×10^6 m³/km，而 1999～2008 年这一数值显著增大为 3×10^6～3.5×10^6 m³/km。西江河网区支流河道的河槽容积不仅在变化幅度上远小于主干河道，且变化趋势也有所不同，如小榄水道、荷麻溪、虎跳门水道等，在 1980～1999 年河槽容积增幅仅为 1×10^5～4×10^5 m³/km，不到主干河道的 1/5，1999～2008 年变化幅度则为-1×10^3～1×10^2 m³/km，小榄水道河槽容积甚至出现萎缩趋势。在北江河网区，上游的北江干流水道、顺德水道河槽容积在 1980～1999 年增幅为 1.5×10^6～1.9×10^6 m³/km，1999～2008 年下降至 5×10^5 m³/km 左右，仅为以前水平的 1/3；下游的李家沙水道、洪奇沥水道河槽容积增幅由 1980～1999 年的 8×10^3～1.2×10^6 m³/km 增长为 1999～2008 年的 1.6×10^6～1.9×10^6 m³/km，接近北江河网区上游 1980～1999 年的增幅。东江河网区与西江、北江河网区不同，在统计时段内 1997 年前后河槽容积增幅接近，东江干流水道维持在 1.7×10^6～1.8×10^6 m³/km，东江北干流和南支流等下游河道维持在 5×10^5～8×10^5 m³/km。整体来看，由于河道空间尺度不同，河道可采砂量与冲刷量具有较大差异，西江河网区河槽容积增幅最大，北江和东江河网区河槽容积增幅较小，且河网区干流河道河槽容积的增幅远大于支流河道。

2. 主要河道深泓线变化

深泓线是河道断面沿程最深点的连线，其指示了水流动力轴线的位置，对河势与河床的演变具有重要意义[10]。图 3.7 给出了西江、北江河网区主干河道（西江马口—甘竹—天河—大敖—竹银—灯笼山，即西江干流水道—磨刀门水道；北江三水—紫洞—三多—三善滘，即东平水道上半段—顺德水道）不同时段深泓线高程的变化情况。1952～1962 年，西江、北江河网区主干河道沿程断面中分别约有 43%和 35%的断面深泓点下切，深泓线高程年均变幅为 0.06 m 和 0.08 m，表明此时段河网河道处于沿程冲淤相间，总体轻微淤积的自然演变状态；1962～1999 年，西江、北江河网区主干河道沿程断面中深泓点下切的比例分别增大至 76%和 97%，深泓线高程年均变幅为-0.05 m 和-0.18 m，表明河床演变趋势由原先的轻微淤积转化为剧烈冲刷，转化的驱动因素是人类大规模、高强度的河道采砂活动，注意到进入 20 世纪 80 年代后采砂活动才成为河床演变的主导因素，1962～1977 年深泓线应有所淤积抬高，因此实际上采砂导致的深泓线下切数值要比 1962～1999 年计算得到的均值大得多；1999～2005 年，进入水库拦沙主导期，河道保持冲刷状态，此时段深泓点下切的断面的比例有所减小，西江、北江河网区分别为 69%和 71%，深泓线高程年均变幅为-0.31 m 和-0.36 m；2005 年后，河道冲刷速率逐渐减小，到了 2020 年，西江河网区主干河道沿程断面中深泓线下切的比例降至 50%，深泓线高程年均变幅仅为-0.02 m，而北江河网区这两个数值则分别为 53%和 0.0，这说明河道基本上适应了新的水沙条件，恢复了微冲微淤的发育状态。总体上看，采砂和建库均引起了河网河道深泓线的显著下切，但两者影响的强度和范围有所不同，采砂造成的北江河网区深泓线的下切幅度较大，水库拦沙则使得西江河网区深泓线的下切更为剧烈[11]。

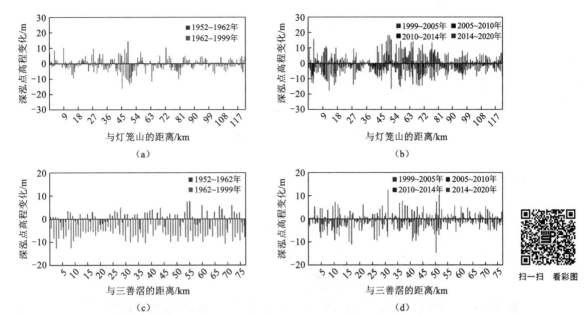

图 3.7　西江、北江河网区主干河道不同时段沿程深泓点高程的变化

（a）为马口—甘竹—天河—大敖—竹银—灯笼山 1952~1999 年深泓变化；（b）为马口—甘竹—天河—大敖—竹银—
灯笼山 1999~2020 年深泓变化；（c）为三水—紫洞—三多—三善滘 1952~1999 年深泓变化；（d）为三水—紫洞—三多—
三善滘 1999~2020 年深泓变化

负数表示两个年份间深泓点高程降低，即深泓线下切；正数则表示深泓点淤积抬高

　　一般而言，在河道适应调整能力范围内，其断面形态参数与流域水沙条件之间会形成某种稳定、平衡的水力几何形态关系[12]。在这种适应调整过程中，常把水沙条件作为驱动力（自变量），而将断面形态参数作为响应量（因变量）。在珠江这样的低含沙量河流上，可用汛期水流冲刷强度来量化河段的水沙条件[13-14]。定义汛期水流冲刷强度 $F=(Q_汛^2/S_汛)/10^8$，其中 $Q_汛$ 为汛期流量（m³/s），$S_汛$ 为汛期含沙量（kg/m³），本节中这两个参数均取汛期的平均值。为揭示珠江三角洲河网河道断面形态对水沙条件变化的响应机制，以汛期水流冲刷强度 F 代表水沙条件的自变量，将河道深泓线平均测深（高程的相反数）作为因变量，可构建出相关的幂指函数关系式。为进一步揭示深泓线冲淤对水沙条件变化的响应机制，以马口站、三水站汛期水流冲刷强度为自变量，以西江、北江河网区主干河道深泓线平均测深为因变量，构建指数型函数的水力几何关系式，如图 3.8 所示。可以看到，马口站、三水站汛期水流冲刷强度与其对应的下游河道深泓线平均测深之间有着良好的幂指函数关系，表明深泓线会随着汛期水流冲刷强度的增大而不断下切，但在汛期水流冲刷强度持续增大的情况下，深泓线下切的速率会逐渐放缓。

3. 剩余水深与潭-脊结构演变

1）深泓线沿程剩余水深与潭-脊结构辨识

　　采用 Lisle[15]提出的方法计算河道深泓线沿程剩余水深的分布情况。如图 3.9 所示，首先将调查河道各断面的深泓点连接成线；然后假设河道来流为零，若河道深泓线低于

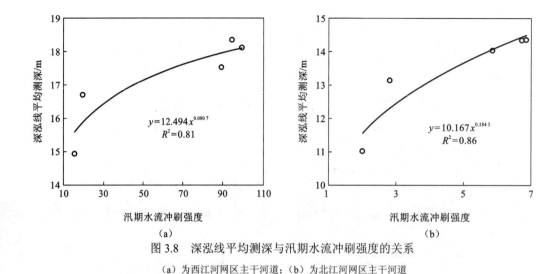

图 3.8　深泓线平均测深与汛期水流冲刷强度的关系

（a）为西江河网区主干河道；（b）为北江河网区主干河道

剩余水面，则会存有积水，这部分深泓线定义为潭（pool），其积水的深度即剩余水深，而高于剩余水面线的深泓线上的剩余水深为 0，这部分深泓线定义为脊（riffle）。由剩余水深的定义可知，剩余水深能够代表河道在最不利流量条件下的储水能力，而剩余水深的标准差则在一定程度上反映了河床高程变化的不均匀性。因此，剩余水深及其标准差在河流地貌学和生态学的研究中均具有重要意义[11,16-17]。此外，计算得到不同年份深泓线沿程的剩余水深后，使用配对 t 检验法来分析不同年份间深泓线沿程剩余水深的分布是否具有显著性差异。

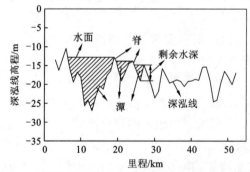

图 3.9　深泓线沿程剩余水深与潭-脊结构的确定方法

为进一步揭示河道中潭-脊结构的演变趋势，引入空间自相关系数 Moran's I 来量化其空间分布特性[18]。Moran's I 的计算方法如下：

$$I(l) = \frac{n_{shd} \sum\limits_{i=1}^{n_{shd}} \sum\limits_{j=1}^{n_{shd}} w_{i,j} (y_{rd}^i - \overline{y_{rd}})(y_{rd}^j - \overline{y_{rd}})}{\sum w_{i,j} \sum\limits_{i=1}^{n_{shd}} (y_{rd}^i - \overline{y_{rd}})^2} \tag{3.1}$$

$$w_{i,j} = \begin{cases} 1, & |i-j| \leqslant l \\ 0, & |i-j| > l \end{cases} \tag{3.2}$$

式中：y_{rd}^i 与 y_{rd}^j 分别为深泓点 i、j 处的剩余水深；$\overline{y_{rd}}$ 为平均剩余水深；n_{shd} 为深泓点总数；$w_{i,j}$ 为点 i 和 j 之间的空间权值，当点 i、j 的间距在滞后距离 l 以内时，$w_{i,j}$ 取 1，否则为 0。滞后距离 l 的取值范围为最小断面间隔（1 km）到约 1/3 河流长度（西江主干河道长 50 km，北江主干河道长 30 km）。

易知，Moran's I 可以为正，也可以为负，其值通常介于-1 和 1 之间。正值意味着滞后距离 l 内的剩余水深相近，表明这些深泓点在空间上呈现出一种集聚模式；相反，负值意味着滞后距离 l 内的剩余水深差异很大，表明这些深泓点在空间上倾向于呈现分散的模式；当 Moran's I 接近于零时，表明深泓点在空间上呈现不规则的随机分布格局。为了量化 Moran's I 的统计显著性，引入统计参数 Z_{static}，其表达式为

$$Z_{static}(I) = \frac{I - E(I)}{\sqrt{V(I)}} \tag{3.3}$$

式中：$E(I)$ 为 $I(I)$ 的期望值；$V(I)$ 为 $I(I)$ 的方差，$V(I) = E(I^2) - [E(I)]^2$。

Z_{static} 的绝对值越大，深泓点呈现出的集聚（或分散）模式越显著。因此，Z_{static} 峰值对应的距离代表了分布模式中最显著的间距，即潭的平均间距(或者说是脊的平均长度)。在具体操作中，将±2.58 作为判断统计假设有效性的标准，若 Z_{static} 的绝对值大于 2.58，表明这种集聚（分散）模式是随机现象的可能性小于 1%。

2）剩余水深的变化

统计西江、北江河网区主干河道沿程剩余水深的整体分布情况，绘制箱形图，如图 3.10 所示。总体来看，虽然两条河道沿程剩余水深在数值上差异很大，西江河网区主干河道剩余水深几乎是北江河网区主干河道的 2 倍，但剩余水深在 1952～2020 年均呈现出减小—增大—减小的变化趋势。具体而言，在 1952～1962 年，西江河网区主干河道在河道自然淤积的演变状态下，沿程剩余水深轻微减小，均值由 5.2 m 降为 4.9 m（t 检验法，p_t=0.446）；1962～2014 年，受河道采砂与水库拦沙的先后影响，河床剧烈冲刷下切，沿程剩余水深也持续增大，其中 1962～1999 年增幅为 0.9 m（p_t<0.001），1999～2014 年增幅达 1.3 m（p_t<0.001）；2014～2020 年，河床逐渐适应新的来水来沙条件，此时沿程剩余水深开始出现减小趋势，由 7.1 m 减小至 6.9 m（p_t=0.440）。北江河网区主干河道不同年份沿程剩余水深的变幅则有所不同，1952～1962 年、1962～1999 年、1999～2010 年、2010～2020 年，北江河网区主干河道沿程剩余水深均值分别由 2.5 m 减小至 2.4 m（p_t=0.750）、由 2.4 m 增大至 3.6 m（p_t<0.001）、由 3.6 m 增大至 4.6 m（p_t=0.019）、由 4.6 m 减小至 3.2 m（p_t<0.001）。可以发现，自然演变进程下，剩余水深分布往往不会出现显著的变化，而强人类活动则会引起剩余水深分布的剧烈调整。此外，不同类型的人类活动对西江、北江河网区主干河道剩余水深的影响具有差异性。在采砂活动的驱动下，北江河网区主干河道剩余水深的增幅大于西江河网区主干河道，而受水库拦沙的影响，西江河网区主干河道剩余水深的增幅大于北江河网区主干河道。

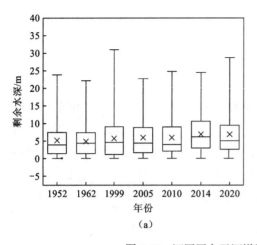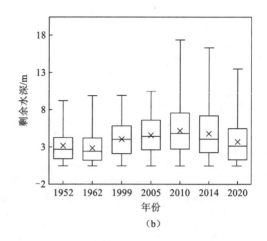

（a） （b）

图 3.10 河网区主干河道沿程剩余水深分布的箱形示意图

（a）为西江河网区主干河道；（b）为北江河网区主干河道

箱体上下两线分别为剩余水深分布的 25% 和 75% 处，中心线为中位数，"×"符号为平均值，顶部和底部的线
分别代表剩余水深的最大值和最小值

河道深泓线沿程剩余水深的标准差可以反映河道深泓线变化的不均匀性，也可以在一定程度上反映水生生境多样性。在进行比较时，为了消除河道尺度的影响，引入剩余水深不均匀系数（标准差／均值）。如图 3.11 所示，西江、北江河网区主干河道剩余水深不均匀系数在数值上较为接近，但 1962～2020 年，两者的变化趋势具有显著差异。西江河网区主干河道剩余水深不均匀系数先减小、后回升、再减小、再回升，到 2020 年不均匀系数相比 1952 年减小了 3%；北江河网区主干河道剩余水深则呈现增大—减小—增大的变化趋势，到 2020 年不均匀系数相比 1952 年增大了 12%。

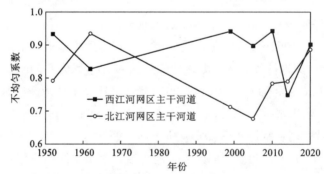

图 3.11 河网区主干河道深泓线沿程剩余水深不均匀系数的变化

3）潭-脊结构演变

一般情况下，小比降冲积河流在自然演变进程中会形成较为稳定的潭-脊结构，且潭的平均间距在 5 倍河宽以上[19]。然而，在河道演变进程受到强人类活动干预后，河道内的潭-脊结构会受到影响而重新排列，潭的平均间距会发生很大变化[11]。图 3.12 为不同年份西江、北江河网区主干河道潭-脊结构的空间自相关水平图。可以看到，所有相关图

主要部分的 $Z_{static}(I)$ 均为正值，表明潭-脊的空间分布呈集聚的模式。并且，大多数相关图在较小的滞后距离 l（小于 5 km）内具有很高的 $Z_{static}(I)$ 值，这是因为短距离范围内深泓点的剩余水深往往具有相似性。对于西江河网区主干河道，1952～1962 年，其相关图 $Z_{static}(I)$ 峰值对应的滞后距离 l 在 18～20 km（10～12 倍的河宽）范围内波动，表明此时段在自然演变状态下西江河网区主干河道形成了较稳定的潭-脊结构，潭的平均间距在 18～20 km；到了 1999 年，受人为采砂活动的影响，潭的平均间距急剧减小至 4 km；而 1999 年后，由于水流冲刷强度的增大，河道潭的平均间距逐渐减小到 2 km（小于 2 倍河宽），2010～2020 年，这一间距基本稳定在 2 km。对于北江河网区主干河道，2005 年前相关图的 $Z_{static}(I)$ 值几乎都在 0 和 2.58 之间，表明这一时期河道的潭-脊结构在空间分布上的集聚模式并不显著；而在 2005 年后，相关图的 $Z_{static}(I)$ 值整体上升高，在 6～7 km 的范围内出现极值，表明在水流冲刷强度增大的新水沙条件下，河道的潭-脊结构重新排列，形成了约 6 km 的平均潭间距（5 倍河宽）。

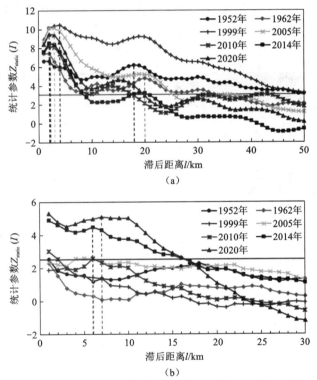

图 3.12　河网区主干河道基于滞后距离 l 的潭-脊结构空间自相关水平变化

（a）为西江河网区主干河道；（b）为北江河网区主干河道

黑色实线代表 $Z_{static}(I)$=2.58

　　上述结果表明，大规模河道采砂和流域上游建库引起的水流冲刷强度增大是珠江三角洲河网区主干河道潭-脊结构调整的主要原因。大规模采砂破坏了河道原本较为稳定的潭-脊结构，而在新的水沙条件下，潭-脊结构重新排列，形成了新的分布模式。这种现象反映了河流在受到一定程度的外部干扰下的适应调整能力。

4. 典型断面变化

图 3.13 统计了马口站和三水站 1965～2016 年断面面积和断面水深两个主要形态参数的变化情况。可以看到，在 20 世纪 80 年代以前，两站的断面面积和水深呈现缓慢减小的趋势，表明河道处于轻微淤积的状态，这是因为 20 世纪 80 年代以前区域内人类活动的强度尚且不高，河道在较小的水流冲刷强度下处于轻微淤积的准自然演变进程中；20 世纪 80 年代中期～90 年代后期，两站的断面面积和水深剧烈增大，由本小节"1. 河网河道整体冲淤分布"的分析可知，这一时期河床演变由采砂活动主导，河道采砂造成的河床侵蚀下切是河道由轻微淤积向剧烈冲刷转变的原因；2000 年后，河网采砂活动强度降低，水库拦沙导致的水流冲刷强度增大取代采砂成为河网河床演变的主导因素，此时段河道依旧处于冲刷状态，马口站和三水站断面面积与水深在持续增大。截至 2016 年，马口站的断面面积和水深相比于 1965 年分别增大了 23%和 17%，三水站这两项的数值分别是 156%和 187%，可见强人类活动主导下的河床变形速度是远超其自然演变速率的，并且这种影响在三水站表现得更为显著，这也是三水站分流比、分沙比在 1985 年后显著增大的原因。

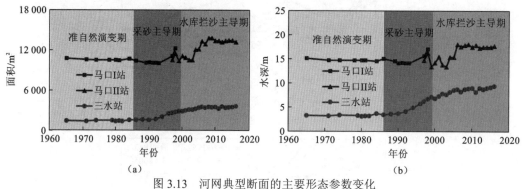

图 3.13　河网典型断面的主要形态参数变化

（a）为面积；（b）为水深

马口 II 站位于马口 I 站下游 200 m 处

在自然演变状态下，河床冲淤变化都是极其缓慢的[20]。这意味着人类活动对珠江三角洲河网区河床的剧烈下切起决定性作用，尤其是断面深泓超过 20 m 的大幅下切，几乎都是由人工采砂活动导致的。大范围、大尺度的地形下切及相应的河槽容积的剧增势必调整珠江三角洲的径潮盐动力格局。这种人类活动驱动的地形变化有利也有弊：下切的河床能降低珠江三角洲洪季水位，有利于周围城市的防洪安全；同时，也增加了枯季水深，有利于建设和维护珠江高级航道网，增加航运效益；但是，口门河道河槽容积的大幅增加，提升了纳潮能力，潮动力的增强会加剧口门的盐水入侵，从而威胁周边城市工农业生产、生活用水安全。另外，三角洲河网区的地形下切是极度不均匀的，这意味着该区域的水动力特征变化是复杂的，特别是重要分流节点（如河网顶点一级分流节点马口站、三水站）的不均匀地形下切将重新分配河网系统内部的水沙。

5. 河床形态自适应演变进程

珠江三角洲河网在近年来强人类活动的影响下，河流水沙与河床形态条件均发生了突变。但由于河流系统对外界干扰具有自适应能力，珠江三角洲河网会逐步适应新的水沙条件，河床的演变也会达到新的稳态。为探讨河网河床对新水沙条件的自适应演变进程，基于河床稳定系数对演变进程进行定性评估。

河流在输沙平衡遭到破坏后，其河床会发生变形，若河床变形幅度小，则河床稳定性高，反之，说明河床稳定性低。谢鉴衡[21]提出采用河床纵向稳定系数、横向稳定系数与综合稳定系数来评估这种河床的稳定性。纵向稳定系数 φ_h 的定义为

$$\varphi_h = \frac{\overline{d_b}}{h_p J} \tag{3.4}$$

式中：h_p 为造床流量下的水深，罗宪林[9]指出，在珠江三角洲河网区准确估算造床流量非常困难，在研究时可用平滩流量取代造床流量，通过较易确定的平滩水位，根据水位流量关系推算平滩流量，因此 h_p 采用马口站（或三水站）的平滩水深；$\overline{d_b}$ 为床沙平均粒径；J 为比降，用马口站（或三水站）年平均水位与海平面（视为河网下边界）的差值来计算水面比降。$\overline{d_b}$ 越大、h_p 和 J 越小，φ_h 越大，表明河床纵向稳定性越高；反之，河床纵向稳定性越低。

横向稳定系数 φ_b 定义为

$$\varphi_b = \frac{Q_p^{0.5}}{J^{0.2} B} \tag{3.5}$$

式中：Q_p 为平滩流量；B 为河宽，采用马口站（或三水站）平滩水位对应的河宽。Q_p 越大、J 和 B 越小，φ_b 越大，表明河床横向稳定性越高；反之，河床横向稳定性越低。

综合稳定系数 φ_a 定义为

$$\varphi_a = \varphi_h \varphi_b^2 = \frac{\overline{d_b}}{h_p J} \left(\frac{Q_p^{0.5}}{J^{0.2} B} \right)^2 \tag{3.6}$$

式（3.6）表明，河床纵向稳定性和横向稳定性共同决定了河床是否稳定，其中 φ_b 的指数取 2，是为了突出横向稳定性在河床综合稳定性中的重要作用。实际上，在计算不同年份西江、北江河网河床的综合稳定系数 φ_a 时，上述物理量中平滩水深、平滩流量与河宽均应使用河段平均值，但由于资料的欠缺，以马口站和三水站的数值代替河段平均值，故计算结果仅用作定性判别。

将 1977 年、1999 年和 2016 年分别作为采砂前、采砂后且水沙条件异变前、水沙条件异变后三个阶段的典型代表年。表 3.2 给出了三个年份西江、北江河网区主干河道河床稳定系数的计算结果。表 3.2 中部分数据的来源与计算步骤如下：比降 J 为查询对应年份水文年鉴获取马口站与三水站平均水位后计算所得；1977 年和 1999 年床沙平均粒径 $\overline{d_b}$、平滩水深 h_p 和河宽 B 引自文献[9]，2016 年床沙平均粒径 $\overline{d_b}$ 为"珠江河口与河

网演变机制及治理研究"项目（2016YFC0402600）实测值，2016 年平滩水深 h_p 和河宽 B 对照当年断面实测地形识别得到（图 3.14）；平滩流量 Q_p 根据对应年份水位流量关系 由平滩水深 h_p 计算得到，其中 1977 年和 1999 年水位流量关系引自文献[22]，2016 年水 位流量关系采用 2015 年水文年鉴中 5 月 16～31 日和 10 月 4～10 日两场洪水过程的实测 水位、流量拟合得到（图 3.15），各年份水位流量关系如下：

$$马口站：\begin{cases} Q_p = 3\,134(h_p+0.78)^{1.00}, & 1977年 \\ Q_p = 3\,678(h_p+0.56)^{1.01}, & 1999年 \\ Q_p = 1\,284(h_p+3.485)^{1.45}, & 2016年 \end{cases} \tag{3.7}$$

$$三水站：\begin{cases} Q_p = 260(h_p+0.36)^{1.62}, & 1977年 \\ Q_p = 1\,720(h_p+0.02)^{0.79}, & 1999年 \\ Q_p = 315(h_p+2.874)^{1.635}, & 2016年 \end{cases} \tag{3.8}$$

表 3.2　河床稳定系数计算结果

系数	西江河网区主干河道			北江河网区主干河道		
	1977 年	1999 年	2016 年	1977 年	1999 年	2016 年
$J/‰$	0.015	0.011	0.007	0.018	0.013	0.009
$\overline{d_b}/mm$	0.211	0.136	0.062	0.254	0.213	0.088
h_p/m	3.4	3.5	2.4	4.1	1.75	0.85
$Q_p/(m^3/s)$	13 099	15 142	16 776	2 928	2 700	2 703
B/m	727	816	563	605	471	455
φ_h	4.034	3.608	3.573	3.376	9.476	12.005
φ_b	0.363	0.373	0.617	0.199	0.264	0.296
φ_a	0.531	0.503	1.358	0.134	0.658	1.049

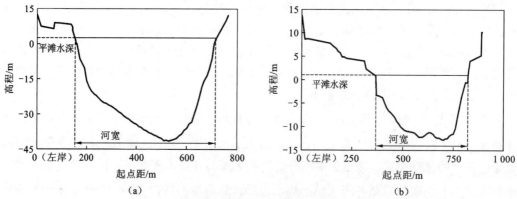

图 3.14　实测断面地形与识别平滩水深的示意图

（a）为西江马口站；（b）为北江三水站

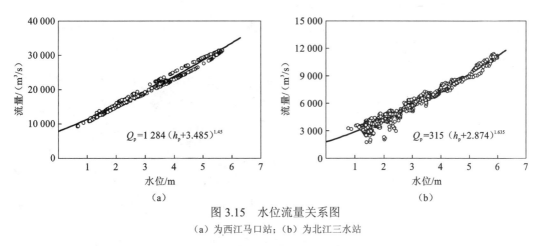

图 3.15　水位流量关系图
（a）为西江马口站；（b）为北江三水站

可以看到，1977~1999 年，受采砂活动影响，河床下切且床沙细化，比降 J 和床沙平均粒径 $\overline{d_b}$ 减小，马口站平滩水深 h_p 略有升高而三水站平滩水深 h_p 大幅降低，马口站对应的平滩流量 Q_p 和河宽 B 增大而三水站减小。在西江河网区主干河道，由于床沙细化的影响较显著，其纵向稳定系数 φ_h 呈下降趋势，而比降减小与平滩流量增大的综合影响要强于河宽增大的影响，其横向稳定系数 φ_b 略有升高；在北江河网区主干河道，平滩水深降低的影响较显著，其纵向稳定系数 φ_h 大幅升高，而受比降与河宽减小的影响，其横向稳定系数 φ_b 也呈上升趋势。总体而言，受采砂活动影响，西江河网区主干河道的河床综合稳定系数下降，河床稳定性降低，北江河网区主干河道的河床综合稳定系数升高，河床稳定性增加。北江河网区主干河道的河床稳定性增加的主要原因是采砂活动导致比降减小，并使河床向窄深化发展，大幅增加其纵向与横向稳定性。

1999~2016 年，受水库拦沙影响，河床持续下切且床沙进一步细化，比降 J、床沙平均粒径 $\overline{d_b}$、平滩水深 h_p 和河宽 B 减小，马口站与三水站对应的平滩流量 Q_p 有所增大。在西江河网区主干河道，床沙细化的影响稍大于比降与平滩水深减小的影响，其纵向稳定系数 φ_h 略有下降，而在比降与河宽大幅减小的条件下，其横向稳定系数 φ_b 有了显著的升高；在北江河网区主干河道，受比降与平滩水深减小主导，其纵向稳定系数 φ_h 与横向稳定系数 φ_b 均呈上升趋势。总体而言，在水库拦沙形成的新水沙条件下，西江、北江河网区主干河道河床综合稳定系数均呈现升高趋势，河床逐渐趋于稳定。但是，西江河网区主干河道综合稳定系数的增幅要明显大于北江河网区，这表明在新水沙条件下，北江河网区主干河道的自适应演变进程要滞后于西江河网区主干河道。

3.2.2　河口区岸线地形变化

1. 岸线变化

受人类筑堤建坝等滩涂围垦活动的影响，珠江三角洲河口区岸线产生了重大调整。图 3.16 给出了珠江三角洲河口区 1973 年岸线和 2015 年岸线的对比图。由图 3.16 可知，珠江三角洲岸线变化主要呈现出三种模式：一是海滨进占，即海湾滨岸地区向外海的扩张；

二是口门外延,即河口河道向外海的延伸;三是岛屿连接,即离岸岛屿与周围浅滩、其他岛屿或大陆之间相互连接。表 3.3 给出了这三种模式在 1973~2015 年的岸线变化统计。

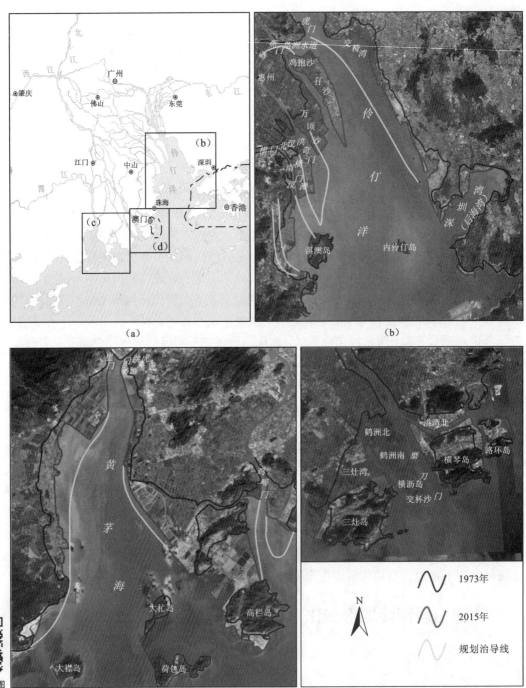

(a)

(b)

(c)

(d)

图 3.16 珠江三角洲河口区岸线变化

(a) 为河口河网区域图;(b) 为伶仃洋;(c) 为黄茅海和鸡啼门;(d) 为磨刀门

表 3.3　珠江三角洲河口区岸线变化模式统计

模式	岸线变化特点			
	位置	平均进占距离/km	规划平均距离/km	进占比例/%
海滨进占	交椅湾	2.14	4.58	46.7
	交椅湾—大铲湾段	0.99	1.81	54.7
	大铲湾	2.54	3.40	74.7
	深圳湾	1.01	无长期规划	短期不再进占
	横门南汊滨岸	4.09	5.17	79.1
	黄茅海西岸	1.85	3.12	59.3
	黄茅海东岸	2.28	2.43	93.8
	位置	河道外延距离/km	规划外延距离/km	外延比例/%
口门外延	蕉门	20.73	20.73	100.0
	洪奇门	8.73	20.04	43.6
	横门	9.37	23.69	39.6
	磨刀门	16.15	16.15	100.0
	鸡啼门	5.87	11.72	50.1
	位置	岸线消亡/km	岸线增长/km	岸线净变化/km
岛屿连接	淇澳岛	6.76	8.18	+1.42
	路环岛	7.70	12.27	+4.57
	横琴岛	28.89	36.96	+8.07
	三灶岛	28.52	17.08	-11.44
	高栏岛	26.19	29.18	+2.99
	大杧岛—荷包岛	0	4.92	+4.92

注：进占比例=平均进占距离/规划平均距离；外延比例=河道外延距离/规划外延距离；岸线净变化=岸线增长-岸线消亡，"+"表示岸线净增长，"-"表示岸线净消亡。

海滨进占主要发生在伶仃洋东岸[图 3.16（b）]和黄茅海东、西两岸[图 3.16（c）]，大规模的沿岸围垦改变了海湾近岸地区的水流条件，从而促进了浅滩的泥沙淤积，提高了海湾的萎缩速度。与 1973 年伶仃洋岸线相比，交椅湾岸线平均向海进占 2.14 km，占规划治导线与岸线平均距离的 46.7%；改革开放以来深圳的快速发展，也使得深圳湾、大铲湾岸线发生剧烈变化，平均分别向海进占 1.01 km、2.54 km，其中大铲湾进占距离占规划治导线与岸线平均距离的 74.7%，是伶仃洋东岸岸线变化最剧烈的区域；位于大铲湾和交椅湾之间的岸线平均进占 0.99 km，进占比例为 54.7%；此外，位于伶仃洋西岸的横门南汊滨岸区域平均进占 4.09 km，进占比例达到 79.1%。黄茅海海滨进占情况最严重，其中东岸平均进占 2.28 km，岸线几乎与规划治导线重合，进占比例达到 93.8%；西岸相对于东岸还有大面积浅滩可开发，平均进占距离为 1.85 km，达到规划水平的 59.3%。

　　与伶仃洋东岸的岸线变化模式（海滨进占）不同，伶仃洋西岸存在口门外浅滩，围垦使其呈现出口门外延的岸线变化模式，其中蕉门附近几乎所有浅滩都已进行围垦，外延距离最长，达到 20.73 km；洪奇门、横门仍有 50%左右的口门外浅滩可围垦，目前外延距离较短，分别为 8.73 km 与 9.37 km，外延比例达 43.6%和 39.6%[图 3.16（b）]。此外，磨刀门、鸡啼门也呈现出向外海延伸的岸线变化模式[图 3.16（d）]。由于珠海、澳门对路环岛、横琴岛、三灶岛及高栏岛等离岛的开发利用，大面积的水域被填海造陆，大量浅滩被筑堤围垦，磨刀门水道外延 16.15 km，岸线与规划治导线重合；鸡啼门水道外延 5.87 km，外延比例达 50.1%，仍有大面积浅滩可开发。

　　岛屿连接模式主要集中在离岛众多的磨刀门和鸡啼门，这种模式在围垦过程中有岸线的消亡也有岸线的增长，岸线的最终变化也不确定：有的净增长，如路环岛岸线净增长 4.57 km，横琴岛净增长 8.07 km，高栏岛净增长 2.99 km；也有的净消亡，如三灶湾被填海造地，导致三灶岛与大陆相连，岸线净消亡 11.44 km。伶仃洋和黄茅海的离岛岸线也因围垦发生变化，如淇澳岛净增长 1.42 km；大杧岛—荷包岛连接工程净增加岸线 4.92 km。黄茅海离岛开发尚处于初级阶段，其岸线在未来仍可能有大规模的变化，如大杧岛—荷包岛内的海域完全填海造陆、大襟岛与黄茅海西岸相连等。

　　珠江三角洲河口区岸线的变化，使得河口内海海域严重萎缩，尤其是八大口门附近的海域，岛屿连接和口门外延的变化模式既阻挡了外海潮波向河网区的传播，又阻碍了盐水上溯入侵，但同时延长了洪水宣泄入海的路径，其对珠江三角洲径潮盐动力格局的影响与地形下切造成的影响是相反的。

2. 水下地形变化

　　在河口湾采砂与航道疏浚等人类活动的影响下，珠江三角洲河口区水下地形也发生了显著变化[23]。图 3.17 给出了近年来磨刀门河口区与伶仃洋河口湾水下地形示意图。总体来看，磨刀门河口区与伶仃洋河口湾均呈现出深槽冲刷态势，但浅滩的变化具有较大差异。20 世纪 70 年代～21 世纪初，磨刀门河口区水下地形的总体演变趋势为深槽冲刷、浅滩淤积。干流河槽河床普遍冲刷下切 4～6 m，两侧浅滩淤积抬高 0～4 m。随着河槽的冲刷下切，主汊干道位置向偏西方向移动。到了 21 世纪初，磨刀门河槽在口外明显分汊，一干一支关系分明，支汊偏东，干道（主汊）偏南。主流动力的西移，使磨刀门河口东侧原本的浅滩淤积区域物质（泥沙）补给不足，在波浪作用下侵蚀后退。仅在 1994～2000 年，东侧浅滩（拦门沙）斜坡的冲刷量就达 2.46×10^5 m³，折算成冲刷强度为 0.7 cm/a。东侧磨刀门河口浅滩斜坡遭波浪侵蚀产生的泥沙向西转运沉积，使磨刀门西侧交杯沙浅滩区域成为泥沙丰富的主要淤积区。在波流作用下，交杯沙浅滩前坡侵蚀、后坡堆积，整体表现为向陆后退，在此过程中，其沙体不断发展壮大，并一步步扩大成大型新月形沙脊[24]。

　　1974～2016 年，伶仃洋河口湾内大规模的滩涂围垦、采砂、航道疏浚等人类活动显著改变了伶仃洋河口湾的水下地形，影响滩槽结构的变化，但其"三滩两槽"的地貌格局基本不变。研究时期内水下地形演变呈以下特点：一是受伶仃洋水域面积减小的影响，滩槽结构被挤压；二是受航道浚深影响，深槽水深增大，而深槽两侧水域则有海底淤积、

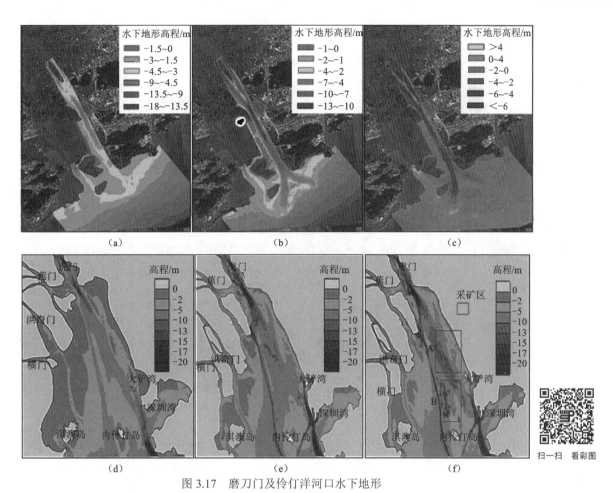

图 3.17　磨刀门及伶仃洋河口水下地形

(a) 为磨刀门 1977 年；(b) 为磨刀门 2010 年；(c) 为磨刀门 2010 年与 1977 年的差值；
(d) 为伶仃洋 1974 年；(e) 为伶仃洋 2008 年；(f) 为伶仃洋 2016 年

水深变浅的趋势；三是受浅滩采砂影响，原本较浅的水域水深增大，局部地形陡然变化引起水流结构变化，这不利于伶仃洋继续维持"三滩两槽"的稳定格局[25-27]。具体而言，西滩的面积减小 26%，平均水深增加 0.64 m，整体冲刷速率为 1.19 cm/a，且次级槽道主要受人为浚深影响，冲刷深度较大，甚至超过 10 m；中滩的面积小幅增加 9% 左右，平均水深降低约 0.35 m，这反映了中滩的自然演变趋势是淤积，但局部深水区面积与水深剧烈增加，这反映了采砂等人类活动直接改变了中滩的冲淤态势，使中滩由淤积转变为冲刷；东滩面积减小 34%，主要是由于伶仃洋东岸围垦，大量浅滩被侵占（围垦面积约为 61 km²）；西槽面积大幅增加，增长约 80%，水深平均增加约 3.02 m，平均年冲刷量为 $3.47 \times 10^6 \, \text{m}^3$，年均冲刷深度为 6.34 cm，为各滩槽结构单元中冲刷速率之最，驱动因素是伶仃水道的维护浚深；东槽面积略有减小，减小约 5%，水深增大约 2.54 m，平均年冲刷量为 $5.87 \times 10^6 \, \text{m}^3$，年均冲刷深度为 5.37 cm，驱动因素与西槽冲刷加深相似，为矾石水道、龙鼓水道等航道的维护浚深。研究指出，伶仃洋 1883~1974 年总淤积量为 $1.733\,14 \times 10^9 \, \text{m}^3$（年均淤积量为 $4.127 \times 10^7 \, \text{m}^3$），淤积速率为 2.4 cm/a，西滩、中滩淤积发展，东滩则略有冲刷[28]。近 40 年来的人类活动作用使得伶仃洋水下地形演变趋势由淤积转变为冲刷，冲淤空间分布发生重大变化。

3.3 珠江河网径潮动力特征对地形变化的响应

3.3.1 主要汊点分流比、分沙比的变化

马口站和三水站是珠江三角洲重要的分流汊点，其控制着上游径流进入西江、北江河网的分流状态。图 3.18、图 3.19 给出了 1960～2010 年马口站和三水站的年均流量及相应的分流分沙比。如图 3.18 所示，1960 年后马口站的年均流量呈一定的下降趋势，

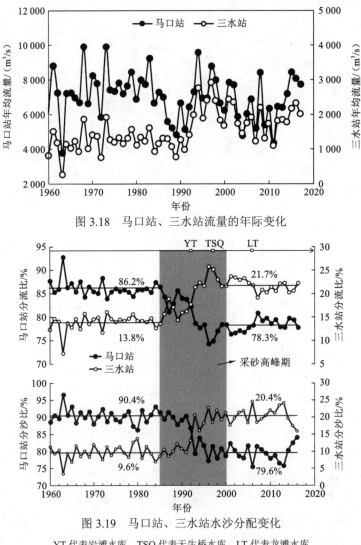

图 3.18　马口站、三水站流量的年际变化

图 3.19　马口站、三水站水沙分配变化

YT 代表岩滩水库，TSQ 代表天生桥水库，LT 代表龙滩水库

但不显著，整体在 7 000 m³/s 上下波动，2017 年年均流量仅比 1960 年低 160 m³/s。三水站年均流量呈现出显著的阶段变化：1960～1985 年三水站年均流量无明显增减趋势，在 1 200 m³/s 上下波动；1990～2000 年三水站年均流量显著增加，尤其是 1993 年前后流量倍增，达到 2 700 m³/s；2000～2017 年三水站年均流量呈现明显的降低趋势，但 2010～2017 年年均流量仍比 1960～1985 年年均流量高 650 m³/s。

如图 3.19 所示，1992 年以前，分流比和分沙比变化不明显，个别特枯年份有振荡跳跃，整体变化不明显；1992 年开始，马口站分流比和分沙比出现了明显的下降，三水站的分流比和分沙比则相应升高；马口站的分流比自 1997 年开始缓慢回升，但分沙比的变化并不同步，分沙比 2011 年后才开始回升，三水站分流比和分沙比也相应变化。总体来看，马口站、三水站的分流比和分沙比的变化大致可分为前缓变期（1960～1991 年）、突变期（1992～1996 年）、后缓变期（1997～2016 年）。影响网状分汊河口分流比的因素有：上游河流的汇入流量、分汊河道处的地貌、主干流冲淤情况，以及下游整治工程和上游流量变化的影响。珠江三角洲河网顶点处马口站、三水站分流比和分沙比的剧烈变化则主要是由分汊河道处和下游河道的过度采砂，使得河床下切，河道断面不同步且不均匀变大引起的。如图 3.20 所示，三水站断面面积于 20 世纪 90 年代初开始剧烈增大，而马口站断面面积的增大明显滞后于三水站，且马口站断面面积增大的幅度也小于三水站，因此从 1991 年开始三水站分流比和分沙比突增；进入 21 世纪后，由于采砂活动得到了有效控制，马口站、三水站及其下游河道的断面变化趋于平稳，这也是马口站、三水站分流比在 1997 年后进入后缓变期的主要原因[6,11]。

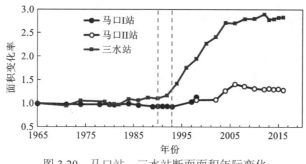

图 3.20　马口站、三水站断面面积年际变化

马口 II 站位于马口 I 站下游 200 m 处；面积变化率为 1965 年后的断面面积与 1965 年断面面积的比值

上述分析显示，受不均匀的地形下切影响，20 世纪 90 年代马口站和三水站分流比变化剧烈，尤其是 1993 年前后三水站流量差异巨大。这里以 1993 年为分界线，来探讨人类活动前后马口站、三水站流量和分流比变化的季节差异。如图 3.21（a）所示，1993 年前后马口站枯季（10 月～次年 3 月）流量变化不大，而洪季（4～9 月）流量出现明显调整，其中 6～7 月流量升高 580～1 170 m³/s，4～5 月和 9 月流量降低 390～1 270 m³/s，马口站全年流量降低 190 m³/s；1993 年后三水站流量全年均显著增加，且洪季流量增幅大于枯季，洪季 4～9 月平均增加 1 060 m³/s，枯季 10 月～次年 3 月平均增加 400 m³/s，

全年平均增加 730 m³/s，这与三水站地形下切比马口站更剧烈、过水面积增加更大密切相关。如图 3.21（b）所示，1993 年前后马口站洪季分流比均比枯季小，三水站则相反，洪季分流比均大于枯季；由于三水站流量全年均明显升高，三水站分流比洪枯季均显著升高，枯季增幅（9%）略高于洪季（7%），全年平均增幅达 8%；相应地，马口站分流比降低 8%，且枯季降幅高于洪季。

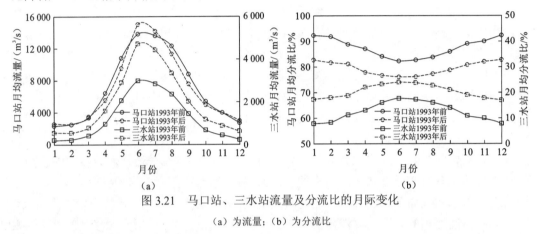

图 3.21　马口站、三水站流量及分流比的月际变化

（a）为流量；（b）为分流比

　　为更准确地辨识马口站和三水站之间水沙分配突变的时间，分别统计两站累计径流量与累计输沙量，点绘两站径流量的双累计曲线与输沙量的双累计曲线。如图 3.22（a）和（c）所示，两站径流量双累计曲线与输沙量双累计曲线各自均存在一个较为明显的转折点。对两曲线斜率进行 Pettitt 检验[图 3.22（b）和（d）]可以发现，径流量双累计曲线与输沙量双累计曲线的斜率分别在 1989 年和 1990 年发生突变。这意味着马口站与三水站的分流比在 1989 年发生突变，而分沙比的突变稍有滞后，突变时间为 1990 年。两者的突变时间处于采砂高峰期内，但要早于大型水库建设高峰期，印证了采砂活动就是马口站和三水站分流比、分沙比突变的主导因素。

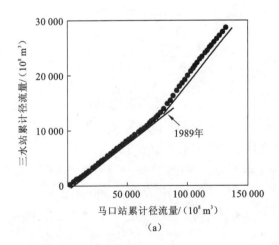

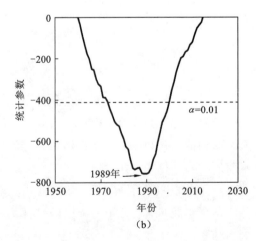

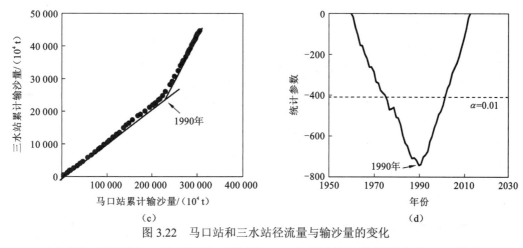

图 3.22　马口站和三水站径流量与输沙量的变化

（a）为马口站径流量与三水站径流量的双累计曲线；（b）为对径流量双累计曲线斜率进行 Pettitt 检验；

（c）为马口站输沙量与三水站输沙量的双累计曲线；（d）为对输沙量双累计曲线斜率进行 Pettitt 检验

3.3.2　洪枯季余水位与潮差特征的变化

珠江三角洲河网区的径潮动力过程同时受到上游径流及外海潮流的作用，呈现出复杂的时空变化特征。河流径流受气候年际波动及季节变化等因素控制，不均匀的降水分布使珠江三角洲不同时期的来流差异巨大。按照经马口站、三水站进入河网区的流量统计，如图 3.23 所示，可分为三种时期：①极端洪水期，受极端降雨影响，马口站流量可超过 40 000 m³/s，同时三水站流量可超过 15 000 m³/s，如 "98·6"（发生在 1998 年 6 月，83 年一遇）、"05·6"（发生在 2005 年 6 月，276 年一遇）、"08·6"（发生在 2008 年 6 月，50 年一遇）特大洪水等；②洪季，受丰沛的雨季降水影响，马口站平均流量为 25 000 m³/s 左右，三水站平均流量为 5 500 m³/s 左右，为极端洪水流量的 50%～60%，如 "99·7"（发生在 1999 年 7 月）、"17·7"（发生在 2017 年 7 月）洪水等；③枯季，降雨稀少，马口站、三水站天然径流不足，流量受潮汐过程影响巨大，分别在−5 000～10 000 m³/s、−1 500～2 500 m³/s 的范围内呈周期性振荡，如 "01·2"（发生在 2001 年 2 月）、"16·12"（发生在 2016 年 12 月）枯水等。即使在相同的径流来流和潮流遭遇的情况下，珠江三角洲径潮动力特征也随空间变化而出现差异，Cai 等[29]就提出珠江三角洲河网区水动力特征的空间分布可以划分为两个子区域：①河网中部，由于上游流量直接注入，其水动力特征主要由径流控制，表现为较高的余水位和较小的潮差；②河网两侧，由于其位于喇叭口形的河口湾伶仃洋及黄茅海顶端，直接与海洋相通，其水动力过程主要由潮流控制，表现为较低的余水位和较大的潮差。

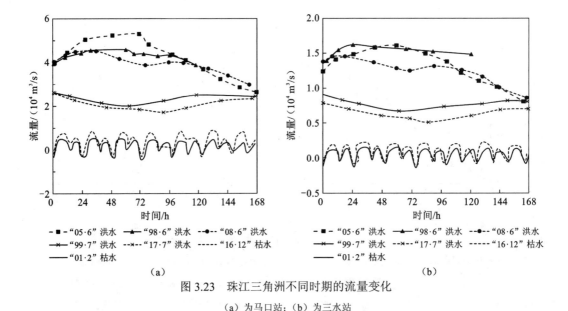

图 3.23　珠江三角洲不同时期的流量变化

(a) 为马口站；(b) 为三水站

珠江三角洲河网区的水动力过程除了受上述自然因素的影响外，强烈的人类活动使河床出现不均匀下切，三角洲内的径潮动力特征出现调整。众多研究均表明，在长期人类活动的影响下，珠江三角洲河网区水位出现不同程度的降低，大部分站点的年均潮差显著增大，涨潮历时也有所增加[30-33]。下面将从余水位及潮差角度来定量评估人类活动影响下近 20 年来珠江三角洲河网区不同时期（极端洪水期、洪季、枯季）的径潮动力特征响应。采用 Cai 等[29]对珠江三角洲余水位（流量）的定义，即一个太阴日的平均水位（流量），也就是采用傅里叶变换方法对逐时水文序列进行以一个太阴日为周期的滤波后的低频成分；将潮差定义为一个潮周期内去除余水位影响后（即滤波后的高频成分）最高水位与最低水位的差值。余水位是衡量河网区径流动力强度的重要指标，潮差是衡量潮动力强度的重要指标，它们之间相互影响，均与河口的潮汐混合作用、盐度分层状态等密切相关[34-35]。

1. 极端洪水期径潮动力特征响应

图 3.24 给出了珠江三角洲三场极端洪水 120 h 的来流过程及下游潮位遭遇过程。对于西江、北江河网，如图 3.24 (a) 所示，"98·6" 洪水期间来流居中，马口站和三水站的平均流量为 59 500 m³/s；"05·6" 洪水期间来流最大，马口站和三水站的平均流量为 62 200 m³/s；"08·6" 洪水期间来流最少，平均流量为 55 600 m³/s。对于东江河网，如图 3.24 (b) 所示，"98·6" 洪水期间来流最少，博罗站平均流量为 3100 m³/s；"05·6" 洪水期间来流最大，博罗站平均流量为 6790 m³/s；"08·6" 洪水期间次之，博罗站平均流量为 4 710 m³/s。

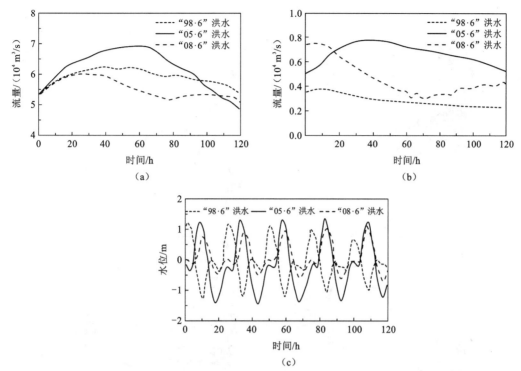

图 3.24　珠江三角洲极端洪水期上游来流变化及下游潮位遭遇过程

（a）为马口站+三水站流量；（b）为博罗站流量；（c）为下游潮位遭遇过程（三灶站）

考虑到三灶站不在河网区且直面南海，可认为这里的潮位受人类活动的影响很小，以其为依据来描述这三场极端洪水同期下游的潮位遭遇情况，如图 3.24（c）所示，"98·6"洪水期间，外海潮位由大潮转换为小潮，平均潮差为 1.65 m，最大潮差为 2.46 m；"05·6"洪水期间，外海遭遇潮动力最强，潮位主要由大潮控制，平均潮差为 2.08 m，最大潮差为 2.74 m；"08·6"洪水期间，平均潮差为 1.64 m，最大潮差为 2.28 m，外海潮动力略弱于"98·6"洪水期间，潮位由小潮转换为大潮。

1）极端洪水期余水位变化

图 3.25（a）～（c）给出了三场极端洪水期间珠江三角洲平均余水位的平面分布。由图 3.25（a）～（c）可知，极端洪水期珠江三角洲余水位受大流量来流影响维持较高范围："98·6"洪水平均余水位为 0.2～9.2 m，"05·6"洪水平均余水位为 0.3～8.4 m，"08·6"洪水平均余水位为 0.2～7.9 m。余水位在平面分布上呈现出明显的自河网上游向口门迅速递减的趋势，余水位比降为-0.07～0.0 m/km；并且可划分为四个区域，即黄茅海顶端、西北江中部、伶仃洋顶端、东江上游。其中，西北江中部及东江上游主要受径流控制，为高余水位区（3～9 m）；黄茅海及伶仃洋顶端受潮流控制明显，为低余水位区（0～2 m）。

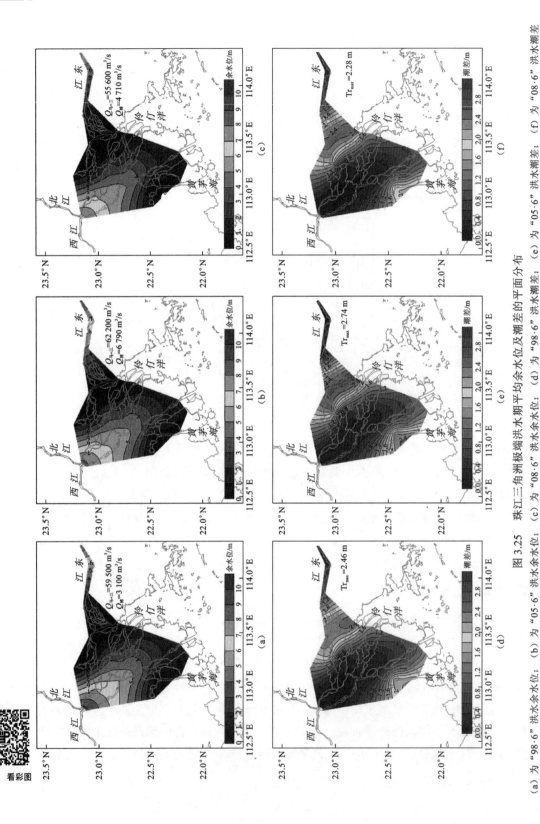

图 3.25　珠江三角洲极端洪水期平均余水位及潮差的平面分布

(a) 为 "98·6" 洪水余水位；　(b) 为 "05·6" 洪水余水位；　(c) 为 "08·6" 洪水余水位；　(d) 为 "98·6" 洪水潮差；　(e) 为 "05·6" 洪水潮差；　(f) 为 "08·6" 洪水潮差
$Q_{马+三}$ 为马口站和三水站总流量；$Q_{博}$ 为博罗站流量；Tr_{max} 为外海最大潮差

与"98·6"洪水相比，"05·6"洪水期间博罗站平均流量增加为约两倍，因此东江余水位抬高，相应的余水位等值线明显向下游移动；虽然马口站和三水站总流量稍有增加（5%），但西江、北江河网余水位等值线却明显向上游移动，尤其是在高余水位区 9 m 等值线已消失，这说明西江、北江河床地形下切导致余水位剧烈降低，并且降低幅度超过"05·6"洪水期间流量增大对余水位的抬升作用。"08·6"洪水与"98·6"洪水相比，虽然博罗站来流增加 52%，但余水位等值线也出现明显的向下游移动的趋势，同理东江河床下切使得余水位降低的幅度大于博罗站流量增加对东江余水位的抬升作用；"08·6"洪水期间马口站和三水站总流量略微降低（7%），再受到河床下切影响，西江、北江余水位等值线在"05·6"洪水的基础上继续向上游移动，尤其是西北江中部的高余水位区 8 m 等值线已经消失。综上所述，人类活动使珠江三角洲河床下切剧烈，极端洪水期河网区余水位显著降低，无论是东江河网还是西江、北江河网，即使来流稍有增加，余水位等值线也出现明显的向上游移动的趋势。

图 3.26 为三场极端洪水期间相同来流情况下珠江三角洲主要泄洪河道沿程各站点的余水位差，用于定量评估河网上游高余水位区与下游低余水位区余水位降幅的不同。

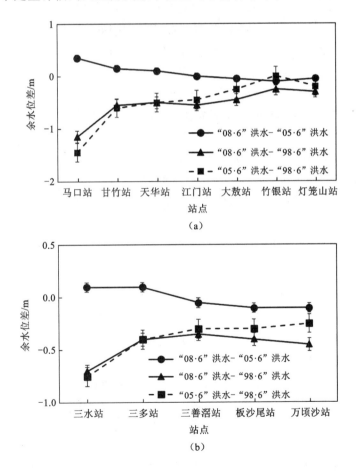

（a）

（b）

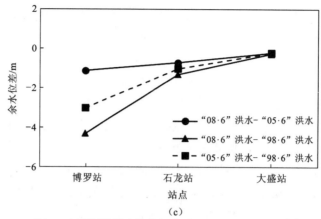

（c）

图 3.26　珠江三角洲极端洪水期相同来流情况下余水位差的沿程变化

（a）为西江；（b）为北江；（c）为东江

对于西江，在马口站流量相同的情况下，与"98·6"洪水相比，"05·6"洪水期间不同河道的平均余水位降幅为 0.45～0.62 m，"08·6"洪水期间为 0.47～0.58 m；并且上游高余水位区降幅（1～2 m）远大于下游低余水位区降幅（0.1～0.5 m）。对于北江，在三水站流量相同的情况下，与"98·6"洪水相比，"05·6"洪水期间不同河道的平均余水位降幅为 0.39～0.41 m，"08·6"洪水期间为 0.42～0.46 m；同样，上游高余水位区降幅（0.6～0.8 m）远大于下游低余水位区降幅（0.2～0.5 m）。对于东江，在博罗站流量相同的情况下，与"98·6"洪水相比，"05·6"洪水期间余水位平均降低 1.2 m；"08·6"洪水期间余水位继续下降 0.6 m，总降幅达到 1.8 m；并且东江上游余水位降幅同样大于下游。

上述结果表明，地形下切导致整个河网区的余水位明显降低。径流控制的高余水位区（西北江中部、东江上游）对地形下切响应的敏感性高，余水位随地形下切降幅较大；但下游潮流控制的低余水位区对地形下切的敏感度较低，余水位降幅也较低。

2）极端洪水期潮差变化

图 3.25（d）～（f）为三场极端洪水期间珠江三角洲潮差的平面分布。由图 3.25（d）～（f）可知，极端洪水期间珠江三角洲顶端（马口站、三水站、博罗站）几乎不感潮，潮差接近 0，从而整个河网区的潮差有较大的变化范围："98·6"洪水期间潮差为 0～2.2 m，"05·6"洪水期间潮差为 0.2～2.6 m，"08·6"洪水期间潮差为 0.2～2.4 m。潮差在平面分布上呈现出明显的自口门向河网上游迅速递减的趋势，潮差衰减率为 0.021 m/km 左右。与余水位分布类似，可划分为四个区域，但是相应区域的潮差数值与余水位高低值相反：黄茅海顶端及伶仃洋顶端受潮流控制明显，潮动力强，为高潮差区（1.6～2.4 m）；西北江中部及东江上游主要受极端径流压制，潮动力弱，为低潮差区（0～0.8 m）。

众多研究均表明，地形下切及外海潮动力的增强均能使河网内的潮差增加；而径流量的升高增加了潮波传播的阻力，能削弱河网区的潮动力，使得潮差减小[29,32]。对于年代相近、地形变化不大的"99·7"洪水与"01·2"枯水，当外海遭遇相同潮差时，马口站径流量相差 28770 m³/s，潮差相差 0.91 m，可粗略估算得到径流量增大对潮差的压制作用为 0.32 m/（10⁴ m³/s）。若采用年代更接近的"17·7"洪水与"16·12"枯水数据，同理可算得径流量增大对潮差的压制作用为 0.33 m/（10⁴ m³/s）。"05·6"洪水比"98·6"洪水来流增加 2700 m³/s，可削减潮差 0.09 m；而"98·6"洪水期间下游遭遇的外海最大潮差为 2.46 m，"05·6"洪水期间外海最大潮差增加 0.28 m，综合流量增大对潮差的压制作用，"05·6"洪水与"98·6"洪水不同径潮遭遇可使得三角洲河网潮差增大 0.2 m 左右。实际上，这两场洪水间的潮差等值线明显向上游移动，大部分站点的潮差增大 0.2～0.6 m，说明地形下切对潮差的增加作用也非常显著；尤其是在伶仃洋顶端的黄埔站、大盛站、大石站等潮差增加 0.5～0.6 m，高于径潮遭遇带来的潮差增幅 0.3～0.4 m，这意味着当地地形下切对潮差增加的贡献更突出；东江由于博罗站径流量增加为"98·6"洪水期间的两倍左右，潮差等值线向下游移动，流量大幅增大对潮差的抑制作用更突出。

与"98·6"洪水相比，虽然"08·6"洪水来流减少在一定程度上有利于河网区潮动力增强，但是下游遭遇的外海最大潮差为 2.28 m，比"98·6"洪水期间降低了 0.18 m，外海潮动力的减弱作用大于地形下切及径流减少对潮差的增加作用，从而使珠江三角洲大部分站点的潮差降低 0.1～0.2 m，西江、北江潮差等值线向下游移动明显；然而，伶仃洋顶端的潮差等值线却略微向上游移动，大盛站、泗盛站等站点的潮差增加 0.05～0.15 m，说明当地地形下切对潮差的增强作用大于外海潮动力的减弱作用。

因此，极端洪水期径流量及外海潮动力的变化对珠江三角洲河网区的潮差分布都非常重要，当外海潮动力增强及河网区地形下切对潮差的增加作用大于径流量增加对潮差的削弱作用时，潮差等值线向上游移动，反之，向下游移动；而伶仃洋顶端在外海潮差减小的条件下却出现了潮差增大的现象，说明该区域地形下切对潮差的增强作用相对于其他区域更强烈。

近年来，珠江三角洲地区相继发生了"妮妲""天鸽""山竹"等台风，珠江三角洲地区的台风呈现出频率高、强度大的态势，强力的台风同时也造成了洪涝灾害，影响了珠江三角洲城市的社会经济发展[36]。2018 年 9 月 16 日，"山竹"台风登陆珠江三角洲，给广州造成了严重的灾害损失。受 3.2.2 小节中提及的珠江三角洲河口湾岸线及地形变化的影响，由台风诱发的风暴潮潮位呈现出上升态势。监测数据显示，珠江广州河道水位达到或超过 1000 年一遇设计洪（潮）水位，创历史最高。根据近 40 年的潮位统计，珠江广州河道洪（潮）水位不断升高，尤其是近 10 年水位屡创新高，中大站、南沙站等测站的最高水位以平均 0.02～0.03 m/a 的速度上升[37]（图 3.27）。这也给珠江三角洲河口的海岸防护工程提出了更高的要求。

2．洪季径潮动力特征响应

图 3.28 给出了珠江三角洲两场洪季水流 168 h 的来流过程及下游潮位遭遇过程。由于东江站点潮位资料缺乏，仅针对西江、北江河网进行分析。"99·7"洪水期间马口站和三水站的平均流量为 31500 m³/s，仅为极端洪水期的一半左右，同期马口站、三水站水位维持在 4.5～6.0 m，且无明显感潮现象；"17·7"洪水期间马口站和三水站的

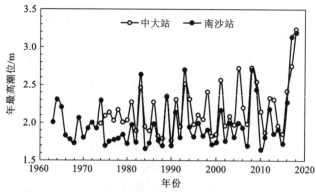

图 3.27　珠江三角洲部分验潮站年最高潮位变化情况

平均流量为 27 700 m³/s，来流比"99·7"洪水期间减少 12%，然而同期马口站、三水站的水位降低 1～2 m，降幅达到 20%～40%，远高于流量减少带来的水位降幅，而且这两个站点出现了明显的感潮现象。这说明人类活动引起的地形下切对洪季径潮动力特征也产生了显著影响。

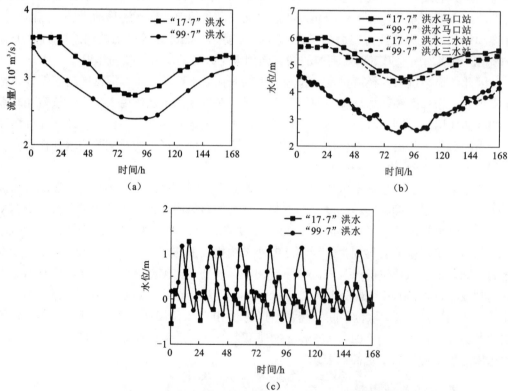

图 3.28　珠江三角洲洪季上游来流变化及下游潮位遭遇过程

（a）为马口站+三水站流量；（b）为相应水位；（c）为下游潮位遭遇过程（黄金站）

　　对于这两场洪季水流过程同期的下游潮位遭遇情况，由于三灶站资料缺乏，这里采用河网最下游的黄金站潮位来描述："99·7"洪水期间，外海潮位由大潮转换为小潮，平均潮差为 1.19 m，最大潮差为 1.78 m；"17·7"洪水期间，外海遭遇潮动力增强，潮位主要由大潮控制，平均潮差为 1.45 m，最大潮差为 1.65 m。

1）洪季余水位变化

图 3.29（a）、（b）给出了"99·7"洪水和"17·7"洪水珠江三角洲平均余水位的平面分布。因来流仅为极端洪水期的一半左右，珠江三角洲洪季余水位范围明显缩小："99·7"洪水平均余水位为 0～5.5 m，"17·7"洪水平均余水位为 0～3.5 m。余水位在平面分布上呈现出明显的自河网上游向口门迅速递减的趋势，三角洲顶端马口站、三水站水位的降低导致洪季余水位比降最大值远小于极端洪水期。由于东江资料缺乏，这里将洪季余水位分布划分为三个区域：黄茅海顶端、西北江中部、伶仃洋顶端。其中，西北江中部仍然受径流控制明显，为高余水位区（2～5.5 m）；黄茅海及伶仃洋顶端受潮流控制明显，为低余水位区（0～2 m）。

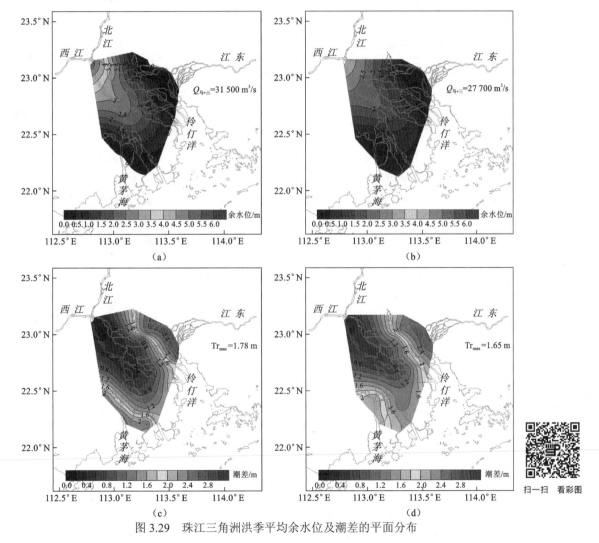

图 3.29　珠江三角洲洪季平均余水位及潮差的平面分布

（a）为"99·7"洪水余水位；（b）为"17·7"洪水余水位；（c）为"99·7"洪水潮差；（d）为"17·7"洪水潮差

与"99·7"洪水相比,"17·7"洪水西北江中部(高余水位区)余水位降低 1~2 m,≥4 m 的余水位等值线已经消失;整个河网区的余水位等值线向上游移动显著,余水位比降明显降低,高余水位区范围明显缩小,低余水位区范围明显增大。如果参照"99·7"洪水马口站的水位流量关系,在 30 000 m³/s 的流量基础上,12%的流量变化可产生 0.7 m左右的水位波动,"17·7"洪水来流减少 12%并不能使西北江中部余水位降低 1~2 m,这说明人类活动导致的地形下切对余水位降低也非常重要。为消除流量波动对"99·7"洪水及"17·7"洪水余水位分布的影响,定量评估地形下切对余水位的效应,可对应计算当马口站与三水站流量之和均为 30 000 m³/s 时,珠江三角洲各站点的余水位差异。由图 3.29 可知,受人类活动导致的地形下切影响,同流量情况下"17·7"洪水与"99·7"洪水相比,珠江三角洲大部分站点的余水位均显著降低,降幅为 0.1~1.1 m,且上游高余水位区对人类活动更为敏感,越往上游,余水位降幅越大。这与极端洪水期一致,下游海平面对余水位的控制使其对地形下切作用不敏感。

2)洪季潮差变化

图 3.29(c)、(d)给出了"99·7"洪水和"17·7"洪水下珠江三角洲潮差的平面分布。由图 3.29(c)、(d)可知,整个珠江三角洲河网区的潮差变化较大:"99·7"洪水期间潮差为 0.2~2.4 m,"17·7"洪水期间潮差为 0.4~2.4 m;相比于极端洪水期,河网中部潮差明显增大,潮差等值线向上游移动显著。潮差在平面分布上也呈现出明显的自河网口门向上游衰减的趋势,稀疏的潮差等值线使洪季潮差衰减率比极端洪水期降低,为 0.018 m/km。与洪季余水位分布类似,可划分为三个潮差区域,但潮差大小与余水位大小相反:黄茅海顶端及伶仃洋顶端受潮流控制明显,潮动力强,为高潮差区(1.6~2.4 m);西北江中部受洪季径流压制,潮动力弱,为低潮差区(0.2~0.8 m)。

与"99·7"洪水相比,"17·7"洪水下游遭遇的最大潮差降低 0.13 m,河网区潮差相应降低,如黄茅海顶端西炮台站、官冲站等站点的潮差减少 0.1 m 左右;然而,"17·7"洪水上游来流总量减少 12%,再考虑到近几十年来地形下切对潮差的增加作用,珠江三角洲大部分区域的潮差等值线向上游大幅移动,尤其是西北江中部,同站点处最大潮差增加 0.2~0.6 m。对于感潮河段,来流量越大,河流径流动力越强,对潮波传播的压制作用也越强;反之,则有利于潮波向上游传播,使得潮差增大。按照本小节"1.极端洪水期径潮动力特征响应"中径流对潮差 0.32~0.33 m/(10⁴ m³/s)的压制作用计算,"17·7"洪水来流比"99·7"洪水减少 12%,即 3 800 m³/s,能导致接近 0.13 m 的潮差增幅,与潮动力减弱带来的潮差降幅相当。这说明地形下切是"17·7"洪水比"99·7"洪水河网区潮差显著增加(0.2~0.6 m)的主导因素。此外,"17·7"洪水的潮差的等值线比"99·7"洪水更稀疏,说明珠江三角洲河网区的潮差衰减率因地形下切减小。

3. 枯季径潮动力特征响应

图 3.30 给出了珠江三角洲两场枯季水流 168 h 的来流过程及下游潮位遭遇过程。由于东江站点潮位资料缺乏,也仅针对西江、北江河网进行分析。枯季径流大幅降低,马口站和三水站的流量均受潮汐影响而出现明显的周期变化。余流量可表示上游来流的净

流量，"01·2"枯水期间马口站和三水站的天然径流为 2 730 m³/s，"16·12"枯水期间马口站和三水站的天然径流增大为约两倍，为 5 440 m³/s。由于三灶站资料缺乏也采用河网最下游的黄金站潮位分析下游潮位遭遇情况。"01·2"枯水期间，由大潮转换为小潮，平均潮差为 1.77 m，最大潮差为 2.24 m；"16·12"枯水期间，主要由大潮控制，但潮动力总体偏弱，平均潮差为 1.73 m，最大潮差为 1.78 m。

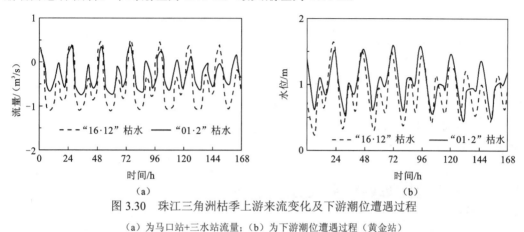

图 3.30　珠江三角洲枯季上游来流变化及下游潮位遭遇过程

（a）为马口站+三水站流量；（b）为下游潮位遭遇过程（黄金站）

1）枯季余水位变化

枯季来流约为洪季的 1/10，珠江三角洲枯季径潮动力特征主要由潮流控制，其余水位大幅降低："01·2"枯水平均余水位为 0～0.40 m，"16·12"枯水平均余水位为 0.1～0.54 m。余水位在平面分布上呈现出明显的自河网上游向口门递减的趋势，余水位比降较洪季低，为 0.003～0.004 m/km。整个珠江三角洲均为低余水位区，但是仍可划分为三个区域：黄茅海顶端、西北江中部、伶仃洋顶端。其中，西北江中部余水位较高（0.25～0.55 m）；黄茅海及伶仃洋顶端余水位则极低（0~0.2 m）。

与"01·2"枯水相比，"16·12"枯水河网上游余水位升高 0.15 m 左右，整个河网区余水位等值线向下游移动，余水位比降明显增加；余水位较高的区域明显增大，余水位极低的区域则显著减小，八大口门附近的余水位也由 0.1 m 左右升高至 0.15 m 左右。这种差异与人类活动导致的地形下切不符，而且"16·12"枯水期间外海较弱的潮动力也不利于河网区余水位的升高，从而说明"16·12"枯水期间天然径流的倍增是枯季余水位升高的决定性因素。这一现象也意味着枯季余水位极低（0～0.5 m），其平面分布特征对天然径流的变化很敏感，地形下切对其产生的作用较小。

2）枯季潮差变化

天然径流的降低使得珠江三角洲顶端马口站、三水站的感潮能力增强，潮差增大，"01·2"枯水潮差为 1.2～2.6 m，"16·12"枯水潮差为 1.0～2.6 m；相比洪季，河网中部潮差增大，潮差等值线明显向上游移动。潮差在平面分布上依然呈现出明显的自河网口门向上游衰减的趋势，而且潮差衰减率也较洪季降低，为 0.011 m/km。潮差的平面分布仍可划分为三个区域：黄茅海顶端及伶仃洋顶端受潮流控制明显，潮动力强，为高潮差区（1.6～2.8 m）；西北江中部受河道阻力等因素影响，潮动力衰减，为低潮差区（1.0～1.4 m）。

与"01·2"枯水相比，"16·12"枯水最大潮差整体降低，降幅为 0.2 m 左右；同时潮差等值线向下游移动显著，低潮差区范围增大，高潮差区范围减小。"16·12"枯水马口站和三水站余流量的倍增不利于潮波向上游传播，按照径流对潮差 0.32～0.33 m/（10^4 m³/s）的压制作用计算，"16·12"枯水比"01·2"枯水增加 2 710 m³/s 可削减潮差接近 0.09 m；结合"16·12"枯水外海潮动力大幅减弱，黄金站最大潮差降低 0.46 m，可得出不同径潮遭遇使得河网区潮差降低 0.55 m 的结论；而地形下切可加强河网潮动力，有利于潮波向上游传播，"16·12"枯水相较于"01·2"枯水潮差整体降低 0.2 m。这说明地形下切对枯季潮差产生的增幅为 0.35 m 左右，低于这两场水流间的径潮遭遇对潮差产生的削弱效应。

3.3.3　余水位比降对地形变化的响应

上述成果显示，余水位高的区域往往潮差低，而余水位低的区域潮差大；地形下切会使余水位降低，河网潮动力增强，潮差增大。这里将从余水位比降的角度揭示地形下切增强河网潮动力的机理。在一维潮周期平均的动量方程中，余水位比降与摩擦项相平衡[式（3.9）][38-39]，说明余水位比降的大小能指示河床阻力的变化。无论是极端洪水期还是洪季，地形下切均使得珠江三角洲余水位显著降低，并且上游余水位的降幅远高于下游，余水位比降也相应减小。同时，这也说明地形下切使河网区潮波传播的河床阻力减小，潮差增大，潮动力增强。

$$\overline{\frac{\partial Z}{\partial x}} = -\frac{\overline{UU}}{K_M^2 h^{4/3}} \tag{3.9}$$

式中：Z 为自由水面高程；U 为断面平均流速；h 为水深；K_M 为 Manning-Strickler 参数（Manning 系数的倒数）。

由于枯季余水位极低且对地形下切不敏感而保持相对稳定的状态，这里仅给出极端洪水期和洪季的余水位-余流量关系曲线的变化、相应余水位平均降幅与河床平均下切深度的关系（图 3.31）及相应余水位比降的变化（图 3.32）。

由图 3.31、图 3.32 可知，对于极端洪水期和洪季，珠江三角洲顶端的马口站、三水站、博罗站等站点的余水位主要由余流量控制，余水位随余流量的增加而抬升，河道相应的余水位比降也增大，从而可以反映出流量增大能有效抑制潮波传播，降低河网潮动力，潮差变小。河床下切使得这些站点的余水位-余流量关系曲线下移显著，同流量情况下余水位降低 1.5～6 m；并且平均余水位降幅与这些站点的河床平均下切深度呈明显的线性正相关关系，即河床下切深度越大，余水位降幅越大，东江博罗站河床下切深度最大，余水位降幅最显著，西江马口站次之，北江三水站降幅最小。越靠近口门，余水位

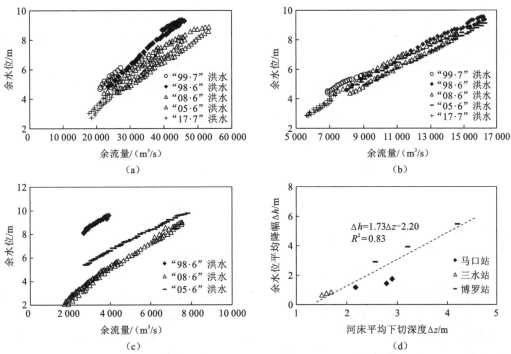

图 3.31　珠江三角洲顶端余水位-余流量关系曲线的变化及余水位平均降幅与河床平均下切深度的关系

（a）为马口站；（b）为三水站；（c）为博罗站；（d）为余水位平均降幅与河床平均下切深度的关系

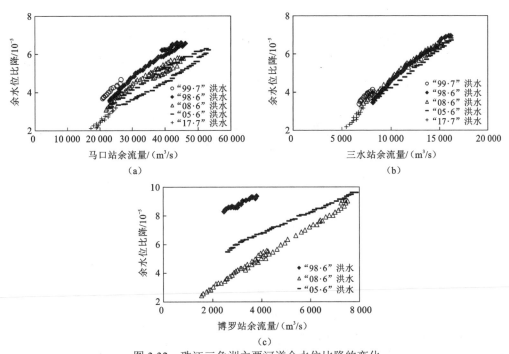

图 3.32　珠江三角洲主要河道余水位比降的变化

（a）为西江马口站—灯笼山站；（b）为北江三水站—万顷沙站；（c）为东江博罗站—大盛站

受海平面控制越显著，余水位越接近零，对地形下切也越不敏感，因此上游水文站点余水位降幅远远大于下游，从而使珠江三角洲河网区余水位比降显著降低。对于相同的来流量，20世纪90年代～21世纪初西江的余水位比降降低15%～30%；北江余水位比降降低10%～20%；而东江余水位比降降幅最大，仅在20世纪90年代～21世纪初降幅就达30%～50%。这揭示出，河床地形下切大幅降低珠江河网河道阻力（余水位比降），有利于潮波向上游传播，河网感潮能力增强，在同样的径流压制下，潮差显著增加。

3.4 径潮输移特性变化

3.4.1 水沙输移变化

珠江三角洲水系错综复杂，形成了"三江汇流、八口出海"的水系格局。珠江河网地区的大洪水往往是由西江和北江流域性洪水遭遇形成的。如图3.33所示，西江、北江洪水于河网顶部思贤滘处汇流后由马口、三水分流节点分别向西江河网和北江河网宣泄，完成洪水的第一次再分配，一般西江河网分流约80%，而北江河网则分流20%左右。决定进入西江、北江河网腹地的第二个重要分流节点则是位于河网中部的天河、南华分流

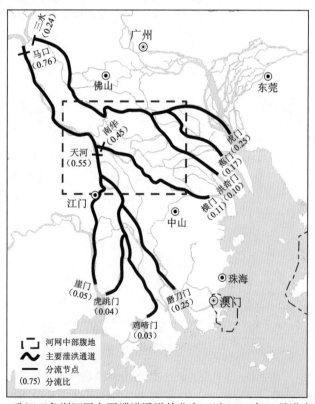

图3.33 珠江三角洲河网主要泄洪通道的分布（以2008年6月洪水为例）

节点，进入西江河网的洪水通过西江主干流向下游宣泄，至天河、南华分流节点后，会有近一半的洪水通过南华进入北江河网腹地。最后河网地区的洪水通过河网各河道分别由崖门、虎跳门、鸡啼门、磨刀门、横门、洪奇门、蕉门、虎门八大口门入海，如表 3.4 所示，八大口门分流比受上游来流季节变化及珠江三角洲地形变化的影响处于不断调整中，不同年代分流比不尽相同[9,40]。

表 3.4　珠江三角洲八大口门分流比　　　　　　　（单位：%）

时间	虎门（大虎站）	蕉门（南沙站）	洪奇门（万顷沙站）	横门（横门站）	磨刀门（灯笼山站）	鸡啼门（黄金站）	虎跳门（西炮台站）	崖门（官冲站）
20 世纪 60～70 年代	16.0	17.1	15.9	12.4	24.7	4.7	3.6	5.6
	东四口门：61.4				西四口门：38.6			
20 世纪 80 年代	18.5	17.3	6.4	11.2	28.3	6.1	6.2	6.0
	东四口门：53.4				西四口门：46.6			
20 世纪 90 年代	17.6	19.6	9.9	14.0	26.8	3.9	3.5	4.7
	东四口门：61.1				西四口门：38.9			
1999 年洪季	26.7	16.6	8.5	11.8	22.6	3.4	3.0	7.4
	东四口门：63.6				西四口门：36.4			
2005 年洪季	30.1	17.4	8.5	9.5	21.6	3.0	3.1	6.6
	东四口门：65.5				西四口门：34.5			
2011 年枯季	22.7	11.3	20.8	2.5	26.3	3.5	5.4	7.5
	东四口门：57.3				西四口门：42.7			
2016 年枯季	20.5	9.3	18.1	3.4	25.7	2.8	6.2	14.0
	东四口门：51.3				西四口门：48.7			
2017 年洪季	15.9	6.5	19.9	3.4	33.0	4.2	6.2	10.9
	东四口门：45.7				西四口门：54.3			

注：表中 2011 年前数据来自文献[9, 40]，2016～2017 年数据来自"十三五"国家重点研发计划项目"珠江河口与河网演变机制及治理研究"实测值。

总体来看，20 世纪 60 年代～21 世纪初，东四口门分流比均出现了明显的波动，虎门占比 15.9%～30.1%，蕉门占比 6.5%～19.6%，洪奇门占比 6.4%～20.8%，横门占比 2.5%～14.0%；而西四口门分流比波动较小，磨刀门占比 21.8%～33.0%，鸡啼门占比 2.8%～6.1%，虎跳门占比 3.0%～6.2%，崖门占比 4.7%～14.0%。尽管八大口门分流比一直处于波动状态，但从 20 世纪 60 年代到 2016 年，东四口门分流比始终大于西四口门。20 世纪 80 年代东四口门分流比约为 53.4%，而 20 世纪 80 年代开始兴起的大规模人为采砂使河网地区河床不均匀下切，且总体来看北江河网的下切程度要大于西江河网，因此 20 世纪 80 年代后东四口门分流比开始显著增大。在 2005 年 6 月的一场洪水中，东四口门分流比甚至达到了 65.5%。北江河网分洪量的大幅度增大加剧了北江河网腹地的防洪压力,彭静和彭期冬[41]、周作付等[42]研究发现,20世纪90年代以来河网腹地多处河道在多场洪水中都出现了洪水位异常壅高的现象。北江河网腹地一带是广东的经济支柱(广州、佛山等城市),一旦发生洪水漫堤灾害,经济损失将巨大。随着进入21世纪后河网地区对采砂活动的严格控制,河网河床剧烈的不均匀下切现象得到了缓解,控制河网河床演变的主导因素由无序的人工采砂变成了上游建库拦砂造成的来砂量骤减,虽然两者的作用都是使河床下切,但水库拦砂导致的河床下切现象在西江河网更为显著,因此近年来河网地区主要分流节点的分流比有了新的变化,在2005~2017年八大口门分流比的变化势态反转,伶仃洋东四口门分流比由65.5%降低为45.7%,西四口门分流比由34.5%上升为54.3%。西江河网分流量逐步回升,如在2017年7月的一场洪水中,西四口门的分流比已经达到了54.3%,超过了东四口门,而磨刀门更是宣泄了接近33.0%的洪水,西江主干流水道很好地发挥了主泄洪通道的作用,北江河网腹地的水患也得到了很大的缓解。

关于八大口门分沙比,如表3.5所示,1980~2005年伶仃洋东四口门的分沙比明显增加,由占珠江三角洲泥沙总量的47.7%升高为56.7%,而西四口门分沙比显著减小,由占珠江三角洲泥沙总量的52.3%降低为43.3%;在2005~2017年八大口门分沙比变化势态反转,伶仃洋东四口门分沙比降低为40.9%,西四口门分沙比上升为59.1%。受自然变化和人类活动导致的分沙比波动影响,1980年东四口门分沙比小于西四口门分沙比,而在1990~2005年又转变为大于西四口门分沙比,到了2016年再次变为小于西四口门分沙比;在1980~2017年,总体来看蕉门、横门分沙比明显降低,洪奇门分沙比持续增加,磨刀门分沙比始终保持在30%以上,为八大口门分沙比之首,其他口门的分沙比处于不断波动状态。

表3.5 珠江三角洲八大口门分沙比 (单位:%)

时间	虎门 (大虎站)	蕉门 (南沙站)	洪奇门 (万顷沙站)	横门 (横门站)	磨刀门 (灯笼山站)	鸡啼门 (黄金站)	虎跳门 (西炮台站)	崖门 (官冲站)
1980年	9.3	18.1	7.3	13.0	33.0	7.0	7.2	5.1
	东四口门:47.7				西四口门:52.3			
1990年	4.7	24.4	10.7	14.2	36.8	4.1	3.3	1.8
	东四口门:54.0				西四口门:46.0			
1999年 洪季	8.2	23.1	10.4	13.8	34.4	3.7	3.0	3.4
	东四口门:55.5				西四口门:44.5			
2005年 洪季	10.9	22.4	11.0	12.4	33.8	3.6	3.7	2.2
	东四口门:56.7				西四口门:43.3			
2016年 枯季	10.8	11.9	16.4	2.8	34.2	7.8	7.2	8.9
	东四口门:41.9				西四口门:58.1			
2017年 洪季	3.6	6.9	26.4	4.0	43.1	3.5	7.0	5.5
	东四口门:40.9				西四口门:59.1			

注:表中2011年前数据来自文献[40],2016~2017年数据来自"十三五"国家重点研发计划项目"珠江河口与河网演变机制及治理研究"实测值。

3.4.2　咸潮上溯影响变化

河口的盐水运动受到径潮动力的共同控制，并且受到风和重力环流等多种因素的影响，呈现出复杂的年际、月际甚至是日内变化[43-45]。一般来说，认为河道水体含氯度超过 250 mg/L 是发生咸潮[46]。珠江三角洲咸潮上溯的影响范围经历了一个下移后复而上移的历史变化过程。20 世纪 60～80 年代，由于三角洲的联围筑闸和口门的自然延伸，河网区的咸潮影响明显减弱；90 年代后，三角洲河网区河底高程及河床纵比降发生了很大的变化，三角洲河网区的潮汐运动增强，潮汐上溯增强，咸潮界上移。采用 20 世纪 60 年代和近年来水文测站的咸潮监测资料，对西江、北江、东江分别进行了历史资料比对（图 3.34）。可以发现，在上游来水基本一致的情况下，珠江三角洲河网区咸潮入侵显著增强。

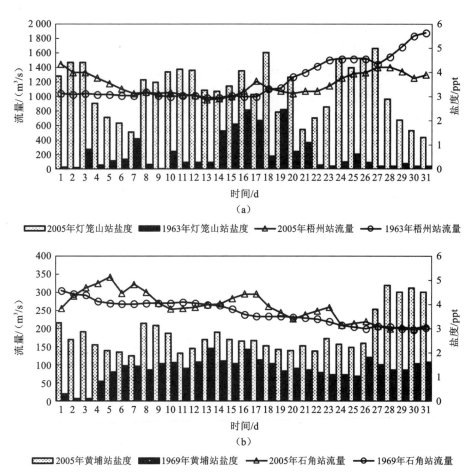

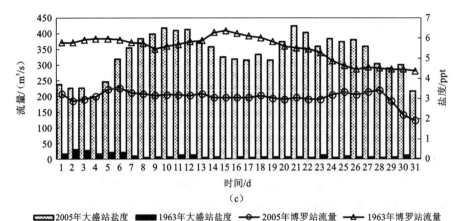

图 3.34　20 世纪 60 年代和近年来西江、北江、东江代表站点枯季流量与咸潮过程对比

（a）为西江；（b）为北江；（c）为东江

进入 21 世纪后，珠江三角洲咸潮运动愈发复杂。选取磨刀门水道上 10 个站点，横门水道上 5 个站点进行研究，其中横门水道上的神湾大桥站于 2007 年 4 月 18 日后停测，于 2007 年 10 月 2 日开始改在斗门大桥站监测。为分析咸潮上溯距离，分别以最靠近入海口门的站点为起始点，量算磨刀门水道和横门水道上各站点与起始点的距离，咸潮监测站点分布见图 3.35。

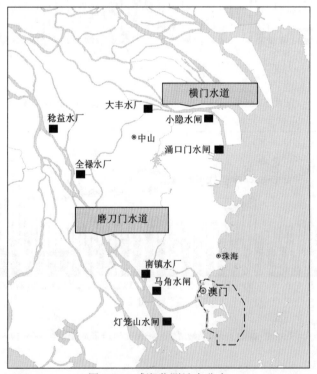

图 3.35　咸潮监测站点分布

统计近年各站点咸潮监测情况，可以确定各年份磨刀门水道和横门水道咸潮上溯距离（即咸潮界）的变化（表 3.6）。根据监测资料统计咸潮站逐年发生咸潮小时数发现，磨刀门水道咸潮 2011～2012 年枯季最为严重，2011 年 12 月中旬，南镇水厂—平岗泵站连续 22 天不可取水，已严重影响珠海供水，这是平岗泵站有记录以来最强的一次咸潮；2012 年以后，珠江河口咸潮上溯也未得到全面改善。

表 3.6　各年咸潮界位置及影响统计情况

时间	平均咸潮界位置（与磨刀门口门的距离/km）	最远咸潮界位置（与磨刀门口门的距离/km）	受影响取水口
2005～2006 年	南镇水厂—平岗泵站（42）	稳益水厂以上（>63）	稳益水厂、全禄水厂、平岗泵站、南镇水厂、广昌泵站、联石湾泵站
2006～2007 年	马角水闸—南镇水厂（39）	稳益水厂以上（>63）	稳益水厂、全禄水厂、平岗泵站、南镇水厂、广昌泵站、联石湾泵站
2007～2008 年	南镇水厂—平岗泵站（42）	稳益水厂以上（>63）	稳益水厂、全禄水厂、平岗泵站、南镇水厂、广昌泵站、联石湾泵站
2008～2009 年	联石湾水闸—马角水闸（33）	平岗泵站—全禄水厂（42）	平岗泵站、南镇水厂、广昌泵站、联石湾泵站
2009～2010 年	平岗泵站—全禄水厂（45）	稳益水厂以上（>63）	稳益水厂、全禄水厂、平岗泵站、南镇水厂、广昌泵站、联石湾泵站
2010～2011 年	马角水闸—南镇水厂（40）	稳益水厂以上（>63）	稳益水厂、全禄水厂、平岗泵站、南镇水厂、广昌泵站、联石湾泵站
2011～2012 年	平岗泵站—竹洲头泵站（45）	稳益水厂以上（>63）	稳益水厂、全禄水厂、竹洲头泵站、平岗泵站、南镇水厂、广昌泵站、联石湾泵站
2012～2013 年	马角水闸—南镇水厂（39）	全禄水厂—稳益水厂（56）	全禄水厂、竹洲头泵站、平岗泵站、南镇水厂、广昌泵站、联石湾泵站
2013～2014 年	马角水闸—南镇水厂（40）	稳益水厂以上（>63）	稳益水厂、全禄水厂、竹洲头泵站、平岗泵站、南镇水厂、广昌泵站、联石湾泵站
2014～2015 年	马角水闸—南镇水厂（38）	稳益水厂以上（>63）	稳益水厂、全禄水厂、竹洲头泵站、平岗泵站、南镇水厂、广昌泵站、联石湾泵站
2015～2016 年	大涌口水闸以下（19）	马角水闸—南镇水厂（40）	广昌泵站、联石湾泵站
2016～2017 年	马角水闸—南镇水厂（40）	全禄水厂—稳益水厂（55）	全禄水厂、竹洲头泵站、平岗泵站、南镇水厂、广昌泵站、联石湾泵站
2017～2018 年	马角水闸—南镇水厂（39）	竹洲头泵站—全禄水厂（48）	竹洲头泵站、平岗泵站、南镇水厂、广昌泵站、联石湾泵站

影响咸潮的自然因素包括：①降雨减少引起持续的干旱天气，长期干旱直接导致珠江入海河口径流量的急剧减少，由于水位下落，海水便顺势倒灌。持续的干旱天气还使水库蓄水量锐减，放水冲咸的功能被极大限制。例如，2020 年 10 月以来，东江流域持

续干旱少雨,旱情形势达到特枯年程度。2021 年东江新丰江水库、枫树坝水库、白盆珠水库的蓄水量比多年同期减少 80%,博罗站来水总量低于历史最枯 1963 年,东江三角洲发生严重咸潮,东莞主要水厂取水口的氯化物严重超标,400 万人的供水受到影响;广州东部水厂取水口的氯化物超标,影响了增城、黄埔与天河等区域的供水安全。②枯水期上游径流量减少。径流直接阻碍潮波向上游的传播,是影响咸潮上溯距离最直接的因素。咸潮上溯多发生在上游来水较少的枯水年份的枯水季节。③台风引发风暴增水,沿海沿江潮水位抬高,出现大波大浪,导致海水倒灌,洪水泛滥。④天文潮汐作用使得潮位抬高、潮差增大,提高了咸潮发生的概率。人为因素包括:①无序超量采砂是三角洲咸潮上溯的根本原因,采砂不仅使网河区河床降低,而且改变了南北支流的分流情况,严重破坏了海洋生态。②大规模的航道整治使得珠江三角洲及河口地区的河道河床普遍下切,主要潮汐通道的深槽加深,更有利于盐水向上游推进,加重了咸潮危害。③流域内上游地区的供水量逐年增加,部分导致珠江三角洲地区的来水减少,加剧了咸潮上涨。对多年实测资料统计分析发现,同等径流条件下,咸潮上溯距离与各主要取水口的超标历时均呈增加态势,河口区重要取水口的取淡概率较 2010 年以前平均下降约 10%。近两年咸潮上溯加剧现象更为凸显,2020 年 12 月,西江梧州站和北江石角站平均流量之和达 3 580 m³/s,咸潮界上溯至中山的全禄水厂,平岗泵站连续 5 天不可取水,平均取淡概率仅有 46%,比历史同等流量的取淡概率减小 20%。

已有研究表明,径流和潮流的相互作用是影响珠江河口盐度变化的主要因素,下游潮汐动力增强是近年来咸潮上溯增强的主要原因之一。而河床采砂是河床地形剧烈改变,河网内的咸潮上溯加剧的根本原因;河口口门围垦也在一定程度上加剧了河口咸潮上溯的影响范围;而航道整治工程实施后咸潮上溯虽然有所增加,但影响程度较小;海平面上升对咸潮上溯存在影响,但其影响较弱[47]。

3.4.3 水质变化

1. 2005~2015 年

收集的珠江河口河网代表监测断面 2005~2015 年的水质状况如图 3.36 所示。可以看到,总氮(total nitrogen,TN)质量浓度在 2005 年时的平均值为 1.74 mg/L,质量浓度范围为 0.42~3.35 mg/L;在 2010 年时的平均值为 3.27 mg/L,质量浓度范围为 0.48~4.68 mg/L;在 2015 年时的平均值为 3.00 mg/L,质量浓度范围为 2.30~3.97 mg/L。2010 年的 TN 质量浓度在整个研究区域内普遍较高,2010 年的 TN 质量浓度和 2015 年的 TN 质量浓度大多在 IV 类水和 V 类水之间,2005 年的 TN 质量浓度在 II~IV 类水内。在 6 个采样站点中,总磷(total phosphorus,TP)质量浓度分布有所差异,TP 质量浓度在 2005 年时的平均值为 0.08 mg/L,质量浓度范围为 0.04~0.10 mg/L;在 2010 年时的平均值为 0.08 mg/L,质量浓度范围为 0.03~0.12 mg/L;在 2015 年时的平均值为 0.09 mg/L,质量浓度范围为 0.07～0.117 mg/L。总体而言，研究区域内水质情况在 2005～2015 年呈现变差的趋势。

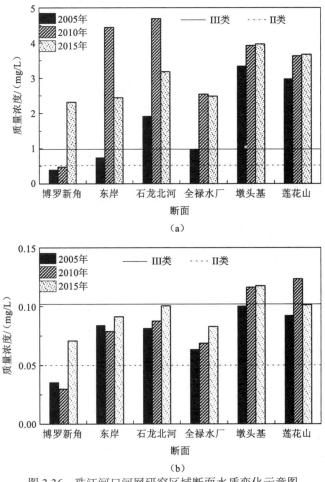

图 3.36　珠江河口河网研究区域断面水质变化示意图

（a）为 TN；（b）为 TP

2. 2016 年

如图 3.37 所示，北江三角洲片区监测结果显示，珠江广州河段 9 个断面中平洲、长洲、墩头基、莲花山断面水质为 IV 类，受耗氧性有机物轻度污染，东朗、猎德断面水质为 V 类，受耗氧性有机物中度污染，鸦岗、硬颈海和黄沙断面水质为劣 V 类，受耗氧性有机物重度污染，全河段水质受耗氧性有机物中度污染。北江三角洲其他主要江河的水质状况总体优良，平洲水道符合 III 类水质，西江干流水道、顺德水道、东平水道、容桂水道、东海水道、潭洲水道、沙湾水道、蕉门水道、洪奇沥水道、小虎沥水道、凫洲水道均符合 II 类水质，市桥水道水质为 IV 类。

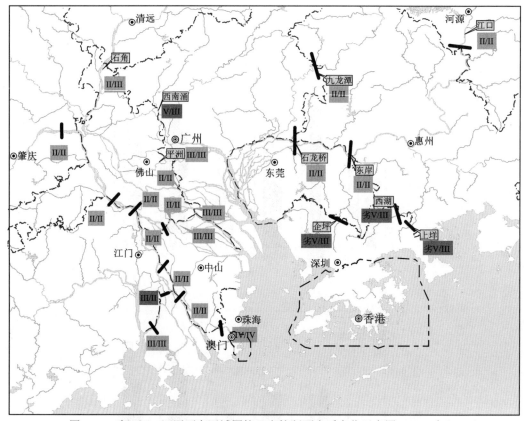

图 3.37 珠江河口河网研究区域国控及省控断面水质变化示意图（2016 年）

西江三角洲片区佛山高明河水质为 III 类，水质良好；江门西海水道水质为 II 类，水质优，沙坪河水质为劣 V 类，为重污染，潭江干流牛湾断面、新美断面、台城河、江门河水质为 IV 类，为轻度污染；中山石岐河、前山河石角咀水闸断面水质为 IV 类，属轻度污染，鸡鸦水道、小榄水道、磨刀门水道和横门水道水质均为 II 类，水质优；珠海黄杨河、虎跳门水道水质为 III 类，水质良好，前山河南沙湾断面水质为 IV 类，为轻度污染。

东江三角洲片区总体上游水质好，下游水质差。东江北干流、东江南支流水质上游为 III 类，下游为 IV 类；中堂水道、倒运海水道、麻涌水道、洪屋涡水道水质为 IV 类；东莞水道、厚街水道水质为 V 类；超标项目主要为五日生化需氧量、氨氮、高锰酸盐指数等。

3. 2017～2020 年

2015 年 12 月，广东省人民政府印发实施《广东省水污染防治行动计划实施方案》，要求到 2020 年，全省水环境质量得到阶段性改善，地级以上城市集中式饮用水水源和县级集中式饮用水水源水质全部达到或优于 III 类，农村饮用水水源水质安全基本得到保障；全省地表水水质优良（达到或优于 III 类）比例达到 84.5%；对于划定地表水环境功能区划的水体断面，珠江三角洲区域消除劣 V 类，全省基本消除劣 V 类；地级以上城市建成区黑臭水体均控制在 10% 以内；地下水质量维持稳定，极差的比例控制在 10% 以内；

近岸海域水质维持稳定，水质优良（I、II 类）比例保持在 70%以上。从图 3.38 可以看出，珠江河口河网大部分断面 2018 年水质仍未达标。到 2020 年，大部分河网水域规划达到 II、III 类水质，大部分河口水域规划达到 III、IV 类水质。近年来，全省各市采取了控制工业源、治理生活源、整治农业源、削减内生源等措施。根据广东省水利厅发布的断面监测数据，追踪分析了东江流域沙田泗盛断面和西江流域珠海大桥断面 2017～2019 年 TN 和 TP 质量浓度的变化情况，具体数据见表 3.7。沙田泗盛断面在 2017～2019 年的 TN 质量浓度的几何平均值分别为 3.63 mg/L、3.76 mg/L、2.92 mg/L，质量浓度范围为 2.54～5.19 mg/L、2.60～4.97 mg/L、1.97～3.88 mg/L；TP 质量浓度的几何平均值为 0.15 mg/L、0.13 mg/L、0.11 mg/L，质量浓度范围为 0.11～0.24 mg/L、0.08～0.23 mg/L、0.08～0.19 mg/L。TN、TP 的质量浓度与《海水水质标准》（GB 3097—1997）对比后发现，其均处在 IV 类水之外，水质状况较差。但是在 2017～2019 年，沙田泗盛断面的 TN 和 TP 质量浓度均呈现下降趋势，表明水质向好发展。西江流域的珠海大桥断面在 2017～2019

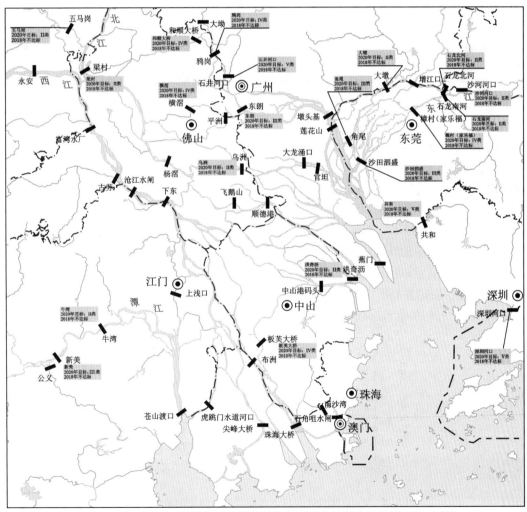

图 3.38 珠江河口河网研究区域国控及省控断面水质变化示意图（2018 年）

年的 TN 质量浓度的几何平均值为 2.08 mg/L、2.27 mg/L、1.91 mg/L，质量浓度范围为 1.61～3.37 mg/L、1.80～4.14 mg/L、1.65～2.20 mg/L；TP 质量浓度的几何平均值分别为 0.07 mg/L、0.08 mg/L、0.06 mg/L，质量浓度范围为 0.06～0.09 mg/L、0.05～0.15 mg/L、0.02～0.11 mg/L。TN、TP 质量浓度与《海水水质标准》（GB 3097—1997）对比后发现，其均处在 IV 类水之外，水质状况较差。但与沙田泗盛断面类似，珠海大桥断面的 TN 和 TP 质量浓度在 2017～2019 年也呈现出下降趋势，表明水质逐步变好。

表 3.7　2017～2019 年沙田泗盛断面和珠海大桥断面 TN 和 TP 质量浓度数值表（单位：mg/L）

断面	年份	最大值		最小值		平均值		几何平均值	
		TN	TP	TN	TP	TN	TP	TN	TP
沙田泗盛断面	2017	5.19	0.24	2.54	0.11	3.72	0.15	3.63	0.15
	2018	4.97	0.23	2.60	0.08	3.86	0.13	3.76	0.13
	2019	3.88	0.19	1.97	0.08	2.96	0.12	2.92	0.11
珠海大桥断面	2017	3.37	0.09	1.61	0.06	2.12	0.07	2.08	0.07
	2018	4.14	0.15	1.80	0.05	2.33	0.09	2.27	0.08
	2019	2.20	0.11	1.65	0.02	1.92	0.07	1.91	0.06

4. 近 20 年水质变化趋势

将 2016～2017 年现场采样调查结果（详见第 6 章）作为 2016～2017 年区域水质状况，并选取典型的邻近断面，与上述水质数据进行对比分析，得到近 20 年来珠江河口河网区水质大致的变化情况。如图 3.39 所示，将现场采集水样的 TN 和 TP 分析结果（取枯水期和丰水期的平均值）作为 2016 年区域水质状况，选取磨刀门断面，与 2005～2015 年水质数据中的全禄水厂断面（位于磨刀门水道，在磨刀门断面上游约 30km）和 2017～2019 年水质数据中的珠海大桥断面（磨刀门断面附近）进行对比，可以看出，2016 年以前，TN 和 TP 质量浓度总体上均呈现上升的趋势，而到了 2017～2019 年，TN 和 TP 的质量浓度逐步稳定并有所下降，可以粗略地认为，2005～2016 年，水污染加重，水质变差，而 2017～2019 年水质状况逐步稳定并向好发展。

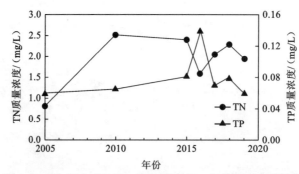

图 3.39　近 20 年珠江河口河网磨刀门口门处水质变化情况

尽管如此，依据 2014～2018 年《广东省水资源公报》，如表 3.8 所示，每年在监测评价的珠江三角洲水功能区中，水质达标率均不足 50%，2018 年更是只有 38.6%。

表 3.8　珠江三角洲水功能区水质达标率

年份	评价个数	达标个数	达标率/%
2014	137	61	44.5
2015	137	62	45.3
2016	144	72	50.0
2017	163	68	41.7
2018	171	66	38.6

3.5　强人类活动驱动下珠江河口河网的异变新格局[①]

综上所述，不同形式的强人类活动改变了珠江河口河网的边界条件，珠江三角洲的水安全形势发生了剧烈变化，这也导致珠江河口河网呈现出新格局，可归纳如下。

（1）河床不均匀下切的负面效应凸显，不利于珠江河口河势的长期稳定。

随着河道管理和采砂管理的不断加强，河道下切幅度得到有效控制，但是河网主干河道河床的不均匀下切状态已经形成，21 世纪以来西江、北江、东江主干河道的平均下切幅度分别为 2.5 m、1.2 m、0.4 m，河床大幅下切后，河道的过流能力增强，但同时也产生局部水流顶冲，深槽迫岸等不利影响。另外，伶仃洋中滩上部严重下切，−7 m 以浅面积较 1999 年减少约 49%，中滩上部涨落潮水流部分散乱，削弱了两侧东、西槽的动力，局部滩面横流明显，破坏了东、西槽原有的往复流结构，在一定程度上影响了"三滩两槽"格局的长期稳定。最后，磨刀门出口拦门沙逐渐萎缩，21 世纪初形成的东、西两汊槽道与中心拦门沙浅滩并存的格局被破坏，演变为单一槽道顺直出海的格局，使咸潮上溯进一步加剧。蕉门凫洲水道局部涨落潮流路紊乱，蕉门分流口上下摇摆不定，不利于蕉门延伸段的河势稳定。

（2）河网河势、水沙总体稳定，局部存在不确定性，形成险段。

珠江流域流量相对稳定，由于水库大坝的建设，珠江流域的输沙率在 2000 年以前发生了不同程度的异变，西江、北江来沙量锐减，但在水库大坝运行多年后，珠江网河区分汊节点的分流比、分沙比虽然有所变化，但变化幅度不大，分流比和分沙比的稳定性决定了珠江三角洲河网结构的稳定性。21 世纪以来，特别是 2005 年起河网禁止采砂后，河网进入自适应调整期，经自适应调整，重构新的动态平衡。

① 主要来自"十三五"国家重点研发计划项目"珠江河口与河网演变机制及治理研究"（2016YFC0402600）课题一"高强度人类活动作用下珠江河口与河网动力-沉积-地貌异变机理研究"及《珠江河口综合治理规划（2021—2035 年）》（送审稿）的相关成果。

信息熵代表着不确定性程度[48]，因此地貌信息熵表征系统的混沌程度，地貌信息熵越高，表明系统趋向于更加混沌的状态，不确定性增强。西江、北江干流沿程地貌信息熵等值线（图 3.40）的分布表明，地貌信息熵具有时空变化特征。空间上，信息熵高值区分布在马口站和三水站以下的中上河段及口门附近河段；信息熵熵值高，表明河床演变的不确定性大，无序性高，中上部高熵河段对应河网挖砂强度较高的区域，也是险段分布区，而口门处的高熵河段，与河口围垦及口门整治有关。时间上，马口站和三水站附近的河段，熵值随时间的变化小，变化趋势比较稳定，并有轻微减小之势，表明该河段河床较为稳定，河床演变有序性强；除采砂河段及口门整治河段之外，熵值随时间的波动变化不显著，稳中有降，河床演变趋于有序。地貌信息熵的分析结果表明，河网河床演变总体上确定性大，趋于有序，河床存在局部不确定性，对应的河段容易形成险段[23]。

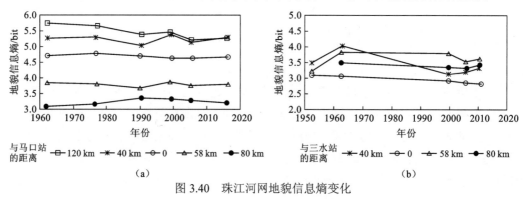

图 3.40　珠江河网地貌信息熵变化

（a）为西江河道地貌信息熵变化；（b）为北江河道地貌信息熵变化

（3）河口防洪潮形势严峻，灾害防御体系不能满足高质量发展的需求。

一是现有海堤防潮标准不高，河口防潮形势严峻。珠江河口现有海堤的防潮标准总体不高，按原规划标准达标率为 58%，与《粤港澳大湾区水安全保障规划》要求的河口区防潮能力有较大差距。同时，"黑格比"（2008 年）、"天鸽"（2017 年）、"山竹"（2018年）等强台风袭击，实测最高潮位接连突破历史极值，珠江河口 200 年一遇设计潮位比原成果抬高 0.17～0.74 m，致使已建海堤的设防标准被动下降，防潮短板突出。二是洪水归槽、关键节点分流比变化，致使河口防洪压力增大。受中上游堤防建设的影响，流域洪水归槽明显，同频率下的设计洪峰流量急剧增加，如思贤滘（马口站+三水站）原50 年一遇设计洪峰流量为 60 700 m³/s，洪水全归槽后洪峰流量达到 67 800 m³/s。上游洪水归槽加上出海口门水位升高，使三角洲洪潮交汇区域的江门水道、虎跳门水道、螺洲溪、平洲水道、甘竹溪等河道的局部水位升高，50 年一遇全归槽洪水位超出堤防的设计水位，洪水不能安全下泄。三是节点分流比变化，致使泄洪任务发生变化。一级节点往北江三角洲的分流显著增加，三水站分流比为 21.7%，相对于 20 世纪 60～80 年代的 13.8%有较大增加，北江三角洲的防洪压力依旧较大。

（4）河网顶端洪水位显著下降，河网阻力减小，潮控河段上溯，咸潮灾害加剧。

根据"94·6""05·6""08·6"共3场典型洪水的资料,分析西江、北江河网顶端一级分汊节点马口站和二级分汊节点南华站的洪水位-流量关系,由图3.41可见,同流量条件下,洪水位显著降低,洪水流量变幅收窄,泄洪格局发生转换。

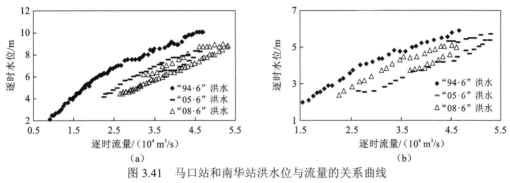

图3.41　马口站和南华站洪水位与流量的关系曲线

(a)为马口站;(b)为南华站

在一个潮周期内积分河网河道潮波传播的一维动量守恒方程可以发现,余水位比降与有效摩擦项相平衡,即余水位比降越大,潮波所受有效摩擦越大,而有效摩擦项与流量、断面水深、断面面积及摩阻有关。因此,同流量条件下,河床不均匀下切,水深增加(河床下切所致),使平均余水位比降减小,进而导致河口湾潮波上溯所受的有效摩擦减小,潮波衰减效应减弱,潮波振幅梯度增大,最终河网的潮差普遍增大,潮汐动力增强。部分河道受潮汐动力控制的河段向上游延伸,造成河口盐水入侵的距离增大。

(5)河口湾形态窄深化,由淤积向冲刷转换,滩槽格局的不确定性增大。

因航道疏浚及中滩采砂,伶仃洋深槽和中滩北部变深,近50年伶仃洋整体平均刷深1.2 m,形态格局趋于窄深化。对伶仃洋水域面积及体积进行统计后发现,2000年后,伶仃洋水域面积缓慢减小,而容积大幅增加,伶仃洋进入窄深化新格局。河口湾窄深化,河口动力格局发生异变。

河口湾冲淤演变分为动态平衡期和快速突变期。2008年以前,河口湾为动态平衡期,伶仃洋以淤积为主。2008~2014年,伶仃洋冲淤变化处于快速突变期,内伶仃洋由淤积格局向冲刷格局转换。除东滩轻微淤积外,滩槽均呈较强的冲刷状态。内伶仃洋冲淤格局转换是中滩高强度的采砂活动叠加航道疏浚的结果。同时,在河口湾冲淤演变的快速突变期,河口湾地貌信息熵呈现出熵增趋势,滩槽格局的不确定性增大[26]。

(6)河口湾浅滩萎缩,消浪功能减弱,风暴潮灾害加剧,海岸自然防护能力降低。

受浅滩自然淤积及围垦工程,特别是浅滩围垦的影响,从20世纪80年代到2014年,河口湾水域面积持续减少约193.3 km²(减少17.0%),浅滩面积减少约62.8 km²(减少11.0%),因此珠江河口湾浅滩消能的能力大幅削弱。而由于河口湾窄深化,潮汐动力增强,极端天气下的风暴潮潮位呈现出上升趋势,珠江三角洲海岸带的防护能力降低,海岸灾害风险加剧。

3.6 本 章 小 结

珠江河口河网地区的强人类活动使该地区河床形态与径潮动力均发生了显著的不同于自然演变的变化。本章采用文献调研、实测水文资料分析等方式，梳理总结了珠江河口河网地区河床形态及径潮输移动力特性的变化，以及其对区域内高强度人类活动的响应。

首先是快速的城市化进程迫使三角洲河网区出现了无序、失控、大规模的采砂活动，1980～2000 年累计采砂量高达 $9.2 \times 10^8 \sim 1.03 \times 10^9$ m^3。受建设及维护珠江高级航道网的切嘴、疏浚等整治措施影响，1980 年至今整个珠江三角洲河网区出现了广范围、大尺度、长时间的河床下切：典型断面过水面积扩大 25%～45%，干流河道深泓线平均下切 3～10 m，平均每 1 km 河道河槽容积扩增 $2 \times 10^6 \sim 5 \times 10^6$ m^3。上述人类活动导致的河床下切是不均匀的，总体来看北江的下切程度大于西江。其次是受围垦工程等人类活动的影响，河口区岸线发生了显著变化，口门外广阔的海域严重萎缩。1970 年至今，珠江三角洲河口区水域面积减少超过 600 km^2；三角洲两侧的海湾伶仃洋及黄茅海岸线由陆向海挤压显著，平均推进 1～4 km；三角洲中部口门向海外延明显，其中蕉门外延超过 20 km，磨刀门外延超过 15 km，鸡啼门、横门、洪奇门外延 5～10 km。

区域强人类活动引起的河床不均匀下切和口门岸线的显著变化，引起了珠江三角洲河网区径潮动力特征的剧烈响应。1990～2010 年余水位普遍降低，余水位比降显著减小 10%～50%，并且河网上游来流量越大，余水位及其比降的减小幅度越大；余水位比降减小使潮波向上游传播的河床阻力大幅下降，河网区潮动力增强，潮差等值线向上游移动显著，即使外海遭遇潮差变小，河网区潮差也出现了增大现象。在上游来水基本一致的情况下，珠江三角洲河网区咸潮入侵显著增强。此外，不均匀的地形下切还导致了珠江三角洲河网重要汊点分流比的变化，马口站分流比削减 8%，相应三水站分流比增加 8%，且枯季变幅略高于洪季。北江三角洲及河口防洪压力依然较大。另外，通过控制工业源、治理生活源、整治农业源、削减内生源的措施，水质也逐年向好，但仍未达标。

参 考 文 献

[1] 郭伟明. 大坝对亚洲河流泥沙拦蓄的影响: 以黄河、长江、珠江和湄公河为例[D]. 咸阳: 西北农林科技大学, 2017.

[2] 韩龙喜, 计红, 陆永军, 等. 河道采砂对珠江三角洲水情及水环境影响分析[J]. 水科学进展, 2005, 16(5): 685-690.

[3] 袁菲, 何用, 吴门伍, 等. 近 60 年来珠江三角洲河床演变分析[J]. 泥沙研究, 2018, 43(2): 40-46.

[4] 黎子浩. 珠江三角洲联围筑闸对水流及河床演变的影响[J]. 热带地理, 1985, 5(2): 99-107.

[5] 刘岳峰, 韩慕康, 邬伦, 等. 珠江三角洲口门区近期演变与围垦远景分析[J]. 地理学报, 1998, 53(6):

492-500.

[6] LIU F, XIE R, LUO X, et al. Stepwise adjustment of deltaic channels in response to human interventions and its hydrological implications for sustainable water managements in the Pearl River Delta, China[J]. Journal of hydrology, 2019, 573: 194-206.

[7] DAI S, YANG S, CAI A. Impacts of dams on the sediment flux of the Pearl River, southern China[J]. Catena, 2008, 76(1): 36-43.

[8] 刘夏, 白涛, 武蕴晨, 等. 枯水期西江流域骨干水库群压咸补淡调度研究[J]. 人民珠江, 2020, 41(5): 84-95.

[9] 罗宪林. 珠江三角洲网河河床演变[M]. 广州: 中山大学出版社, 2002.

[10] 李洁, 夏军强, 邓珊珊, 等. 近 30 年黄河下游河道深泓线摆动特点[J]. 水科学进展, 2017, 28(5): 652-661.

[11] CHEN X, YU M, LIU C, et al. Recent adjustments of pool-riffle distribution along the channels in the Pearl River Delta, China[J]. Ocean & coastal management, 2020, 186(20): 105091.

[12] 倪晋仁, 张仁. 河相关系的物理实质[J]. 水文, 1991(4): 1-6.

[13] 夏军强, 宗全利. 长江荆江段崩岸机理及其数值模拟[M]. 北京: 科学出版社, 2015.

[14] 孙启航, 夏军强, 周美蓉, 等. 三峡工程运用后长江城陵矶-武汉河段河床调整及崩岸特点[J]. 湖泊科学, 2019, 31(5): 1447-1458.

[15] LISLE T. Using "residual depths" to monitor pool depths independently of discharge[Z]. Berkeley: Pacific Southwest Forest and Range Experiment Station, 1987.

[16] LISLE T. Effects of coarse woody debris and its removal on a channel affected by the 1980 eruption of Mount St. Helens, Washington[J]. Water resources research, 1995, 31(7): 1797-1808.

[17] LYU Y, ZHENG S, TAN G, et al. Effects of Three Gorges Dam operation on spatial distribution and evolution of channel thalweg in the Yichang-Chenglingji Reach of the Middle Yangtze River, China[J]. Journal of hydrology, 2018, 565: 429-442.

[18] LEGENDRE P, FORTIN M. Spatial pattern and ecological analysis[J]. Vegetatio, 1989, 80(2): 107-138.

[19] MADEJ M. Temporal and spatial variability in thalweg profiles of a gravel-bed river[J]. Earth surface processes and landforms, 1999, 24(12): 1153-1169.

[20] 许全喜. 三峡工程蓄水运用前后长江中下游干流河道冲淤规律研究[J]. 水力发电学报, 2013, 32(2): 146-154.

[21] 谢鉴衡. 河床演变及整治[M]. 北京: 中国水利水电出版社, 1997.

[22] ZHANG W, WANG W, ZHENG J, et al. Reconstruction of stage–discharge relationships and analysis of hydraulic geometry variations: The case study of the Pearl River Delta, China[J]. Global and planetary change, 2015, 125: 60-70.

[23] 张蔚, 严以新, 诸裕良, 等. 人工采沙及航道整治对珠江三角洲水流动力条件的影响[J]. 水利学报, 2008(9): 1098-1104.

[24] 王静新. 近四十年来西江磨刀门水道河床特征研究[J]. 珠江水运, 2017(12): 69-73.

[25] 李孟国, 韩志远, 李文丹, 等. 伶仃洋滩槽演变与水沙环境研究进展[J]. 海洋湖沼通报, 2019, 5: 20-33.

[26] 储南洋. 人类活动影响下伶仃洋滩槽地貌结构演变研究[D]. 广州: 中山大学, 2020.

[27] 王睿璞. 人类活动对伶仃洋水动力特性影响研究[D]. 武汉: 武汉大学, 2021.

[28] 王现方, 谢宇峰, 黄胜伟. 珠江河口水沙治理应用研究[M]. 武汉: 长江出版社, 2006.

[29] CAI H, YANG Q, ZHANG Z, et al. Impact of river-tide dynamics on the temporal-spatial distribution of residual water levels in the Pearl River channel networks[J]. Estuaries and coasts, 2018, 41(10): 1-19.

[30] LU X X, ZHANG S R, XIE S P, et al. Rapid channel incision of the lower Pearl River (China) since the 1990s as a consequence of sediment depletion[J]. Hydrology and earth system sciences, 2007, 11: 1897-1906.

[31] ZHENG J, ZHANG W, ZHANG P, et al. Understanding space-time patterns of long-term tidal fluctuation over the Pearl River Delta, south China[J]. Journal of coastal research, 2014, 30(3): 515-527.

[32] ZHANG W, RUAN X, ZHENG J, et al. Long-term change in tidal dynamics and its cause in the Pearl River Delta, China[J]. Geomorphology, 2010, 120(3): 209-223.

[33] ZHANG W, CAO Y, ZHU Y, et al. Flood frequency analysis for alterations of extreme maximum water levels in the Pearl River Delta[J]. Ocean engineering, 2017, 129: 117-132.

[34] ZHONG L, LI M, FOREMAN M G G. Resonance and sea level variability in Chesapeake Bay[J]. Continental shelf research, 2008, 28: 2565-2573.

[35] HONG B, SHEN J. Responses of estuarine salinity and transport processes to potential future sea-level rise in the Chesapeake Bay[J]. Estuarine, coastal and shelf science, 2012, 104-105: 33-45.

[36] 陈文龙, 刘培, 陈军. 珠江河口治理与保护思考[J]. 中国水利, 2020(20): 36-39.

[37] 罗志发, 黄本胜, 邱静, 等. 粤港澳大湾区风暴潮时空分布特征及影响因素[J]. 水资源保护, 2022, 38(3): 72-79, 153.

[38] CAI H, SAVENIJE H H G, TOFFOLON M. Linking the river to the estuary: Influence of river discharge on tidal damping[J]. Hydrology and earth system sciences, 2014, 18(1): 287-304.

[39] BUSCHMAN F A, HOITINK A J F, VAN DER VEGT M, et al. Subtidal water level variation controlled by river flow and tides[J]. Water resources research, 2009, 45(10): W10420.

[40] 陈文彪. 珠江河口治理开发研究[M]. 北京: 中国水利水电出版社, 2013.

[41] 彭静, 彭期冬. 珠江三角洲局部河道洪水位壅高原因定量分析[C]//全国环境水力学学术会议. 北京: 中国水利学会, 2004.

[42] 周作付, 罗宪林, 罗章仁, 等. 近年珠江三角洲网河区局部河段洪水位异常壅高主因分析[J]. 热带地理, 2001, 21(4): 319-322.

[43] 廖喜庭. 珠江三角洲河口区的咸潮活动规律[J]. 人民珠江, 1987(2): 33-36, 26.

[44] 胥加仕, 罗承平. 近年来珠江三角洲咸潮活动特点及重点研究领域探讨[J]. 人民珠江, 2005(2): 21-23.

[45] 罗宪林, 季荣耀, 杨利兵. 珠江三角洲咸潮灾害主因分析[J]. 自然灾害学报, 2006, 15(6): 146-148.

[46] 陈水森, 方立刚, 李宏丽, 等. 珠江口咸潮入侵分析与经验模型: 以磨刀门水道为例[J]. 水科学进展, 2007, 18(5): 751-755.

[47] 王彪. 珠江河口盐水入侵[D]. 上海: 华东师范大学, 2011.

[48] 吴超羽. 珠江三角洲千年尺度演变的动态平衡及其唯象判据探讨[J]. 海洋学报, 2018, 40(7): 22-37.

第 4 章

珠江河口河网整治工程适应性评估体系及数值模拟方法

河口三角洲的整治工程适应性评估是河流动力学、潮汐动力学、河床演变学和运筹学等学科交叉的一项复杂决策[1-2]。珠江河口河网地区水系纵横交错，由西江、北江、东江河网及注入该三角洲的诸多小河流组成，共有河流324条[3-4]，地形及径潮动力连通性复杂。本章基于层次分析法构建整治工程适应性评估体系，径潮动力、盐度及污染物等评估指标采用数学模型计算结合实测资料的方法赋值。

4.1 整治工程适应性评估体系

4.1.1 层次分析法原理

层次分析法的基本思想就是把综合性较强的问题分解成各个可以量化的特征指标，并将这些特征指标按支配作用分组，形成有序的递阶层次结构，再通过两两比较的方式确定层次中各特征指标的相对重要性，最后综合人们的判断以确定各特征指标的相对重要性总排序。基于层次分析法确定主观权重的步骤如下。

1）建立递阶层次结构

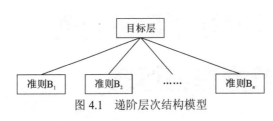

图 4.1　递阶层次结构模型

一个完整的递阶层次结构应包含两个基本层次，即目标层和准则层（图 4.1）。目标层只有一个元素，就是研究所要解决问题的终极目标。准则层是实现终极目标所需要经历的中间环节，可能会涉及多条准则，甚至需要构建子准则层（又称为指标层）。因此，在确定目标层后，首先需要对目标问题进行分析，将其分解为一个或几个条理清晰、层次分明的准则层，上一层元素应作为下一层元素的准则，对其具有逻辑上的支配作用。递阶层次结构中的层次数与问题的复杂程度正相关，但一般避免层数过多，否则会给两两比较判断带来较大困难。

2）构造两两判断矩阵

判断矩阵表示对于上一层次的特定元素，本层的与之相关元素的相对重要性。由于递阶层次结构模型确定了上、下层元素之间的支配关系，这样就可以针对上一层的准则构成不同层次的两两判断矩阵。设两两判断矩阵为 $A = (a_{ij})_{n \times n}$，则有 $a_{ij} > 0$，$a_{ji} = 1/a_{ij}$，$i, j = 1, 2, \cdots, n$。判断矩阵元素的值反映了人们对各元素相对重要性的认识，为量化各元素的相对重要性，习惯采用标度方法（标度值为 1~9 及其倒数），其标度方法见表 4.1，各元素间相对重要性（即标度）的确定可参考前人经验、历史数据和专家意见。

表 4.1　判断矩阵"1~9"标度及其含义

标度 a_{ij}	含义
1	i 元素与 j 元素同样重要
3	i 元素比 j 元素稍微重要
5	i 元素比 j 元素明显重要
7	i 元素比 j 元素强烈重要
9	i 元素比 j 元素极端重要
2, 4, 6, 8	为上述相邻判断的中值

注：若元素 i 与 j 比较，得到判断值为 $a_{ji} = 1/a_{ij}$，则 $a_{ii} = 1$。

随着对层次分析法的深入应用，许多学者意识到"1~9"标度法虽然简便易用，但其在定量人们的判断时会出现不够精确的问题，因此从"1~9"标度法衍生出一种改进的标度规则——"9/9~9/1"标度法[5-6]。如表 4.2 所示，对于指标 A 和指标 B，若两者的相对重要性为 A 比 B 稍微重要，则用"9/9~9/1"标度法计算，其相对权重为 0.563：0.437，而用"1~9"标度法的相对权重为 0.750：0.250。前者的权重指标更符合"i 元素比 j 元素稍微重要"。"1~9"标度法和"9/9~9/1"标度法都具有定量化主观判断的作用，两者各有优劣，可在实际应用中灵活使用。

表 4.2　判断矩阵"9/9~9/1"标度及其含义

等级	标度 a_{ij}	语言
1	9/9	i 元素与 j 元素同样重要
3	9/7	i 元素比 j 元素稍微重要
5	9/5	i 元素比 j 元素明显重要
7	9/3	i 元素比 j 元素强烈重要
9	9/1	i 元素比 j 元素极端重要
2, 4, 6, 8	9/8, 9/6, 9/4, 9/2	为上述相邻判断的中值

注：若元素 i 与 j 比较，得到判断值为 $a_{ji}=1/a_{ij}$，则 $a_{ii}=1$。

3）计算相对权重序及一致性检验

通过层次单排序来求某一层的有关元素对上一层某个元素的相对重要性的次序（权向量 W）。根据已构建的两两判断矩阵，采用方根法计算判断矩阵的最大特征值及特征向量，并据此确定相对权重。由正矩阵的 Perron 定理可知，其最大特征值 $\lambda_{\max}$ 存在且唯一，特征根对应的特征向量为 $W=(\omega_1,\omega_2,\cdots,\omega_n)^{\mathrm{T}}$，求解方程为

$$AW = \lambda_{\max}W \tag{4.1}$$

对 W 进行归一化处理，即 $\omega_i' = \dfrac{\omega_i}{\sum\limits_{i=1}^{n}\omega_i'}$，则 $W'=(\omega_1',\omega_2',\cdots,\omega_n')^{\mathrm{T}}$ 为各元素的相对权重。

为了度量判断矩阵 A 是否具有满意的一致性并保证该矩阵的可信度，需要对判断矩阵进行一致性检验，即计算一致性指标 $\mathrm{CI}=(\lambda_{\max}-n_e)/(n_e-1)$。其中，$n_e$ 为判断矩阵的元素个数。当 $\mathrm{CI}=0$ 时，说明判断矩阵具有满意的一致性；当 $\mathrm{CI}<0.10$ 时，认为判断矩阵的一致性可以接受；否则，需要调整判断矩阵标度的取值。

判断矩阵的平均随机一致性指标用 RI 表示，对于 1~10 阶判断矩阵，RI 的取值如表 4.3 所示。

表 4.3　平均随机一致性指标 RI 取值表

元素个数	1	2	3	4	5	6	7	8	9	10
RI	0	0	0.58	0.9	1.12	1.24	1.32	1.41	1.45	1.49

通过层次总排序来求某一层次各元素对于最高层（总目标）的相对重要性次序（组合权重 W_j）。在层次模型中取出相邻的上下两层，设上层为 K 层，下层为 P 层。上层包括 m 个元素 $K_1, K_2, \cdots, K_m$，下层包括 n 个元素 $P_1, P_2, \cdots, P_n$。已经求出上层 K 对于总目标的排序权值 $k_1, k_2, \cdots, k_m$，而 P 层的各元素对 K 层中 K_i 元素的层次单排序权重为 $p_{i1}, p_{i2}, \cdots, p_{in}$，则 P 层某元素 P_j 对于总目标的排序权值为 $k_i p_{ij}$，从而得到 P 层各元素对总目标的排序权值（组合权重 W_j）。

4.1.2　工程适应性评估体系的构建

1. 建立以工程适应性评价为目标层的递阶层次结构

基于 1.2.3 小节所介绍的层次分析法，构建珠江河口典型整治工程适应性评估体系。由于所构建的评估体系的评估对象是整治工程在其历史和现代过程中能否维持其原有的设计功能，将整治工程的适应性得分作为该体系的最终目标层。初步拟定的评判指标主要包括径潮动力、水质等相关指标，建立多层次的递阶结构，共分为四层，A 层为目标层，B 层为准则层（过渡层），C 层为要素层，D 层为指标层，具体内容如图 4.2 所示。对于珠江河口典型整治工程适应性的研究工作均围绕此评估体系展开，根据不同的整治工程，进一步在各层次结构中选择合适的指标。例如，河网区若将闸群工程作为适应性的评估对象，则可选取包括洪水位、洪峰流量、最大三日洪量等洪水特性和潮流界、潮差等潮流特性在内的径潮动力指标作为指标层；口门区若将围垦工程和采砂工程作为适应性评估对象，则可进一步选取相关的水质指标（包括盐水入侵和典型污染物分布等）和航运指标（航宽和航深等）作为指标层。

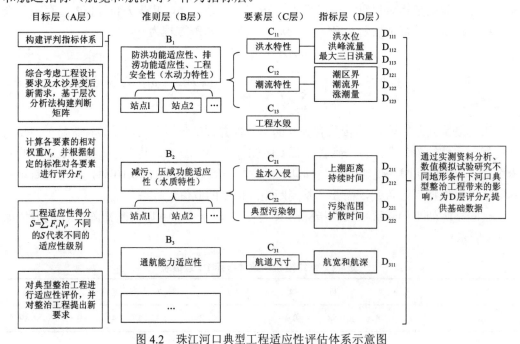

图 4.2　珠江河口典型工程适应性评估体系示意图

2. 各层次各指标的打分标准

在对各指标进行打分时，首先要确定各指标的设计标准。例如，要对洪水特性中洪水位这一指标进行打分，首先要确定研究河道设计洪水标准及其设计洪水位；然后根据带闸、堰等内边界条件的一维河网水动力数学模型、平面二维水动力数学模型和三维径-潮-盐-水质数学模型将整治工程实施前及实施后不同时期水流动力的数值模拟结果与设计标准进行对比，最终确定各指标得分。由于各指标的量纲不尽相同，为了消除量纲效应，在打分时需要对评价指标的数据进行无量纲化处理[7-8]。具体打分方法详述如下。

1）与时长有关的指标打分

$$S_{a_0} = \frac{T_{a_0} - t_{a_0}}{T_{a_0}} \times 100 \tag{4.2}$$

式中：S_{a_0} 为指标得分；T_{a_0} 为计算总时长；t_{a_0} 为指标物理量超过设计标准的时长。当有多个站点参与计算时采用式（4.3）：

$$S_{b_0} = \frac{1}{n_{b_0}} \sum_{i=1}^{n_{b_0}} \frac{T_{b_0 i} - t_{b_0 i}}{T_{b_0 i}} \times 100 \tag{4.3}$$

式中：S_{b_0} 为指标得分；$T_{b_0 i}$ 为计算总时长；$t_{b_0 i}$ 为指标物理量超过设计标准的时长；n_{b_0} 为站点数。

2）与时长无关的指标打分

指标物理量越小越好：

$$S_{c_0} = \frac{M_{sc_0}}{M_{sc_0} + M_{c_0}} \times 100 \tag{4.4}$$

式中：M_{sc_0} 为指标物理量的标准（设计标准或以 1977 年天然河道水动力特征为标准）；M_{c_0} 为指标物理量的计算值。可知，当 M_{c_0} 趋近于无穷大时，得分 S_{c_0} 趋近于 0；当 M_{c_0} 趋近于 0 时，得分趋近于 100；当 $M_{c_0} = M_{sc_0}$ 时，得分为 50。与"1）与时长有关的指标打分"中一样，有多个站点时采用式（4.5）。

$$S_{d_0} = \frac{1}{n_{d_0}} \sum_{i=1}^{n_{d_0}} \frac{M_{sd_0 i}}{M_{sd_0 i} + M_{d_0 i}} \times 100 \tag{4.5}$$

式中：S_{d_0} 为指标得分；n_{d_0} 为站点数；$M_{sd_0 i}$ 为 i 站点指标物理量的标准（设计标准或以 1977 年天然河道水动力特征为标准）；$M_{d_0 i}$ 为 i 站点指标物理量的计算值。

指标物理量越大越好：

$$S_{e_0} = \frac{M_{e_0}}{M_{se_0} + M_{e_0}} \times 100 \tag{4.6}$$

式中：M_{se_0} 为指标物理量的标准（设计标准或以 1977 年天然河道水动力特征为标准）；M_{e_0} 为指标物理量的计算值。可知，当 M_{e_0} 趋近于无穷大时，得分 S_{e_0} 趋近于 100；当 M_{e_0} 趋近于 0 时，得分 S_{e_0} 趋近于 0；当 $M_{e_0} = M_{se_0}$ 时，得分为 50。与"1）与时长有关的指标打分"中一样,有多个站点时采用式(4.7)。

$$S_{f_0} = \frac{1}{n_{f_0}} \sum_{i=1}^{n_{f_0}} \frac{M_{f_0 i}}{M_{sf_0 i} + M_{f_0 i}} \times 100 \qquad (4.7)$$

式中:S_{f_0} 为指标得分;n_{f_0} 为站点数;$M_{f_0 i}$ 为 i 站点指标物理量的计算值;$M_{sf_0 i}$ 为 i 站点指标物理量的标准(设计标准或以 1977 年天然河道水动力特征为标准)。

3. 确定工程适应性指数

由上述适应性层次结构和打分标准,可以得到每一层每个指标各自的评分 S_{ijk}(0~100 分)及权重 W_{ijk}(0~1)。各层次指标评分的加权平均,即该层得分,逐层计算即可得到目标层的最终得分。

$$S_i = \sum S_{ij} W_{ij}, \qquad S_{ij} = \sum S_{ijk} W_{ijk} \qquad (4.8)$$

式中:S_{ijk}、W_{ijk} 分别为指标层各个指标的得分与权重;S_{ij}、W_{ij} 分别为每一层的指标平均分与层次的权重;S_i 为目标层最终得分。

参考前人在构建河流健康评估体系标准和防洪评估体系标准中的经验[9-10],根据整治工程适应性评价得分对工程的适应性进行评级,分级标准如表 4.4 所示。

表 4.4　适应性等级划分表

适应性得分	[80, 100)	[60, 80)	[40, 60)	[20, 40)	[0, 20)
适应性等级	很好	好	基本适应	差	很差

4.2　珠江河口河网水动力-水质数值模拟

珠江三角洲河网内许多重要河道与分流节点是缺少实测水文资料的,构建全河网一维水动力数学模型对河网水动力特性进行数值模拟试验便成为一个有效的研究手段[11-13]。平面二维水动力数学模型可以模拟河段内水流动力的平面分布。此外,珠江河口还受外海潮汐动力的控制,盐水运动是在研究其河口水动力特性时不可避免且饱受关注的热点问题[14-15],需采用三维径-潮-盐-水质数学模型模拟。基于上述出发点,本章分别构建了珠江河网概化一维水动力数学模型(用于模拟河网内主干河道和关键节点的水动力特性变化)、平面二维水动力数学模型(模拟西南险段水流动力的平面分布)和珠江河口河网三维径-潮-盐-水质数学模型(精细模拟河口地区的径潮相互作用和盐水输运过程)。

4.2.1　基本原理及算法

1. 带闸、堰等内边界条件的一维河网水动力数学模型

通常来说,河网计算的核心问题是建立数学模型及求解,其中水动力数学模型是建立其他模型(如水质预报模型、水环境质量模型及水环境容量模型)的基础。河口河网

的水动力数学模型在模型建立及求解方法等方面具有不同于单一河流的特点。

20 世纪 50 年代以前，河流数学模拟的基本理论已经建立，描述河网地区河道水流运动的基本方程组是圣维南方程组，包括水流连续方程和水流运动方程，它属于非线性双曲型偏微分方程组。这类方程没有普遍适用的解析解，在早期人们无法实现对圣维南方程组的精确求解，只能求其解的简化形式，先后出现了纯经验方法、线性化方法、基于质量守恒方程的水文学方法及简化形式的水力学方法。但是这些简化计算方法普遍存在精度低，且适用范围受到简化假定的限制等缺陷，不具有普适性。因此，这些理论真正运用于工程问题的解决还依赖于计算机的出现和计算机技术的飞速发展。近几十年来，水流运动的数值计算领域也得到了蓬勃发展，并形成了水力学新的分支——计算水力学。Stoke[16]首次将完整的圣维南方程组用于河流洪水计算，此后出现了大量的针对完整圣维南方程组的数学模型，根据其离散方法的不同，分为显式和隐式。显式方法的先驱是J. J. Stoke，其后 Kamphuis[17]将显式方法用于河道及水库洪水的模拟，Liggett 和 Cunge[18]给出了数种显式差分格式的表达式及分析结果，对于每一计算时刻，关于计算断面的未知量，显式方法可以直接从代数方程组中得出结果。由于显式方法在计算的稳定性要求方面存在时间步长限制，1954 年，Isaacson 等[19]首次提出了有限差分隐式方法，自此隐式方法凭借计算稳定、精度较高的优点进入了人们的视野。后来，隐式差分求解线性方程组的技术不断成熟和完善，大致可分为直接解法和分级解法两大类。直接解法是直接求解由内断面方程和边界方程组成的方程组，如李岳生等[20]最早提出的"河网隐格式的稀疏矩阵解法"、徐小明等[21]提出的用牛顿-拉弗森方法直接求解非线性方程组；分级解法是近期发展起来的方法，由荷兰水力学家 Dronkers[22]提出，以后又有许多学者使之完善，形成三级联合解法、四级联合解法、汊点分组解法和树形河网分组解法等。实践证明，分级联合解法较直接解法更有效，因而在河网非恒定流计算中得到广泛应用。

1）河网特性

首先对河网进行概化。在一个河网中，河道汇流点称为节点，两个节点之间的单一河道称为河段，河段内两个计算断面之间的局部河段称为微段。根据未知量的个数将节点分为两种：一种是节点处有已知的边界条件，称为外节点；另一种是节点处的水力要素全部未知，称为内节点。同样，将河段也分为内、外河段，只要某个河段的一端连接外节点，就称之为外河段，若两端均连接内节点，称为内河段。在环状河网计算中把内节点简称为节点。

为方便考虑，给河网的节点、河段和断面进行编号。如图 4.3 所示，1、2、3、4 为节点；一、二、三、四为河段，其中 1、4 为外节点，2、3 为内节点，一、四称为外河段，二、三称为内河段。河道水流流向需事先假定，并标在概化图中（箭头所指方向为假定的水流流向），

图 4.3　河网概化示意图

河网的计算简图成为一幅有向图，各断面顺着初始流量方向依次编号。用关联矩阵来描述汊点与河道之间的关系，当汊点与第 i 个河道相连，并且在该河道上是流入该汊点时，

以 i 记;若汊点与河道相连,且在该河道上是流出该汊点时,以-i 记。根据河道交汇处范围的大小来决定如何概化节点。若该范围较大,则将其视为可调蓄节点,否则,按无调蓄节点处理。

2)基本方程

微段的一维非恒定流的数值计算采用一维圣维南方程组。

水流连续方程:

$$\frac{\partial Q}{\partial x} + B\frac{\partial Z}{\partial t} = q_l \tag{4.9}$$

水流运动方程:

$$\frac{\partial Q}{\partial t} + \frac{\partial}{\partial x}\left(\frac{Q^2}{A}\right) + gA\frac{\partial Z}{\partial x} = -g\frac{n^2 Q|Q|}{A(A/B)^{4/3}} \tag{4.10}$$

式中:Z 为断面水位(m);A 为过水断面面积(m^2);Q 为流量(m^3/s),有 $Q=Au$,u 为流速;g 为重力加速度;q_l 为由降水、引水等引起的单位长度的源汇流量强度(m^2/s);x 与 t 分别为空间和时间坐标;n 为粗糙系数;B 为河宽,在一维方程中取平均河宽(m)。

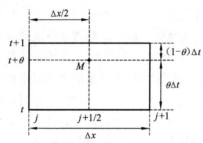

图 4.4 四点偏心 Preissmann 差分格式网格

3)方程的离散及河段方程求解

由于一维非恒定流运动方程组为二元一阶双曲拟线性方程组,常采用有限差分法求其数值解。为了加大计算时间步长,提高计算精度,节省计算时间,利用四点偏心 Preissmann 差分格式。图 4.4 为一矩形网格,网格中的 M 点处于距离步长 Δx 的正中,取 $0 \leq \theta \leq 1$,其中 θ 为权重系数,M 点距已知时刻 t 为 $\theta\Delta t$,按线性插值可得偏心点 M 的差商和函数在 M 点的值。

$$f_M = \frac{f_{j+1}^t + f_j^t}{2} \tag{4.11}$$

$$\left(\frac{\partial f}{\partial x}\right)_M = \frac{\theta(f_{j+1}^{t+1} - f_j^{t+1}) + (1-\theta)(f_{j+1}^t - f_j^t)}{\Delta x} \tag{4.12}$$

$$\left(\frac{\partial f}{\partial t}\right)_M = \frac{f_{j+1}^{t+1} + f_j^{t+1} - f_{j+1}^t - f_j^t}{2\Delta t} \tag{4.13}$$

f 代表式(4.9)与式(4.10)中任一物理量,由此可得连续方程的离散格式为

$$\frac{B_{j+\frac{1}{2}}^t(Z_{j+1}^{t+1} - Z_{j+1}^t + Z_j^{t+1} - Z_j^t)}{2\Delta t} + \frac{\theta(Q_{j+1}^{t+1} - Q_{j}^{t+1}) + (1-\theta)(Q_{j+1}^t - Q_j^t)}{\Delta x_j} = q_{j+\frac{1}{2}}^t \tag{4.14}$$

$B_{j+1/2}^t$ 代表图 4.4 中 t 时刻 $j+1/2$ 处的平均河宽,式(4.14)中其他符号均可结合式(4.9)、式(4.10)中的物理量与图 4.4 理解,整理得

$$Q_{j+1}^{t+1} - Q_j^{t+1} + C_j Z_{j+1}^{t+1} + C_j Z_j^{t+1} = D_j \tag{4.15}$$

其中，

$$\begin{cases} C_j = \dfrac{B^t_{j+\frac{1}{2}}\Delta x_j}{2\Delta t\theta} \\[4mm] D_j = \dfrac{q^t_{j+\frac{1}{2}}\Delta x_j}{\theta} - \dfrac{1-\theta}{\theta}(Q^t_{j+1}-Q^t_j) + C_j(Z^t_{j+1}+Z^t_j) \end{cases} \tag{4.16}$$

运动方程的离散格式为

$$E_jQ^{t+1}_j + G_jQ^{t+1}_{j+1} + F_jZ^{t+1}_{j+1} - F_jZ^{t+1}_j = \Phi_j \tag{4.17}$$

其中，

$$\begin{cases} E_j = \dfrac{\Delta x}{2\theta\Delta t} - (\alpha_M u)^t_j + \left(\dfrac{g|u|}{2\theta C^2 R}\right)^t_j \Delta x \\[4mm] G_j = \dfrac{\Delta x}{2\theta\Delta t} + (\alpha_M u)^t_{j+1} + \left(\dfrac{g|u|}{2\theta C^2 R}\right)^t_{j+1} \Delta x \\[4mm] F_j = (gA)^t_{j+\frac{1}{2}} \\[4mm] \Phi_j = \dfrac{\Delta x}{2\theta\Delta t}(Q^t_{j+1}+Q^t_j) - \dfrac{1-\theta}{\theta}[(\alpha_M uQ)^t_{j+1}-(\alpha_M uQ)^t_j] - \dfrac{1-\theta}{\theta}(gA)^t_{j+\frac{1}{2}}(Z^t_{j+1}-Z^t_j) \end{cases} \tag{4.18}$$

式中：α_M 为动量修正系数；u 为断面流速；Q 为流量；g 为重力加速度；A 为断面面积；Z 为断面水位；C 为谢才系数；R 为水力半径；θ 为图 4.4 中所代表的含义，即网格点权重系数。

任一河段的差分方程可写为

$$\begin{cases} Q_{j+1} - Q_j + C_jZ_{j+1} + C_jZ_j = D_j \\ E_jQ_j + G_jQ_{j+1} + F_jZ_{j+1} - F_jZ_j = \Phi_j \end{cases} \tag{4.19}$$

上游边界流量已知，Q_j 与 Z_j、Z_{j+1} 与 Z_j 间为线性关系，因此可以假设如下追赶关系：

$$\begin{cases} Z_j = S_{j+1} - T_{j+1}Z_{j+1} \\ Q_{j+1} = P_{j+1} - V_{j+1}Z_{j+1} \end{cases} \quad (j=L_1, L_1+1,\cdots, L_2-1) \tag{4.20}$$

L_1 为河道首断面，L_2 为河道末断面，因为 $Q_{L_1} = Q_{L_1}(t) = P_{L_1} - V_{L_1}Z_{L_1}$，$V_{L_1}=0$，所以 $Q_{L_1}(t)=P_{L_1}$ 由此可得

$$\begin{cases} -(P_j-V_jZ_j) + C_jZ_j + Q_{j+1} + C_jZ_{j+1} = D_j \\ E_j(P_j-V_jZ_j) - F_jZ_j + G_jQ_{j+1} + F_jZ_{j+1} = \Phi_j \end{cases} \tag{4.21}$$

与下游边界条件 $Z_{L_2} = Z_{L_2}(t)$ 联解，依次回代可求得 Z_j、Q_j。式（4.15）～式（4.21）中的 C_j、D_j、E_j、G_j、F_j、Φ_j、S_j、P_j、T_j、V_j 均为方程组中间过程系数，无物理含义。

4）边界方程

其内容取决于实际的边界控制条件。边界控制条件一般有水位控制、流量控制、水位流量关系控制等几种情况，可以统一概化为

$$lZ_j + mQ_j = k \tag{4.22}$$

式中：l、m、k 为按不同边界条件确定的系数和右端项。

5）汊点连接方程

虽然实际汊点形式很多，连接情况也往往不同，但总可以找到如下两方面的条件：①流量衔接条件；②动力衔接条件。

进出每一汊点的流量必须与该汊点内实际水量的增减率相平衡：

$$\sum Q_i = \frac{\partial \Omega}{\partial t} \tag{4.23}$$

其中，i 表示汊点中各汊道断面的编号，而 Q_i 表示通过 i 断面进入汊点的流量，Ω 为汊点的蓄水量。如将该点概化成一个几何点，则 $\Omega = 0$，否则 $\frac{\partial \Omega}{\partial t}$ 将是该汊点平均水位变率 $\frac{\partial \overline{Z}}{\partial t}$ 的已知函数，即

$$\frac{\partial \Omega}{\partial t} = f\left(\frac{\partial \overline{Z}}{\partial t}\right) \tag{4.24}$$

当采用插分近似时，式（4.22）可以概化成

$$\sum Q_i + a\overline{Z} = b \tag{4.25}$$

式中：a、b 分别为由汊点几何形态和已知瞬时平均水位组成的系数和右端项。

$\overline{Z}$ 还可以进一步转化为各汊道断面水位 Z_i 的函数，于是可得

$$\sum Q_i + \sum a_i Z_i = b \tag{4.26}$$

汊点各汊道断面上的水位和流量与汊点平均水位之间，必须符合实际的动力衔接要求。目前用于处理这一条件的方法如下：如果汊点可以概化成一个几何点，出入各汊道的水流平缓，不存在水位突变的情况，则各汊道断面的水位应相等，等于该点的平均水位，即

$$Z_i = Z_j = \cdots = \overline{Z} \tag{4.27}$$

如果各断面的过水面积相差悬殊，流速有较明显的差别，但仍属于缓流情况，则按伯努利方程，当略去汊点的局部损耗时，各断面之间的水头 E_i 应相等，即

$$E_i = Z_i + \frac{u_i^2}{2g} = E_i^s \tag{4.28}$$

并可处理成

$$k_z Z_i + k_Q Q_i + m_z Z_j + m_Q Q_j = 0 \tag{4.29}$$

式中：k_z、k_Q、m_z、m_Q 为各项系数。

在更一般的情况下（包括汊点设有闸、堰等建筑物），汊点两两断面之间的动力衔接条件总可以按具体条件概化成

$$k_z Z_i + k_Q Q_i + m_z Z_j + m_Q Q_j = r_e \tag{4.30}$$

其中，r_e 为方程右端项。式（4.30）是动力衔接的一般形式。

6）带闸、堰的汊点连接方程

带闸、堰等水工建筑物的特殊汊点如图4.5所示，其概化处理方式则不同。

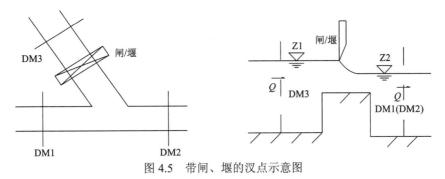

图 4.5 带闸、堰的汊点示意图

DM1~DM3 代表断面编号，Z1、Z2 为闸上、下水位

相对于普通汊点而言，带闸、堰等水工建筑物的汊点依旧满足质量守恒方程，即式（4.23）依旧成立，同时闸、堰等水工建筑物的过流量可由其自身出流公式确定，两者结合起来就形成了带闸、堰的特殊汊点的连接方程。近年来，围绕如何更加准确地模拟闸、堰出流，各家探索不断，对其做了一定程度的研究与改进，但均需在闸后增设断面。文献[23]提出了改进后的双向迭代内边界控制法，来模拟含有闸、堰的特殊汊点，具体步骤如下。

由初始时刻的闸上、下水位 Z1、Z2（闸上水位 Z1 为 DM3 处水位；闸下水位 Z2 是根据 DM1 和 DM2 处水位加权平均而来的），按照闸、堰泄流公式计算闸、堰出流量 Q，并且根据连续性条件，闸上、下流量皆为 Q；然后将质量守恒方程式（4.23）作为该汊点带闸、堰的汊点连接方程，根据三级联合解法求解下一时刻闸上、下水位的试算值 Z1、Z2；重复上述两步，通过水位、流量的双向迭代求解出带有闸、堰的特殊汊点的水位、流量。

7）求解方法

关于一维河网的算法研究，至今主要集中在如何降低节点系数矩阵的阶数，主要有二级联合解法、三级联合解法、四级联合解法和汊点分组解法等。本模型采用三级联合解法（将河网分为微段，河段和汊点进行三级计算）对离散方程进行分级计算。分级的思想是：先求关于节点水位（或流量）的方程组，然后求节点周围各断面的水位和流量，最后求各微段上其他断面的水位和流量。其中，节点水位法使用较为普遍，效果也较好。在求得了各微段的水位流量关系式（4.19）之后，还要进行下面两步工作。

（1）推求河段首尾断面的水位流量关系。

首先，利用微段水位流量关系式（4.19），得

$$\begin{cases} Z_{j+1} = L_j Z_j + M_j Q_j + W_j \\ Q_{j+1} = P_j Z_j + R_j Q_j + S_j \end{cases} \tag{4.31}$$

其中，

$$\begin{cases} L_j = \dfrac{-2a_{1j}a_{2j}}{a_{2j}c_{1j} + a_{1j}d_{2j}} \\[2mm] M_j = \dfrac{a_{2j}c_{1j} - a_{1j}c_{2j}}{a_{2j}c_{1j} + a_{1j}d_{2j}} \\[2mm] W_j = \dfrac{a_{2j}e_{1j} + a_{1j}e_{2j}}{a_{2j}c_{1j} + a_{1j}d_{2j}} \\[2mm] P_j = \dfrac{a_{2j}c_{1j} - a_{1j}d_{2j}}{a_{1j}d_{2j} + a_{2j}c_{1j}} \\[2mm] R_j = \dfrac{c_{1j}d_{2j} + c_{1j}c_{2j}}{a_{1j}d_{2j} + a_{2j}c_{1j}} \\[2mm] S_j = \dfrac{d_{2j}e_{1j} - c_{1j}e_{2j}}{a_{1j}d_{2j} + a_{2j}c_{1j}} \end{cases} \qquad (4.32)$$

$$\begin{cases} a_{1j} = 1 \\[2mm] c_{1j} = 2\theta \dfrac{\Delta t}{\Delta x_j} \cdot \dfrac{1}{B_{j+1/2}^{t+\theta}} \\[2mm] e_{1j} = Z_j^t + Z_{j+1}^t + \dfrac{1-\theta}{\theta} c_{1j}(Q_j^t - Q_{j+1}^t) + 2\Delta t \cdot \dfrac{q_l}{B_{j+1/2}^{t+\theta}} \\[2mm] a_{2j} = 2\theta \dfrac{\Delta t}{\Delta x_j}\left[\left(\dfrac{Q_{j+1/2}^{t+\theta}}{A_{j+1/2}^{t+\theta}} \right)^2 B_{j+1/2}^{t+\theta} Z_j^t - gA_{j+1/2}^{t+\theta} \right] \\[2mm] c_{2j} = 1 - 4\theta \dfrac{\Delta t}{\Delta x_j} \dfrac{Q_{j+1/2}^{t+\theta}}{A_{j+1/2}^{t+\theta}} \\[2mm] d_{2j} = 1 + 4\theta \dfrac{\Delta t}{\Delta x_j} \dfrac{Q_{j+1/2}^{t+\theta}}{A_{j+1/2}^{t+\theta}} \\[2mm] e_{2j} = \dfrac{1-\theta}{\theta} a_{2j}(Z_{j+1}^t - Z_j^t) + \left[1 - 4(1-\theta)\dfrac{\Delta t}{\Delta x_j} \dfrac{Q_{j+1/2}^{t+\theta}}{A_{j+1/2}^{t+\theta}} \right] Q_{j+1}^t + \left[1 + 4(1-\theta)\dfrac{\Delta t}{\Delta x_j} \dfrac{Q_{j+1/2}^{t+\theta}}{A_{j+1/2}^{t+\theta}} \right] Q_j^t \\[2mm] \qquad + 2\Delta t \left(\dfrac{Q_{j+1/2}^{t+\theta}}{A_{j+1/2}^{t+\theta}} \right)^2 \times \dfrac{A(x_{j+1}, Z_{j+1/2}^{t+\theta}) - A(x_j, Z_{j+1/2}^{t+\theta})}{\Delta x_j} - 2\Delta t \dfrac{gn^2 \left| Q_{j+1/2}^{t+\theta} \right| Q_{j+1/2}^{t+\theta}}{A_{j+1/2}^{t+\theta} \left(\dfrac{A_{j+1/2}^{t+\theta}}{B_{j+1/2}^{t+\theta}} \right)^{4/3}} \end{cases} \qquad (4.33)$$

自相消元后，可以很容易得到一对只含有首尾断面变量的方程组，取 end 为河段末断面，有

$$\begin{cases} Z_{\text{end}} = L'Z_1 + M'Q_1 + W' \\ Q_{\text{end}} = P'Z_1 + R'Q_1 + S' \end{cases} \qquad (4.34)$$

式中：L'、M'、W'、P'、R'、S'为式（4.31）迭代至首断面后的系数。

（2）形成并求解河网矩阵。

结合式（4.34）、边界条件及节点连接条件，消去流量，得到河网节点方程组：

$$E \cdot Z = B \tag{4.35}$$

式中：E 为系数矩阵，其各元素与递推关系的系数有关；Z 为节点水位；B 为常数项，其各元素与河网各河段的流量及其他流量（如边界条件、源、汇等）有关。通过求解方程组，结合定解条件，可以计算出各节点的水位，进而推求出所有河段各计算断面的流量和水位。

2. 平面二维水动力数学模型

MIKE21 是丹麦水利研究所开发的平面二维水动力数学模型，被广泛应用于河流、湖泊、河口和海岸水流的二维仿真模拟中，模型的方程如下。

水流连续方程：

$$\frac{\partial \zeta}{\partial t} + \frac{\partial p_x}{\partial x} + \frac{\partial q_y}{\partial y} = \frac{\partial h}{\partial t} \tag{4.36}$$

x 方向水流运动方程：

$$\frac{\partial p_x}{\partial t} + \frac{\partial}{\partial x}\left(\frac{p_x^2}{H}\right) + \frac{\partial}{\partial y}\left(\frac{p_x q_y}{H}\right) + gH\frac{\partial \zeta}{\partial x} + \frac{g p_x \sqrt{p_x^2 + q_y^2}}{C^2 H^2}$$
$$-\frac{1}{\rho}\left[\frac{\partial}{\partial x}(H\tau_{xx}) + \frac{\partial}{\partial y}(H\tau_{xy})\right] - f_c p_x - f_w |W_w| W_x = 0 \tag{4.37}$$

y 方向水流运动方程：

$$\frac{\partial q_y}{\partial t} + \frac{\partial}{\partial y}\left(\frac{q_y^2}{H}\right) + \frac{\partial}{\partial x}\left(\frac{p_x q_y}{H}\right) + gH\frac{\partial \zeta}{\partial y} + \frac{g q_y \sqrt{p_x^2 + q_y^2}}{C^2 H^2}$$
$$-\frac{1}{\rho}\left[\frac{\partial}{\partial y}(H\tau_{yy}) + \frac{\partial}{\partial x}(H\tau_{xy})\right] - f_c q_y - f_w |W_w| W_y = 0 \tag{4.38}$$

式中：H 为水深（m），$H = h + \zeta$，h 和 ζ 分别为静水深和潮位；p_x、q_y 分别为 x、y 方向上的流量通量；C 为谢才系数；W_w、W_x、W_y 分别为风速及其在 x、y 方向上的分量；f_w 为风阻力系数；f_c 为科里奥利力系数；τ_{xy}、τ_{xx}、τ_{yy} 为有效剪切力分量；ρ 为水体密度（g/cm³）。

模型采用交替方向隐式（alternating direction implicit，ADI）逐行法对质量及运动方程进行时空上的离散与积分，每个方向及每个单独的网格线产生的方程采用追赶法求解。

3. 三维径-潮-盐-水质数学模型

河口水域往往存在盐度、温度分布形成的垂向密度分层，其能减弱水体垂向湍流混合，从而产生垂向水动力-水质特征的差异。基于 EFDC 建立准三维径-潮-盐-水质数学模型来研究人类活动对珠江三角洲的影响。EFDC 是以 Fortran 为工具开发的三维地表水水质模型，用来模拟水动力、泥沙冲淤和水质，且该模型界面友好，代码开源，更便于二次开发和与其他模型耦合求解，已被广泛用于河流、湖泊、水库、河口、海洋和湿地系统等的模拟[24]。为使浅水区和深水区具有统一的垂向分辨率且更好地反映平滑的地形，模型垂向上采用 Sigma 分层，Sigma 坐标变换如下：

$$z = \frac{z^* + h}{\zeta + h} \tag{4.39}$$

式中：z 为无量纲垂向坐标，即 Sigma 坐标；z^* 为原始物理垂向坐标，即直角坐标；h 为静水深，则 $-h$ 为垂直方向的水底坐标；ζ 为垂直方向的自由面坐标，即潮位。当 $z=0$ 时，水底 $z^* = -h$；当 $z=1$ 时，自由面 $z^* = \zeta$，因此 z 的取值范围为 $0 \leqslant z \leqslant 1$（图 4.6）。

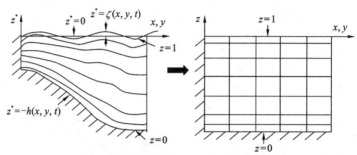

图 4.6　直角坐标与 Sigma 坐标的转换

与其他广泛应用的地表水模型相同，EFDC 也采用 Boussinesq 近似、静水压近似和准三维近似。在地表水动力过程中，水体被认为是不可压缩的，即密度与压力无关。Boussinesq 近似认为浮力仅仅受盐度、温度等引起的密度变化的影响，与压力梯度无关，除了重力项与浮力项，水体密度的变化可以忽略；大多地表水呈现出水平尺度远大于水深尺度的特点，静水压近似认为垂向加速度项非常小，可被忽略，从而在垂向上压力梯度项与浮力项相平衡；准三维近似是将现实中的三维水体视为多个沿水平方向分层的空间结构，层间的水体交换用源汇项表示[25]。这样可以不必完全求解纳维-斯托克斯方程，在有足够计算精度的前提下大幅降低计算时间成本。采用上述近似条件，在水平曲线坐标、垂向 Sigma 坐标系统下，模型的基本方程如下[25-26]。

连续方程：

$$\frac{\partial(m_x m_y H)}{\partial t} + \frac{\partial(m_y H u_x)}{\partial x} + \frac{\partial(m_x H v_y)}{\partial y} + \frac{\partial(m_x m_y U_w)}{\partial z} = Q_H \tag{4.40}$$

$$\frac{\partial(m_x m_y H)}{\partial t} + \frac{\partial\left(m_y H \int_0^1 u_x \mathrm{d}z\right)}{\partial x} + \frac{\partial\left(m_x H \int_0^1 v_y \mathrm{d}z\right)}{\partial y} = \int_0^1 Q_H \mathrm{d}z \tag{4.41}$$

运动方程如下。

x 方向：

$$\frac{\partial(m_x m_y H u_x)}{\partial t} + \frac{\partial(m_y H u_x u_x)}{\partial x} + \frac{\partial(m_x H v_y u_x)}{\partial y} + \frac{\partial(m_x m_y U_w u_x)}{\partial z} - m_x m_y f_c H v_y$$
$$= -m_y H \frac{\partial(p_a + g\zeta)}{\partial x} - m_y \left(\frac{\partial h}{\partial x} - z\frac{\partial H}{\partial x}\right)\frac{\partial p_a}{\partial z} + \frac{\partial}{\partial z}\left(m_x m_y \frac{A_v}{H}\frac{\partial u_x}{\partial z}\right) + Q_u \tag{4.42}$$

y 方向：

$$\frac{\partial(m_xm_yHv_y)}{\partial t}+\frac{\partial(m_yHu_xv_y)}{\partial x}+\frac{\partial(m_xHv_yv_y)}{\partial y}+\frac{\partial(m_xm_yU_wv_y)}{\partial z}-m_xm_yf_cHu_x$$

$$=-m_xH\frac{\partial(p_a+g\zeta)}{\partial x}-m_xH\left(\frac{\partial h}{\partial y}-z\frac{\partial H}{\partial y}\right)\frac{\partial p_a}{\partial z}+\frac{\partial}{\partial z}\left(m_xm_y\frac{A_v}{H}\frac{\partial v_y}{\partial z}\right)+Q_v \qquad (4.43)$$

z 方向：

$$\frac{\partial p_a}{\partial z}=-gH\rho'=-\frac{gH(\rho-\rho_0)}{\rho_0} \qquad (4.44)$$

盐度输运方程：

$$\frac{\partial(m_xm_yHS)}{\partial t}+\frac{\partial(m_yHu_xS)}{\partial x}+\frac{\partial(m_xHv_yS)}{\partial y}+\frac{\partial(m_xm_yU_wS)}{\partial z}=m_xm_y\frac{\partial}{\partial z}\left(\frac{A_b}{H}\frac{\partial u_x}{\partial z}\right)+Q_s \qquad (4.45)$$

式中：x、y 为曲线正交坐标；z 为垂向 Sigma 坐标；m_x、m_y 为坐标转换因子；u_x、v_y 为 x、y 方向的流速分量；U_w 为 Sigma 坐标垂直方向的无量纲流速；$H=h+\zeta$ 为总水深；Q_H 为降雨、蒸发、地下水交换、人工取水等引起的源汇项；p_a 为附加静水压；f_c 为包含实际科里奥利力和网格曲率加速度的科里奥利力系数；Q_u、Q_v 为水平动量源汇项；ρ 为水体混合密度，是盐度、温度的函数；ρ_0 为水体参照密度；ρ' 为浮密度；S 为水体盐度；Q_s 为包含水平扩散的盐度源汇项；A_v 为垂向湍流动量混合系数；A_b 为垂向湍流质量混合系数。

采用湍流模型求解出垂向湍流混合系数 A_v、A_b 后便可使得上述方程[式（4.40）～式（4.45）]封闭，从而可求出 u_x、v_y、U_w、ζ、p_a、S 等未知变量。EFDC 采用的是 Mellor 和 Yamada[27]提出的湍流动能-特征长度模型；随后，Galperin 等[28]对该模型进行了修正，将 A_v、A_b 与垂向湍流强度（q_h）、湍流特征长度（l_t）和理查森数联系起来。垂向湍流强度和湍流特征长度通过求解 q_h^2 和 $q_h^2l_t$ 的输运方程得到，在水平曲线垂向 Sigma 坐标系统下，具体方程如下：

$$\frac{\partial(m_xm_yHq_h^2)}{\partial t}+\frac{\partial(m_yHu_xq_h^2)}{\partial x}+\frac{\partial(m_xHv_yq_h^2)}{\partial y}+\frac{\partial(m_xm_yU_wq_h^2)}{\partial z}$$

$$=\frac{\partial}{\partial z}\left(m_xm_y\frac{A_q}{H}\frac{\partial q_h^2}{\partial z}\right)+2m_xm_y\frac{A_q}{H}\left[\left(\frac{\partial u_x}{\partial z}\right)^2+\left(\frac{\partial v_y}{\partial z}\right)^2\right] \qquad (4.46)$$

$$+2m_xm_ygA_b\frac{\partial\rho'}{\partial z}-\frac{2m_xm_yHq_h^3}{B_1l_t}+Q_q$$

$$\frac{\partial(m_xm_yHq_h^2l_t)}{\partial t}+\frac{\partial(m_yHu_xq_h^2l_t)}{\partial x}+\frac{\partial(m_xHv_yq_h^2l_t)}{\partial y}+\frac{\partial(m_xm_yU_wq_h^2l_t)}{\partial z}$$

$$=\frac{\partial}{\partial z}\left(m_xm_y\frac{A_q}{H}\frac{\partial q_h^2l_t}{\partial z}\right)+m_xm_y\frac{E_1l_tA_v}{H}\left[\left(\frac{\partial u_x}{\partial z}\right)^2+\left(\frac{\partial v_y}{\partial z}\right)^2\right]+m_xm_ygE_1l_tA_b\frac{\partial\rho'}{\partial z} \qquad (4.47)$$

$$-\frac{m_xm_yHq_h^3}{B_1}\left\{1+E_2\left(\frac{l_t}{k_cHz}\right)^2+E_3\left[\frac{l_t}{k_cH(1-z)}\right]^2\right\}+Q_l$$

式中：$k_c = 0.4$，为卡门常数；经验常数 $B_1 = 16.6$，$E_1 = 1.8$，$E_2 = 1.8$，$E_3 = 1.33$；Q_q 和 Q_l 为亚网格尺度下水平耗散所附加的源汇项；A_q 为垂向湍流流量混合系数。

EFDC 水质模块的质量方程由物质输移、平流扩散和动力学过程组成，具体控制方程如下：

$$\frac{\partial C_w}{\partial t} + \frac{\partial (u_x C_w)}{\partial x} + \frac{\partial (v_y C_w)}{\partial y} + \frac{\partial (w_z C_w)}{\partial z}$$
$$= \frac{\partial}{\partial x}\left(K_x \frac{\partial C_w}{\partial x}\right) + \frac{\partial}{\partial y}\left(K_y \frac{\partial C_w}{\partial y}\right) + \frac{\partial}{\partial z}\left(K_z \frac{\partial C_w}{\partial z}\right) + S_c \tag{4.48}$$

求解时，动力学项与物理输运项脱耦，若对物理输运求解，质量守恒方程与盐度方程采用相同的形式：

$$\frac{\partial C_w}{\partial t} + \frac{\partial (u_x C_w)}{\partial x} + \frac{\partial (v_y C_w)}{\partial y} + \frac{\partial (w_z C_w)}{\partial z}$$
$$= \frac{\partial}{\partial x}\left(K_x \frac{\partial C_w}{\partial x}\right) + \frac{\partial}{\partial y}\left(K_y \frac{\partial C_w}{\partial y}\right) + \frac{\partial}{\partial z}\left(K_z \frac{\partial C_w}{\partial z}\right) \tag{4.49}$$

若方程只对动力学过程求解，则方程被视为动力学过程：

$$\frac{\partial C_w}{\partial t} = S_c \tag{4.50}$$

也可表示为

$$\frac{\partial C_w}{\partial t} = K_v C_w + R_Q \tag{4.51}$$

式中：C_w 为水质指标变量浓度；u_x、v_y、w_z 分别为 x、y、z 方向的速度；K_x、K_y、K_z 分别为 x、y、z 方向的扩散系数；S_c 为单位体积源汇项；K_v 为动力学速率；R_Q 为源汇项。

水质指标中的盐度和温度求解包含在水动力模块中。这两个水质指标的降解过程符合一级反应动力学方程，并且与其他水质指标没有耦合作用。但若模拟物理、化学、生物过程等相对复杂的水环境过程，则可利用 EFDC 嵌套的专门的水质模块，该模块可以模拟化学需氧量、溶解氧（dissolved oxygen，DO）、氨氮和溶解磷等 21 种常见的水质指标的物理、化学、生物过程[29]。

4. TPXO 系列海洋潮汐模型

目前大范围河口水动力模型的外海潮位边界一般由海洋潮汐模型提供。海洋潮汐模型大致可分为两类：经验模型和同化模型。经验模型通常利用直接观测数据或卫星测高数据进行经验分析得出海潮数据，其计算范围和精度受限于卫星地面轨迹的空间覆盖及分辨率，特别是在浅水地区及极地区域卫星测高数据往往不精准；同化模型则在流体动力学方程（拉普拉斯潮汐方程）的基础上同化多元观测数据，即将观测数据与数值模拟结合来获取潮汐分布，极大限度地提高了海洋潮汐模型的精度和分辨率，因此大多数广泛应用的海洋潮汐模型均为同化模型[30-31]。

采用 TPXO 系列海洋潮汐模型为基于 EFDC 建立的珠江三角洲准三维径-潮-盐-水

质数学模型提供外海潮位开边界。TPXO 系列海洋潮汐模型由美国俄勒冈州立大学的 Egbert 和 Erofeeva[32]建立,是典型的同化模型之一,其采用线性浅水动力方程组[式(4.52)和式(4.53)],运用广义反演法和最小二乘法将 T/P、Topex Tandem、ERS、GFO 等卫星的测高数据和实测验潮数据进行同化拟合。

$$\frac{\partial U_V}{\partial t} + f_c \bar{Z} + g \cdot H \nabla(\zeta - \zeta_{SAL}) + F_u = f_0 \tag{4.52}$$

$$\frac{\partial \zeta}{\partial t} + \nabla \cdot U_V = 0 \tag{4.53}$$

式中:ζ 为水面高程,即潮位;U_V 为体积输运量,是水深 H 与流速的乘积;f_c 为科里奥利力系数;F_u 为摩擦力或其他耗散项;f_0 为天文引潮力;ζ_{SAL} 为潮汐负荷及自吸效应产生的潮位变化。

TPXO 系列海洋潮汐模型基于 8 个主要分潮(M2、S2、N2、K2、K1、O1、P1、Q1)、2 个长周期分潮(Mf、Mm)和 3 个非线性分潮(M4、MS4、MN4)计算相对于平均海面的潮位及流速。TPXO 系列海洋潮汐模型对于远洋的预测精度已经足够;对于地形复杂的浅水海区,TPXO 系列海洋潮汐模型还提供了 24 个区域模型,通过引入更高分辨率的地形数据来提升预报精度,部分区域模型的空间分辨率甚至可达 1/60°。例如,2016 年版 TPXO_China&Ind 即中国海-印尼海区模型,采用的地形数据的空间分辨率为 1/30°,同化数据来自 T/P、Topex Tandem+Jason、ERS/Envisat 的 915 个卫星交叉点、51 个近海测站、44 个浅水测站和 9 个岸边测站。每一个新版本的 TPXO 海洋潮汐模型都比前一版本采用更新的地形数据,并进一步同化更准确的海潮测高数据。与 TPXO8 相比,2016 年推出的 TPXO9 除了同化更新的海床地形数据和海潮测高数据外,还增加了 2N2 和 S1 分潮[33]。采用 TPXO9,基于南海潮汐的 8 种主要分潮——Q1、O1、P1、K1、N2、M2、S2 及 K2 来计算珠江三角洲径-潮-盐-水质数学模型下游外海的边界条件,针对每一个开边界网格计算出相应经纬度的逐时潮位过程。

4.2.2　珠江河口河网水动力-水质数学模型

1. 珠江三角洲河网一维非恒定流水动力数学模型

1)模拟范围及设置

如图 4.7 所示,一维河网水动力数学模型范围涵盖整个珠江三角洲网河区,上游边界取为石咀站、高要站、石角站、老鸦岗站、博罗站,给予实测流量过程,并将麒麟咀站的流量过程在增江与东江北干流交汇处做点源入汇处理,下游边界为崖门、虎跳门、鸡啼门、磨刀门、横门、洪奇门、蕉门、虎门八大口门,给予实测水位过程。对河网进行一维概化后共有河道 120 条,划分断面 2017 个。建模地形采用 1999 年珠江河网大范围实测断面地形。模型中水闸以内边界处理,考虑天然(不建闸)、闸门关闭和按设计流量下泄三种工况,考虑各水闸组合情况。

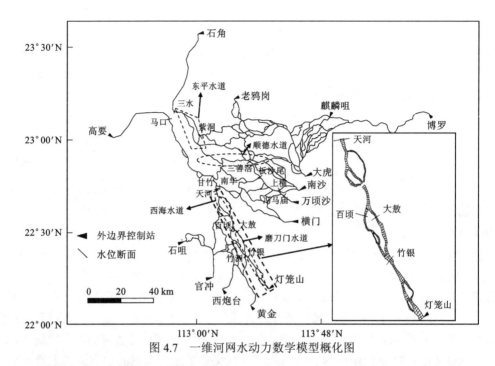

图 4.7　一维河网水动力数学模型概化图

2）模型率定及验证

采用均方根误差（RMSE）和纳什效率系数（NSE）来定量评估模型对珠江三角洲河网水动力过程的模拟效果。

某测站模拟值与实测值之间的均方根误差（RMSE）被定义为

$$\text{RMSE} = \sqrt{\frac{\Sigma(M-D)^2}{N}} \tag{4.54}$$

纳什效率系数（NSE）被定义为

$$\text{NSE} = 1 - \frac{\Sigma(M-D)^2}{\Sigma(D-\bar{D})^2} \tag{4.55}$$

式中：N 为时间序列长度；D 为某测站实测数据；$\bar{D}$ 为实测数据 D 的平均值；M 为与 D 对应时刻的模拟值。当 NSE 的值为 1 时，模拟结果与实测数据完美匹配；当 NSE 的值为 0 时，模拟结果的预测能力与实测数据的平均水平相当；NSE 的值为负意味着模拟结果的准确性低于实测数据的平均水平。综上，NSE 越接近于 1，模型的模拟结果越准确，通常认为：NSE≥0.65，模拟结果表现优秀；0.65＞NSE≥0.5，模拟结果表现良好；0.5＞NSE≥0.2，模拟结果表现一般；NSE＜0.2，模拟结果表现很差[34-35]。

采用 1999 年前后的实测水文资料（包括水位和流量）对所构建的一维河网水动力数学模型进行率定和验证。分别采用珠江三角洲河网 1999 年洪季 7 月 16～23 日（"99·7"洪水）共计 175 h 的实测水位流量资料对模型各河道的粗糙系数进行率定，得到各河道洪季粗糙系数在 0.016～0.05；采用珠江三角洲河网 2001 年枯季 2 月 7～15 日（"01·2"枯水）共计 182 h 的实测水位流量资料对模型各河道的粗糙系数进行率定，得到各河道枯季粗糙系数在 0.0125～0.04，河网内主要站点的率定结果如图 4.8～图 4.11 所示。

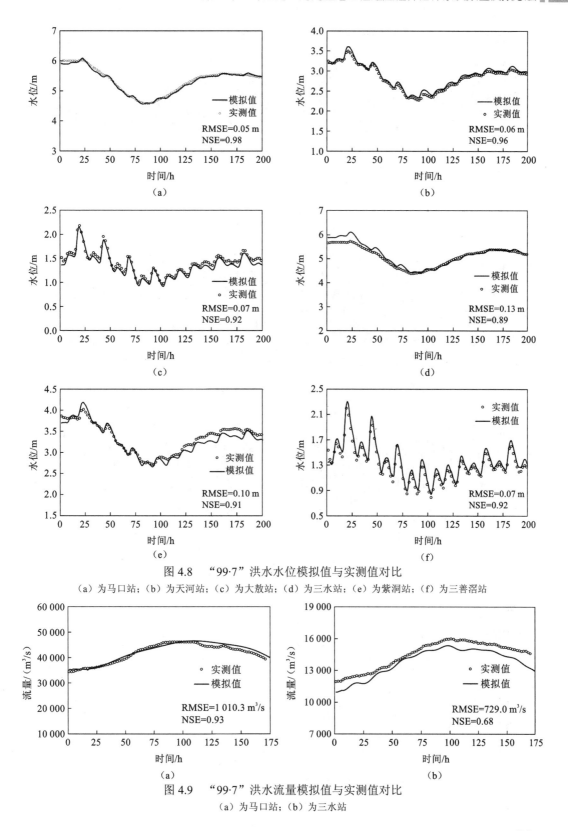

图 4.8　"99·7"洪水水位模拟值与实测值对比

（a）为马口站；（b）为天河站；（c）为大敖站；（d）为三水站；（e）为紫洞站；（f）为三善滘站

图 4.9　"99·7"洪水流量模拟值与实测值对比

（a）为马口站；（b）为三水站

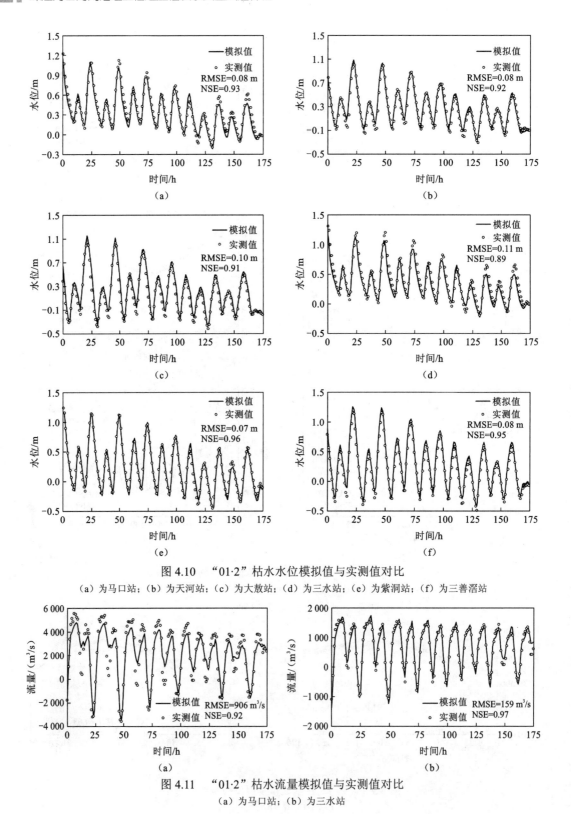

图 4.10 "01·2"枯水水位模拟值与实测值对比

（a）为马口站；（b）为天河站；（c）为大敖站；（d）为三水站；（e）为紫洞站；（f）为三善滘站

图 4.11 "01·2"枯水流量模拟值与实测值对比

（a）为马口站；（b）为三水站

采用上述率定结果,基于 1998 年 6 月 23～30 日("98·6"洪水)共计 175 h 的实测水位流量资料对模型进行验证。图 4.12 和图 4.13 是河网内主要站点水位、流量模拟值与实测值的验证对比结果,可以看到水位模拟的 RMSE 为 0.11～0.17 m,NSE 为 0.90～0.97,流量模拟的 RMSE 为 729.0～1 010.3 m³/s,NSE 为 0.68～0.93。

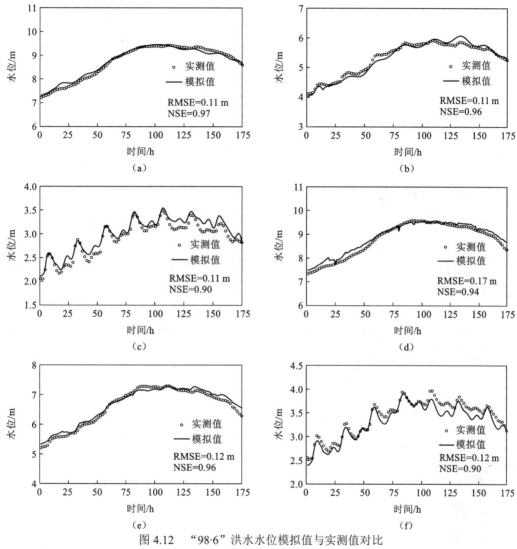

图 4.12　"98·6"洪水水位模拟值与实测值对比

（a）为马口站；（b）为天河站；（c）为大敖站；（d）为三水站；（e）为紫洞站；（f）为三善滘站

由于模型验证时采用的是 1998 年 6 月的实测水位流量,模型地形为 1999 年地形,而研究区域在 1998～1999 年受强人类活动影响,地形变化不可忽视,故在模型验证时不可避免地会出现一定的误差。从验证结果来看,各站点水位模拟的均方根误差均未超过 0.20 m,流量模拟的均方根误差最大为 1 010.3 m³/s,远小于其对应站点流量均值的 10%,且水位和流量模拟的 NSE 均在 0.65 以上。总体上看,模拟误差在可接受范围内,模型具有足够的可信度,计算结果能够较好地反映珠江河网的水动力过程。

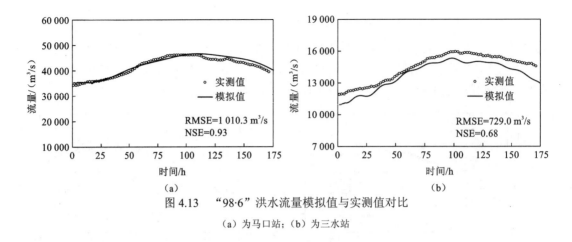

图 4.13 "98·6" 洪水流量模拟值与实测值对比

（a）为马口站；（b）为三水站

2. 珠江河网典型险段平面二维水动力数学模型

1）模拟范围及设置

为探讨珠江河网区典型险段西南险段的水动力特性对水文及地形边界条件变化的响应，构建了珠江河网西南险段平面二维水动力数学模型。模拟范围如图 4.14 所示。模型进口边界为三水站，计算时输入实测的流量边界条件；出口边界设在三水站下游约 5 km 处，计算时需要的水位过程由 4.2.2 小节第 1 部分的一维非恒定流水动力数学模型计算得出。整个模型范围包括整个新沙洲河段及西南险段。模型采用非结构化的三角形网格，单个网格面积设定为 500 m²，一共有 11 057 个三角形网格单元，5 964 个网格节点。建模地形采用 2019 年实测水下地形，不同工况下地形再做调整。

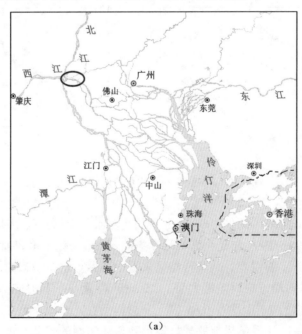

（a）

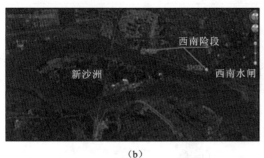
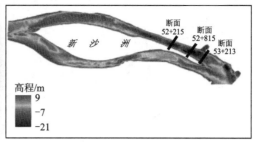

（b）　　　　　　　　　　　　　　　　　（c）

图 4.14　北江大堤西南险段示意图

（a）为珠江三角洲；（b）为西南险段位置示意图；（c）为西南险段高程示意图

扫一扫 看彩图

2）模型率定及验证

采用珠江三角洲河网区三水站 2017 年 7 月 8～16 日的实测逐时水位对模型进行率定，经过多次模型试算发现，将模型的河道粗糙系数进行分区，岸滩取 0.067，深槽取 0.012，其余部分取 0.015 时，模拟结果与实测结果吻合良好，水位模拟的均方根误差 RMSE 为 0.098 m，纳什效率系数 NSE 为 0.97。

3. 珠江河口河网三维径-潮-盐-水质数学模型

1）模拟范围及设置

图 4.15 给出了珠江三角洲径-潮-盐-水质数学模型的网格及底部高程。为准确评估河口区地形及岸线变化对珠江三角洲径-潮-盐-水质动力过程产生的效应，模型的进出口边界需设置得足够远以消除地形及岸线变化带来的影响。为此，模型空间范围覆盖了整个珠江三角洲河网区及黄茅海、伶仃洋等河口湾区。上游至珠江西江、北江和东江非感潮的干流河段，下游延伸到外海 70 m 水深等值线处，向东包含大鹏湾、大亚湾在内抵达 115.00°E，向西包含广海湾、镇海湾在内接近 112.20°E。

所有区域内均采用曲线正交网格，并在磨刀门河口及包含东四口门（虎门、蕉门、洪奇门、横门）在内的伶仃洋等重点研究区域进行网格加密。平面网格数量超过 7.5×10^4 个，外海网格尺寸接近 10 km，河网水道网格尺寸最小的在 50 m 左右，网格精度已经足够准确刻画珠江三角洲水下地形；垂向采用 Sigma 分层，经过多次网格敏感性测试，当设置 13 层时模型能很好地反演河口区的盐度输运过程且计算时间在可接受的范围之内。网格底部高程插值时以 2008 年实测散点资料为主，不同计算工况局部区域地形再做调整，如磨刀门采用 1977 年、2008 年地形，伶仃洋采用 1974 年、2008 年、2016 年地形做对比计算。

对于上游边界条件，西江梧州站、北江石角站、东江博罗站给予日均流量过程，流溪河老鸦岗站及潭江石咀站给予实测逐时潮位过程；南海的潮汐主要由八种分潮构成（Q1、O1、P1、K1、N2、M2、S2 及 K2），因此下游外海开边界条件采用 TPXO 系列海

· 141 ·

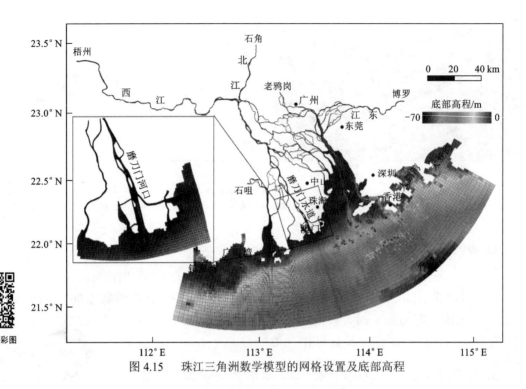

图 4.15　珠江三角洲数学模型的网格设置及底部高程

洋潮汐模型基于上述八种分潮调和计算的并由实测资料校正的逐时潮位过程[36]。此外，外海开边界还给予恒定盐度（34 ppt），同样的外海盐度值由 Environmental Protection Department of HKSARG[37]和 Gong 等[38]在研究珠江河口盐水入侵问题时采用。关于初始条件，初始水位及初始流速均设置为 0，初始盐度场采用给定边界条件下模型运行 60 天后的盐度分布结果。

2）模型率定及验证

采用珠江三角洲河网区 27 个站点 2016 年 11 月 29 日～12 月 6 日的实测逐时潮位对模型进行潮位率定，该时段呈现出中潮—大潮—中潮的潮位变化过程。并采用 2016 年 11 月 30 日和 12 月 5 日两个中潮期间的逐时流速、盐度对重要分流节点及所研究口门进行流速和盐度的率定。率定工况起算时间为 2016 年 11 月 1 日，提前足够长时间来消除模拟前期的不准确性。经过多次模型试算，当底部粗糙高度（Z_0）设置为 2 mm，垂向分层设置为 13 层时，模拟结果与实测结果吻合良好，率定结果对比如图 4.16～图 4.19 所示。

采用上述率定出的计算参数，来模拟珠江三角洲 2009 年 12 月 9～16 日一个完整的从小潮转为大潮的径-潮-盐-水质动力过程；以磨刀门河口为例，对模型逐时潮位、分层流速及分层盐度数据进行验证。由于 5.3.2 小节需要研究磨刀门垂向盐度的结构变化，验证重点针对率定时未考虑的分层流速和分层盐度变化差异进行。模型起算时间为 2009 年 11 月 1 日，与率定过程相似，提前足够长时间来消除模拟前期的不准确性。

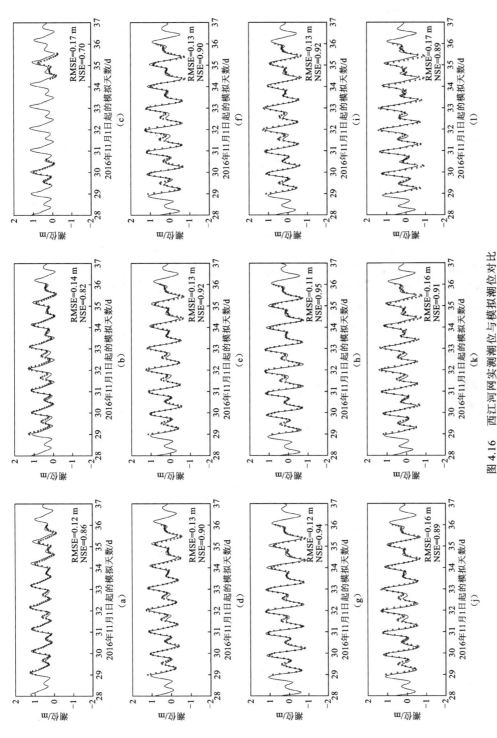

图 4.16　西江河网实测潮位与模拟潮位对比

（a）为马口站；（b）为甘竹站；（c）为天河站；（d）为大敖站；（e）为竹银站；（f）为大黄琴站；（g）为大横琴站；（h）为三灶站；（i）为白蕉站；（j）为黄金站；（k）为横山站；（l）为西炮台站

实线为模拟值，点为实测值

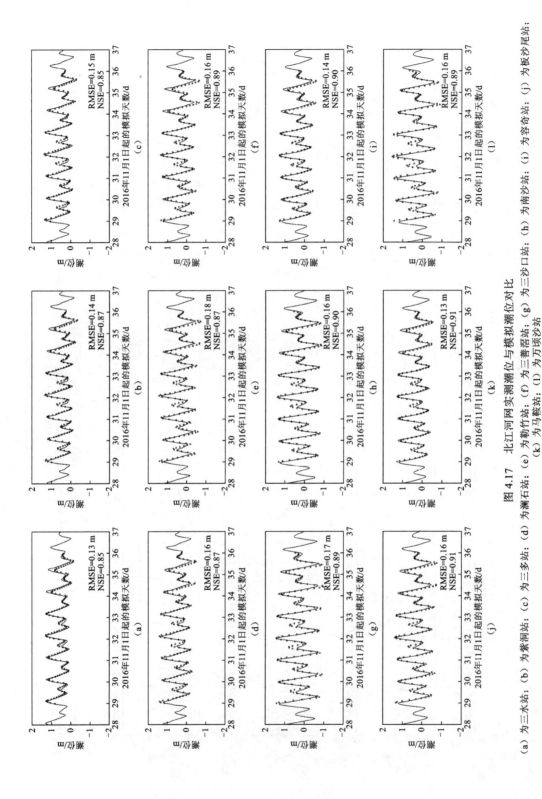

图 4.17　北江河网实测潮位与模拟潮位对比

（a）为三水站；（b）为紫洞站；（c）为三多站；（d）为澜石站；（e）为勒竹站；（f）为三善滘站；（g）为三沙口站；（h）为南沙站；（i）为容奇站；（j）为板沙尾站；（k）为马鞍站；（l）为万顷沙站。实线为模拟值，点为实测值

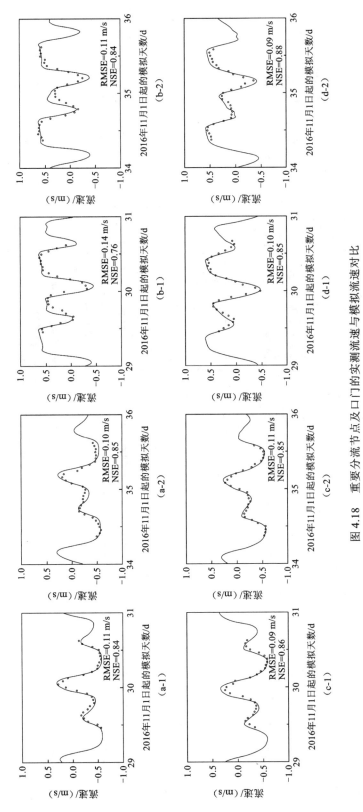

图 4.18　重要分流节点及口门的实测流速与模拟流速对比

(a-1) 为马口站1；(a-2) 为马口站2；(b-1) 为三水站1；(b-2) 为三水站2；(c-1) 为天河站1；(c-2) 为天河站2；(d-1) 为南华站1；(d-2) 为南华站2；实线为模拟值，点为实测值

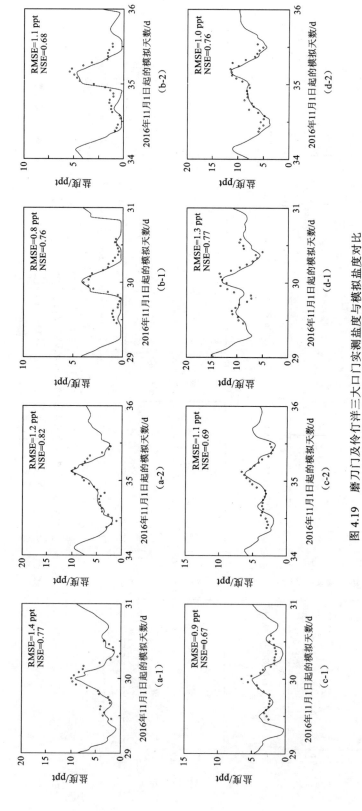

图 4.19 磨刀门及伶仃洋三大口门实测盐度与模拟盐度对比

(a-1) 为磨刀门门站1; (a-2) 为磨刀门门站2; (b-1) 为洪奇门门站1; (b-2) 为洪奇门门站2; (c-1) 为蕉门门站1; (c-2) 为蕉门门站2; (d-1) 为虎门门站1; (d-2) 为虎门门站2 实线为模拟值, 点为实测值

对于潮位的验证，模拟结果与实测结果的对比如图 4.20 所示。在磨刀门河口的大横琴站、挂定角站、竹排沙站、竹银站等站点模拟潮位与实测潮位非常吻合，均方根误差为 0.12 m，纳什效率系数为 0.92～0.94，说明模拟潮位精度高，模型能很好地反演珠江三角洲的潮波传播过程。

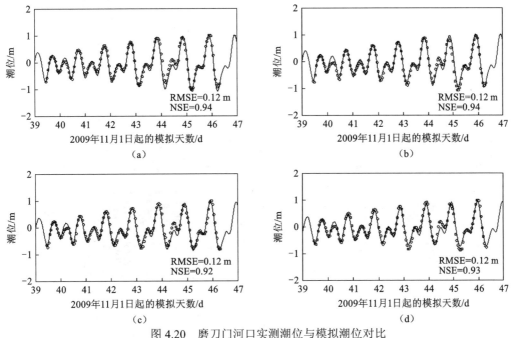

图 4.20　磨刀门河口实测潮位与模拟潮位对比

(a) 为大横琴站；(b) 为挂定角站；(c) 为竹排沙站；(d) 为竹银站

实线为模拟值，点为实测值

流速采用系泊测站表中底三层实测数据进行验证，模拟结果与实测结果的对比如图 4.21 所示。与率定过程相似，仅对顺河道方向的流速进行验证。M1～M3 三个系泊站流速的均方根误差为 0.10～0.24 m/s，并且表层流速的均方根误差较中底层大。这可能是由模型忽略风对表层水流的拖曳作用引起的。M3 站点的模拟流速与实测流速吻合最好，纳什效率系数大于等于 0.75；M1 和 M2 站点的模拟流速与实测也吻合良好，纳什效率系数为 0.50～0.72。

对于盐度的验证，除了采用系泊测站分层逐时盐度数据进行验证外，还采用大横琴站、挂定角、竹排沙站、竹银站四个测站的表层日均盐度进行模型验证。图 4.22 给出了磨刀门河口系泊测站表中底层实测盐度与模拟盐度的对比。由图 4.22 可知，模型能很好地反演磨刀门河口表中底层的逐时盐度变化过程。M1、M2 和 M3 测站的盐度均方根误差分别为 0.8～1.8 ppt、1.6～2.6 ppt 和 1.5～2.0 ppt，并且中底层的均方根误差稍大于表层。这三个系泊测站的纳什效率系数为 0.42～0.76，说明模型有能力较为准确地模拟磨刀门河口的盐度输运过程。图 4.23 给出了亚潮盐度模拟值与日均盐度实测值的对比，这四个测站盐度的均方根误差均低于 1.0 ppt，模拟情况明显好于分层逐时数据的验证。由图 4.23 可知，越靠近下游高盐度区，模拟结果越好，下游大横琴站及挂定角站的平均

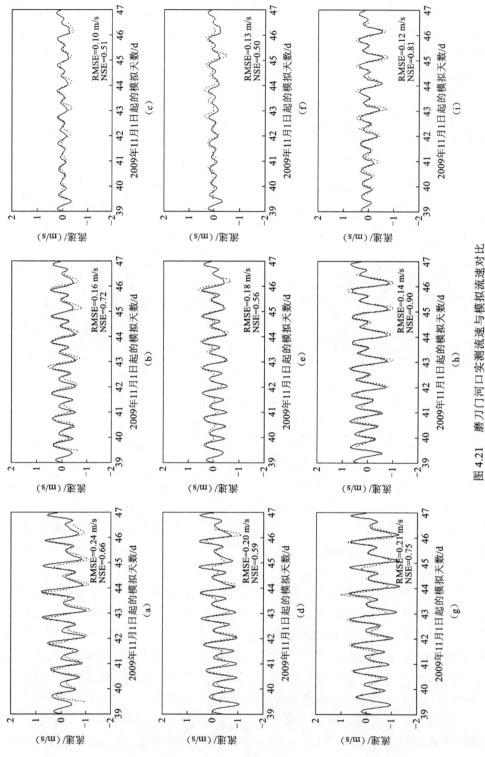

图 4.21　磨刀门河口实测流速与模拟流速对比

(a) 为M1表层；(b) 为M1中层；(c) 为M1底层；(d) 为M2表层；(e) 为M2中层；(f) 为M2底层；(g) 为M3表层；(h) 为M3中层；(i) 为M3底层；
实线为模拟值，虚线为实测值

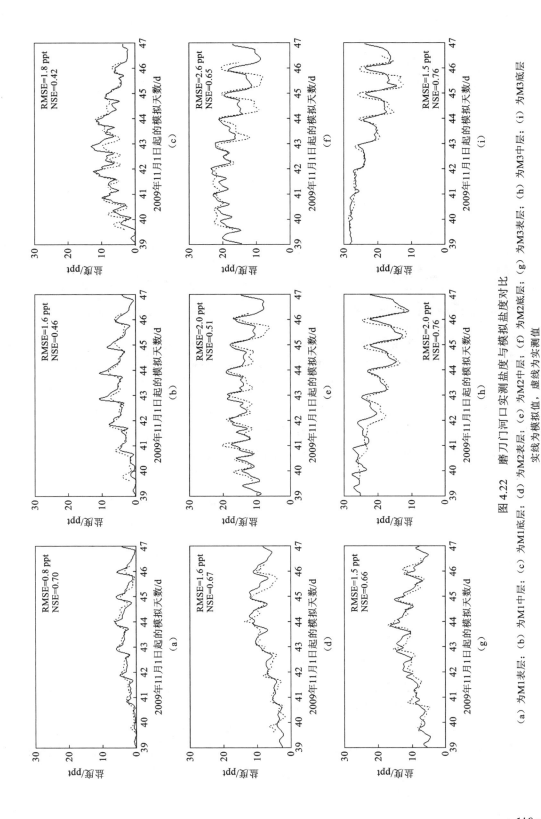

图 4.22　磨刀门口河门口实测盐度与模拟盐度对比

（a）为M1表层；（b）为M1中层；（c）为M1底层；（d）为M2表层；（e）为M2中层；（f）为M2底层；（g）为M3表层；（h）为M3中层；（i）为M3底层；
实线为模拟值，虚线为实测值

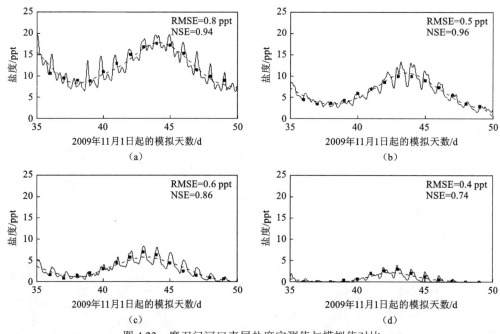

图 4.23　磨刀门河口表层盐度实测值与模拟值对比

（a）为大横琴站；（b）为挂定角站；（c）为竹排沙站；（d）为竹银站

实线为逐时盐度模拟值，虚线为亚潮盐度模拟值，方点为日均盐度实测值

纳什效率系数为 0.95，而上游竹银站的纳什效率系数仅为 0.74。由于验证过程采用的地形数据与盐度数据年代接近，模型在验证过程中的模拟值与实测值的吻合程度高于率定过程。尽管盐度验证结果不如水位、流速验证结果表现得好，但总体上也在可接受的范围之内。

4.3　本章小结

　　本章研究提出了一种兼具科学性和可行性的珠江河口河网典型整治工程适应性评估方法。综合考虑水动力、潮动力和水质指标，基于层次分析法搭建多层次递阶评估结构，提出了统一的打分规则，形成了河口河网典型整治工程适应性评估体系。

　　珠江河口河网地区水系复杂，且处于感潮地区，河口河网内的水动力受到径流和潮汐的共同作用。为准确模拟河网内的水动力特征，以研究区域概化河网、代表性断面选取的勘测（1999 年）和实测水文资料为依托，建立了珠江河网一维水动力数学模型。为进一步探明河网内局部险段（西南险段）的水流特性（水深分布、流场等），基于 MIKE21 和 2019 年西南险段水下实测地形建立了珠江河网平面二维水动力数学模型。为探究河口地区径流、潮汐和盐水的运动特征，基于 EFDC 和 2008 年及其他年份研究区域实测地形建立了珠江河口河网三维径-潮-盐-水质数学模型。多次参数率定和验证表明，上述数学模型的计算结果合理可信，可反映珠江河网水动力及水质输运特性，为后续整治工程适应性评估和水安全风险评估提供数据支撑。

参 考 文 献

[1] 蔡磊. 河道治理工程经济效益分析与评价[J]. 中国水利, 2008(18): 21-22.

[2] 廖远祺, 范锦春. 珠江三角洲整治规划问题的研究[J]. 人民珠江, 1981(1): 3-20.

[3] 罗宪林. 珠江三角洲网河河床演变[M]. 广州: 中山大学出版社, 2002.

[4] LUO X L, ZENG E Y, JI R Y, et al. Effects of in-channel sand excavation on the hydrology of the Pearl River Delta, China[J]. Journal of hydrology, 2007, 343(3/4): 230-239.

[5] 汪浩, 马达. 层次分析标度评价与新标度方法[J]. 系统工程理论与实践, 1993, 5: 24-26.

[6] 张琦. 提高层次分析法评价精度的几种方法[J]. 系统工程理论与实践, 1997, 11: 29-35.

[7] 王顺久, 李跃清, 丁晶. 基于指标体系的水安全评价方法研究[J]. 中国农村水利水电, 2007(2): 116-119.

[8] 何鑫, 余明辉, 陈小齐. 珠江三角洲地形不均匀变化对区域闸群适应性影响研究[J]. 泥沙研究, 2022, 47(6): 66-73.

[9] 耿雷华, 刘恒, 钟华平, 等. 健康河流的评价指标和评价标准[J]. 水利学报, 2006(3): 3-8.

[10] 张细兵, 卢金友, 蔺秋生. 涉河项目防洪安全评价指标体系初步研究[J]. 人民长江, 2011(7): 67-70, 80.

[11] 张蔚, 诸裕良. 珠江河网分流比之研究[J]. 广东水利水电, 2004(1): 11-13.

[12] 张蔚, 严以新, 郑金海, 等. 珠江河网与河口一二维水沙嵌套数学模型研究[J]. 泥沙研究, 2006(6): 11-17.

[13] 朱金格, 包芸, 胡维平, 等. 近50年来珠江河网区水动力对地形的响应[J]. 中山大学学报(自然科学版), 2010, 49(4): 129-133.

[14] GONG W, MAA P Y, HONG B, et al. Salt transport during a dry season in the Modaomen Estuary, Pearl River Delta, China[J]. Ocean & coastal management, 2014, 100: 139-150.

[15] 杨名名, 吴加学, 张乾江, 等. 珠江黄茅海河口洪季侧向余环流与泥沙输移[J]. 海洋学报, 2016, 38(1): 31-45.

[16] STOKE J J. Numerical solution of flood prediction and river regulation problems: Derivation of basic theory and formulation of numerical methods of attack[R]. New York: New York University Institute of Mathematical Science, 1953.

[17] KAMPHUIS J W. Mathematical tidal study of St. Lawrence River[J]. Journal of the hydraulics division, 1970, 96(3): 172-187.

[18] LIGGETT J A, CUNGE J A. Numerical methods of solution of the unsteady flow equations[M]// MAHMOOD K, YEVJEVICH V. Unsteady flow in open channels. Fort Collins: Water Resources Publications, 1975: 89-182.

[19] ISAACSON E, STOKER J J, TROESCH A. Numerical solution of flood prediction and river regulation problems[R]. New York: New York University, 1954.

[20] 李岳生, 杨世孝, 肖子良. 网河不恒定流隐式方程组的稀疏矩阵解法[J]. 中山大学学报(自然科学

版), 1977(3): 28-38.

[21] 徐小明, 张静怡, 丁健, 等. 河网水力数值模拟的松弛迭代法及水位的可视化显示[J]. 水文, 2000(6): 1-4.

[22] DRONKERS J J. Tidal computations for rivers, coastal areas and seas[J]. American society of civil engineers, 1969, 95(1): 29-77.

[23] 吴松柏, 闫凤新, 余明辉. 平原感潮河网闸群防洪体系优化调度模型研究[J]. 泥沙研究, 2014(3): 57-63.

[24] 申献辰, 杜霞, 邹晓雯. 水源地水质评价指数系统的研究[J]. 水科学进展, 2000(3): 260-265.

[25] 季振刚, 李建平. 水动力学和水质: 河流、湖泊及河口数值模拟[M]. 北京: 海洋出版社, 2012.

[26] HAMRICK J M, WU T S. Computational design and optimization of the EFDC/HEM3D surface water hydrodynamic and eutrophication models[M]//DELICH G, WHEELER M F. Next generation environmental models and computational methods. Philadelphia: Society for Industrial and Applied Mathematics, 1997: 143-161.

[27] MELLOR G L, YAMADA T. Development of a turbulence closure model for geophysical fluid problems[J]. Review of geophysical and space physics, 1982, 20: 851-875.

[28] GALPERIN B, KANTHA L H, HASSID S, et al. A quasi-equilibrium turbulent energy model for geophysical flows[J]. Journal of atmospheric sciences, 1988, 45: 55-62.

[29] 苗晓雨. 基于 EFDC 的尹府水库水质数值模拟及预测[D]. 青岛: 中国海洋大学, 2012.

[30] 张胜凯, 雷锦韬, 李斐. 全球海潮模型研究进展[J]. 地球科学进展, 2015, 30(5): 579-588.

[31] 范文蓝, 姜卫平, 袁林果, 等. 海潮模型差异对 GNSS 坐标时间序列周期信号及噪声特性影响分析[J]. 大地测量与地球动力学, 2018, 38(9): 917-922.

[32] EGBERT G D, EROFEEVA S Y. Efficient inverse modeling of barotropic ocean tides[J]. Journal of atmospheric and oceanic technology, 2002, 19(2): 183-204.

[33] 范长新. 全球海潮模型最新进展及在中国沿海精度评估[J]. 大地测量与地球动力学, 2019, 39(5): 476-481.

[34] ALLEN J I, SOMERFIELD P J, GILBERT F J. Quantifying uncertainty in high-resolution coupled hydrodynamic-ecosystem models[J]. Journal of marine systems, 2007, 64(1/2/3/4): 3-14.

[35] RITTER A, MUÑOZ-CARPENA R. Performance evaluation of hydrological models: Statistical significance for reducing subjectivity in goodness-of-fit assessments[J]. Journal of hydrology, 2013, 480(1): 33-45.

[36] FANG G, KWOK Y K, YU K, et al. Numerical simulation of principal tidal constituents in the South China Sea, Gulf of Tonkin and Gulf of Thailand[J]. Continental shelf research, 1999, 19 (7): 845-869.

[37] Environmental Protection Department of HKSARG. Pearl River Delta water quality model: Final study report[R]. [S.l.]:[s.n.], 2008.

[38] GONG W, WANG Y, JIA J. The effect of interacting downstream branches on saltwater intrusion in the Modaomen Estuary, China[J]. Journal of Asian earth sciences, 2012, 45: 223-238.

第 5 章

复杂异变条件下珠江河口河网典型整治工程适应性

　　整治工程对水流和潮汐动力的调控会导致河床形态的改变，而河床形态的改变则会进一步引起水流与潮汐动力的调整，河口系统的这种反馈机制使得整治工程的实施不能只考虑当下的效益，还要关注整治工程的长期功能，以及整治工程是否还能保持原本的设计功能并满足治理的新需求[1-4]。因此，本章以整治工程的功能为研究对象，综合考虑整治工程实施后对河道水动力指标（洪水特性和潮流特性等）、水质指标（盐水入侵和典型污染物等）和经济社会指标（航运和取水等）的影响，结合河口与河网地形边界在水流作用和人类活动下的变化，基于第 4 章构建的整治工程适应性评估体系，评估珠江河口河网典型整治工程在历史过程中的功能，以及新的水沙条件和社会需求下所能发挥的作用。

5.1 河网区典型水闸群适应性评估

珠江三角洲河网水闸众多,大小水闸上千座,是珠江三角洲防洪防潮体系的重要组成部分。位于河网上游部分的节制闸可以起到简化河网,维持主干水道泄洪动力的作用;河网下游靠近口门区域的挡潮闸则能够有效控制进入河网的潮汐动力,在一定程度上抑制下游咸潮的上溯。珠江三角洲河口河网区筑闸工程广泛而有计划地于 20 世纪 50~70 年代实施,而自 20 世纪 80 年代以来,受河道采砂、航道整治等强人类活动的影响,珠江三角洲河口河网区河道地形剧烈且不均匀下切,使得河口河网区的水动力条件发生异变,闸群原设计功能对上述变化的适应性亟待研究[5-9]。本节主要以三角洲 5 个大型节制闸(磨碟头水闸、沙口水闸、睦洲水闸、北街水闸、甘竹溪水闸)及 2 个挡潮闸(白藤大闸、大涌口水闸)等大型水闸为代表展开适应性评估,评价闸群联合运行在 1977 年、1999 年和 2008 年地形下对珠江河网径潮动力特性的影响,评价其防洪防潮功能,探讨珠江河网闸群对近年地形变化的适应性[10]。

5.1.1 评估体系搭建

1. 闸群基本情况

所研究的 7 个水闸分别是位于北江河网的沙口水闸和磨碟头水闸,以及位于西江河网的甘竹溪水闸、北街水闸、睦洲水闸、白藤大闸、大涌口水闸。沙口水闸的主要功能是调控北江上游主干河段的径流动力;磨碟头水闸的主要功能为调控北江下游主干河段的径流动力。甘竹溪水闸主要调控西江上游主干河段的径流动力;睦洲水闸与北街水闸则主要调控西江下游主干河段的径流动力。白藤大闸兴建是为了消除白藤堵海的遗留问题,主要作用为挡潮排水;大涌口水闸是位于坦洲涌入江口、中珠联围干堤上的一座集防潮、防咸、排洪、供水(生活、工业、农业)于一体的水利工程,是联围主要的水工建筑物之一;原大涌口水闸建于 1959 年,于 2002 年重建。各闸具体情况如表 5.1 所示[5],位置如图 5.1 所示。

表 5.1 七大水闸具体情况

水闸名称	位置	主要用途	设计流量/(m³/s)	建设时间
沙口水闸	北江分支佛山水道入口段	分洪	300	1960 年
磨碟头水闸	北江主干沙湾水道一分支榄核涌入口段	防洪、防潮	1 400	1979 年
甘竹溪水闸	西江分支甘竹溪水道入口段	分洪、航运	3 820	1974 年
北街水闸	西江分支北街水道入口段	防洪、排水	600	1979 年
睦洲水闸	西江分支睦洲水道入口段	防洪、排水	800	1980 年
白藤大闸	鸡啼门水道友谊河	防潮、排水	1 140	1975 年
大涌口水闸	磨刀门水道坦洲涌入江口	防潮、防咸、排洪结合供水	1 654	1959 年

图 5.1　七大水闸及其控制断面分布图

各闸调度规程如下。

（1）沙口水闸调度规程。枯水期，闸门开启引水调度；洪水期，在外江水位达到或超过 5 年一遇水位（南庄镇堤段：紫洞站水位为 5.67 m；相应沙口站水位为 5.41 m）时，沙口水利枢纽执行佛山市三防指挥部的指令，分洪或关闸防洪。无论分洪与否，均应调节两闸闸门开度以控制分洪闸前、后水位差，以及引水闸前、后水位差，分洪流量应执行佛山市三防指挥部指令要求，且最大分洪流量不得超过 300 m³/s。

（2）磨碟头水闸调度规程。枯水期，闸门全部打开。当遭遇 20 年一遇及以下洪水（相应闸上水位为 3.21 m）时，控制最大分洪流量不超过 1 200 m³/s；当遭遇 50 年一遇及以上洪水（相应闸上水位为 3.51 m）时，控制最大分洪流量不超过 1 400 m³/s。

（3）甘竹溪水闸调度规程。当遭遇 20 年一遇及以下洪水（相应甘竹站水位为 6.09 m）时，闸门关闭，不分洪；当遭遇 20 年一遇以上洪水时，闸门全开，恢复天然分洪，20 年一遇天然分洪流量约为 3 380 m³/s。运行中，加强顺德甘竹滩洪潮发电站枢纽工程上、下游水位监测，当上游侧（西江侧）水位高于下游侧水位时，一期工程橡胶坝放气，二期工程水闸闸门开启，水流由西江流入甘竹溪。当顺德甘竹滩洪潮发电站枢纽工程上游侧（西江侧）水位低于下游侧水位时，二期工程水闸关闭。当顺德甘竹滩洪潮发电站枢纽工程上游侧（西江侧）水位低于下游侧水位且下游侧水位高于 3.0 m 时，一期工程橡胶坝充气，二期工程水闸关闭。

（4）北街水闸调度规程。枯水期，闸门全部打开，利于航运、生活用水和冲污。中水期，在围内农田无排涝要求时，闸门全部打开，利于航运。洪水期，普通中、小洪水遭遇天沙河水系及其他围内暴雨时，水闸必须关闸控制，以保证天沙河及其他围内农田能及时排水；当西江发生 10 年一遇以下洪水，天沙河、礼乐河没有排涝要求时，北街水闸控制最大分洪流量为 400 m³/s，水闸上、下游水位差不超过 2.5 m，耙冲闸下水位不超过 2.2 m，天沙河或礼乐河有排涝要求时，耙冲闸下水位不超过 2.0 m。当西江发生 10～100 年一遇洪水时，北街水闸最大分洪流量为 600 m³/s，控制耙冲闸下水位不超过 2.4 m。当西江发生超过 100 年一遇洪水时，北街水闸最大分洪流量为 600 m³/s，控制耙冲闸下水位不超过 2.5 m。

（5）睦洲水闸调度运用规程。枯水期，闸门的开度根据围内排涝、降低地下水位的要求、闸前区的流态，以及流速对船舶进出闸的安全影响来加以调整，枯水期计算时采取闸门全开调度。汛期西江洪水时，当西江水位达到警戒水位 2.2 m 至 10 年一遇水位 2.84 m 时，水闸开始分洪，根据围内排涝需要，一般控制睦洲闸下水位不超过 1.80 m，最大分洪流量为 600 m³/s；在洪水达到 2.84 m 至 100 年一遇水位 3.14 m 时，控制睦洲闸下水位不超过 2.10 m，最大分洪流量为 800 m³/s。在洪水位不超过 2.84 m 时，水闸上、下游水头差控制在 2.0 m 以内。水系整体调度改善水环境时，应趁下游涨潮区水闸关闸挡潮时开闸引水，下游落潮时关闸。

（6）白藤大闸调度规程。①水闸防潮、防咸，且当外江水位大于围内水位时，水闸关闭闸门，抵挡外江洪潮水位和防咸。②围内发生暴雨需要排洪时，如外江水位大于围内水位，关闭所有闸门进行挡水，反之，如外江水位小于围内水位，开启全部闸门排洪，最大排洪流量为 1 140 m³/s。

（7）大涌口水闸调度规程。①水闸防潮、防咸，且当外江水位大于围内水位时，水闸关闭闸门，抵挡外江洪潮水位和防咸。②围内发生暴雨需要排洪时，如外江水位大于围内水位，关闭所有闸门进行挡水，反之，如外江水位小于围内水位，开启全部闸门排洪。③水闸需进水，且当围内水位小于内河设计水位，外江水位大于围内水位，外江盐度小于 3 ppt 时，开启闸门进水，建议进水流量依据闸下不同水位进行控制：当闸下水位小于-0.6 m 时，进水流量不超过 800 m³/s；当闸下水位小于 0.0 时，进水流量不超过 1 000 m³/s；当闸下水位小于 0.55 m 时，进水流量不超过 1 200 m³/s。当围内水位小于内河设计水位，而外江水位小于围内水位时，关闭闸门蓄水。④围内河涌需要排水时，若围内水位大于外江水位，可开启闸门排水，最大排水流量也要按闸下（外江）不同水位进行控制，控制条件同③；当闸内水位降低到最低蓄水位时，关闭全部闸门。

2. 水闸适应性评估体系搭建

为说明建闸后珠江河网径流动力和潮流动力的变化，选择了七大水闸附近的 16 个断面的径流动力和潮流动力情况进行研究。上述 7 个水闸及选取的水闸附近的 16 个断面如图 5.1 所示，各断面名称及位置见表 5.2。

表 5.2　代表断面名称及具体位置

断面序号	断面名称	所在河流名称	附近水闸名称
1	N4-51	北江干流	沙口水闸
2	N6-4	佛山河	
3	N16-12	沙湾水道	磨碟头水闸
4	N19-5	李家沙水道	
5	N13-39	顺德水道	甘竹溪水闸
6	N18-8	顺德支流	
7	N25-6	东海水道	
8	W1-92	西江干流	
9	W7-19	江门水道	北街水闸
10	W8-34	江门水道	
11	W8-14	江门水道	睦洲水闸
12	W11-9	江门水道	
13	W14-9	荷麻溪	
14	W18-2-3	磨刀门水道	白藤大闸
15	W21-4	天生河	
16	W22-3	坦洲涌	大涌口水闸

采用层次分析法分析闸群不同联合调度方式下的河网径潮动力条件。选取珠江七大水闸附近的 16 个代表断面的防洪功能适应性、排涝功能适应性及工程安全性为准则层，断面的径流特性、潮流特性、工程水毁为要素层，考虑到工程水毁一般是在径流动力强时发生，而白藤大闸、大涌口水闸以挡潮为主，因此白藤大闸及大涌口水闸附近的 3 个断面不考虑工程水毁这一要素，洪水位、洪峰流量、最大三日洪量、潮差、潮流界、工程水毁概率为指标层，建立的闸群适应性评价层次结构模型见表 5.3[11]。

表 5.3　闸群适应性评价层次结构模型

目标层	准则层		要素层	指标层
闸群适应性评价 A	防洪功能适应性	北江干流 N4-51 B_1	径流特性 C_{11}	洪水位 D_{111}
				洪峰流量 D_{112}
				最大三日洪量 D_{113}
	排涝功能适应性		潮流特性 C_{12}	潮差 D_{121}
				潮流界 D_{122}
			工程水毁 C_{13}	工程水毁概率 D_{131}
		$B_2 \sim B_{13}$	同上	同上

目标层	准则层	要素层	指标层
闸群适应性评价 A	工程安全性	磨刀门水道 W18-2-3 B_{14} 径流特性 C_{141}	洪水位 D_{1411}
			洪峰流量 D_{1412}
			最大三日洪量 D_{1413}
		潮流特性 C_{142}	潮差 D_{1421}
			潮流界 D_{1422}
	B_{15}	同上	同上
	B_{16}	同上	同上

采用 "1~9" 标度法,确定模型中两两指标之间的相对重要性,由此建立合适的判断矩阵,如表 5.4 所示。对于 A-B 层次而言,16 个代表断面同样重要,因此 $a_{ij}=1$。对于 B_1~B_{13}-C 层次而言,因为它们是以防洪为主的水闸附近断面,认为代表断面的径流特性比潮流特性稍微重要,比工程水毁极端重要,潮流特性比工程水毁介于明显重要和强烈重要之间,因此 $a_{12}=3$,$a_{13}=9$,$a_{23}=6$。对于 B_{14}~B_{16}-C 而言,因为它们是挡潮闸附近断面,认为代表断面的潮流特性比径流特性介于稍微重要和明显重要之间,因此 $a_{12}=1/4$。对于 C_{11}~C_{131}-D 而言,认为洪水位比洪峰流量介于同样重要和稍微重要之间,比最大三日洪量介于同样重要和稍微重要之间,最大三日洪量与洪峰流量同样重要,因此 $a_{12}=2$,$a_{13}=2$,$a_{32}=1$。对于 C_{12}~C_{132}-D 而言,认为潮差比潮流界稍微重要,因此 $a_{12}=3$。对于 C_{13}~C_{133}-D 而言,只有工程水毁概率一个指标,因此 $a_{11}=1$。对于 C_{141}~C_{161}-D 而言,认为洪水位比洪峰流量介于同样重要和稍微重要之间,比最大三日洪量介于同样重要和稍微重要之间,最大三日洪量与洪峰流量同样重要,因此 $a_{12}=2$,$a_{13}=2$,$a_{32}=1$。对于 C_{142}~C_{162}-D 而言,认为潮差和潮流界同样重要,因此 $a_{12}=1$。

表 5.4　相对重要性判断矩阵的构建

判断矩阵	相对重要性			
	指标	B_1	…	B_{16}
（A-B）	B_1	1	…	1
	⋮	⋮	⋮	⋮
	B_{16}	1	…	1
	指标	C_{11}	C_{12}	C_{13}
（B_1-C）	C_{11}	1	3	9
	C_{12}	1/3	1	6
	C_{13}	1/9	1/6	1
⋮	⋮			

判断矩阵	相对重要性			
(B₁₆-C)	指标	C₁₆₁		C₁₆₂
	C₁₆₁	1		1/4
	C₁₆₂	4		1
(C₁₁-D)	指标	D₁₁₁	D₁₁₂	D₁₁₃
	D₁₁₁	1	2	2
	D₁₁₂	1/2	1	1
	D₁₁₃	1/2	1	1
(C₁₂-D)	指标	D₁₂₁		D₁₂₂
	D₁₂₁	1		3
	D₁₂₂	1/3		1
(C₁₃-D)	D₁₃₁	1		
⋮	⋮			
(C₁₆₁-D)	指标	D₁₆₁₁	D₁₆₁₂	D₁₆₁₃
	D₁₆₁₁	1	2	2
	D₁₆₁₂	1/2	1	1
	D₁₆₁₃	1/2	1	1
(C₁₆₂-D)	指标	D₁₆₂₁		D₁₆₂₂
	D₁₆₂₁	1		1
	D₁₆₂₂	1		1

　　经检验，所构造的多个判断矩阵均具有较满意的一致性，说明权数分配是合理的，并由此计算出基本评价指标的组合权重（W_j），结果如表 5.5 所示。

表 5.5（a）　各层权数计算值

准则层	准则层权数	要素层	要素层权数	指标层	指标层权数
防洪功能适应性 排涝功能适应性 工程安全性 B_1（北江干流 N4-51）	0.062 5	径流特性 C_{11}	0.663 1	洪水位 D_{111}	0.50
				洪峰流量 D_{112}	0.25
				最大三日洪量 D_{113}	0.25
		潮流特性 C_{12}	0.278 5	潮差 D_{121}	0.75
				潮流界 D_{122}	0.25
		工程水毁 C_{13}	0.058 4	工程水毁概率 D_{131}	1
⋮		⋮			

续表

准则层	准则层权数	要素层	要素层权数	指标层	指标层权数
防洪功能适应性 排涝功能适应性 工程安全性 B_{13}（荷麻溪 W14-9）	0.062 5	径流特性 C_{131}	0.663 1	洪水位 D_{1311}	0.50
				洪峰流量 D_{1312}	0.25
				最大三日洪量 D_{1313}	0.25
		潮流特性 C_{132}	0.278 5	潮差 D_{1321}	0.75
				潮流界 D_{1322}	0.25
		工程水毁 C_{133}	0.058 4	工程水毁概率 D_{1331}	1
防洪功能适应性 排涝功能适应性 B_{14}（磨刀门水道 W18-2-3）	0.062 5	径流特性 C_{141}	0.20	洪水位 D_{1411}	0.50
				洪峰流量 D_{1412}	0.25
				最大三日洪量 D_{1413}	0.25
		潮流特性 C_{142}	0.80	潮差 D_{1421}	0.50
				潮流界 D_{1422}	0.50
防洪功能适应性 排涝功能适应性 B_{15}（天生河 W21-4）	0.062 5	径流特性 C_{151}	0.20	洪水位 D_{1511}	0.50
				洪峰流量 D_{1512}	0.25
				最大三日洪量 D_{1513}	0.25
		潮流特性 C_{152}	0.80	潮差 D_{1521}	0.50
				潮流界 D_{1522}	0.50
防洪功能适应性 排涝功能适应性 B_{16}（坦洲涌 W22-3）	0.062 5	径流特性 C_{161}	0.20	洪水位 D_{1611}	0.50
				洪峰流量 D_{1612}	0.25
				最大三日洪量 D_{1613}	0.25
		潮流特性 C_{162}	0.80	潮差 D_{1621}	0.50
				潮流界 D_{1622}	0.50

表 5.5（b） 指标组合权数值

A	B_1	…	B_{14}	B_{15}	B_{16}	组合权重 W_j
	0.062 5	…	0.062 5	0.062 5	0.062 5	
D_{111}	0.331 6					0.020 7
D_{112}	0.165 8					0.010 4
D_{113}	0.165 8					0.010 4
D_{121}	0.208 9					0.013 1
D_{122}	0.069 6					0.004 4
D_{131}	0.058 4					0.003 7
⋮	⋮	⋮	⋮	⋮	⋮	⋮

续表

A	B_1	...	B_{14}	B_{15}	B_{16}	组合权重 W_j
	0.062 5	...	0.062 5	0.062 5	0.062 5	
D_{1311}			0.331 6			0.020 7
D_{1312}			0.165 8			0.010 4
D_{1313}			0.165 8			0.010 4
D_{1321}			0.208 9			0.013 1
D_{1322}			0.069 6			0.004 4
D_{1331}			0.058 4			0.003 7
D_{1411}				0.100 0		0.006 3
D_{1412}				0.050 0		0.003 1
D_{1413}				0.050 0		0.003 1
D_{1421}				0.400 0		0.025 0
D_{1422}				0.400 0		0.025 0
⋮	⋮	⋮	⋮	⋮	⋮	⋮
D_{1611}					0.100 0	0.006 3
D_{1612}					0.050 0	0.003 1
D_{1613}					0.050 0	0.003 1
D_{1621}					0.400 0	0.025 0
D_{1622}					0.400 0	0.025 0

注：权数和不为 1 由四舍五入导致。

5.1.2　水动力指标计算

水动力指标采用第 4 章建立的带闸、堰等内边界条件的一维河网非恒定流水动力数学模型计算。考虑北江河网二闸联合调度、西江河网三闸联合调度、五节制闸联合调度、七闸联合调度等联调方式，闸的运行方式考虑建闸前、闸门关闭和按设计调度规程运行三种。水闸调度工况组合如表 5.6 所示。计算水文组合选取"98·6"洪水组合和"11·12"枯水组合，见图 5.2。"98·6"洪水期间河网上游高要站洪峰流量达 52 600 m³/s，接近 100 年一遇（52 900 m³/s），其间外海潮位由大潮转换为小潮，平均潮差为 1.65 m；"11·12"枯水期间河网上游高要站+石角站的平均流量仅为 1 500 m³/s，远低于两站枯季多年月平均流量 3 800 m³/s，其间外海潮位由大潮转换为小潮，平均潮差超过 2 m。这期间磨刀门水道咸潮上溯为近年来最为严重的情况，2011 年 12 月中旬，磨刀门水道中下游的南镇水厂—平岗泵站连续 22 天不可取水，已严重影响珠海供水，这是平岗泵站有记录以来最强的一次咸潮。

表 5.6　各工况下水闸调度方式

工况标号	水闸调度方式							工况说明
	沙口水闸	磨碟头水闸	甘竹溪水闸	北街水闸	睦洲水闸	白藤大闸	大涌口水闸	
I	建闸前	建闸前	建闸前	建闸前	建闸前	建闸前	建闸前	建闸前
II	设计	设计	建闸前	建闸前	建闸前	建闸前	建闸前	北江河网二闸联合调度
III	关闭	关闭	建闸前	建闸前	建闸前	建闸前	建闸前	
IV	建闸前	建闸前	设计	设计	设计	建闸前	建闸前	西江河网三闸联合调度
V	建闸前	建闸前	关闭	关闭	关闭	建闸前	建闸前	
VI	设计	设计	设计	设计	设计	建闸前	建闸前	五节制闸联合调度
VII	关闭	关闭	关闭	关闭	关闭	建闸前	建闸前	
VIII	设计	设计	设计	设计	设计	设计	设计	七闸联合调度

注："关闭"表示该水闸关闭；"设计"表示按设计调度规程运行，若该闸以挡潮为主，设计调度规程简化为"在闸下水位高于闸上水位时关闭，否则，打开"。

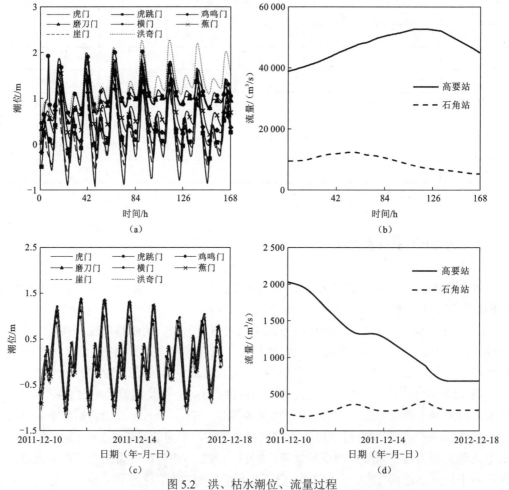

图 5.2　洪、枯水潮位、流量过程

（a）为 "98·6" 洪水期间潮位过程；（b）为 "98·6" 洪水期间流量过程；
（c）为 "11·12" 枯水期间潮位过程；（d）为 "11·12" 枯水期间流量过程

以 1977 年地形为例，在七闸联合调度（工况 VIII）情况下部分断面的水动力过程如图 5.3 所示，可以看到水闸对调控河网水道的水动力有一定的作用。

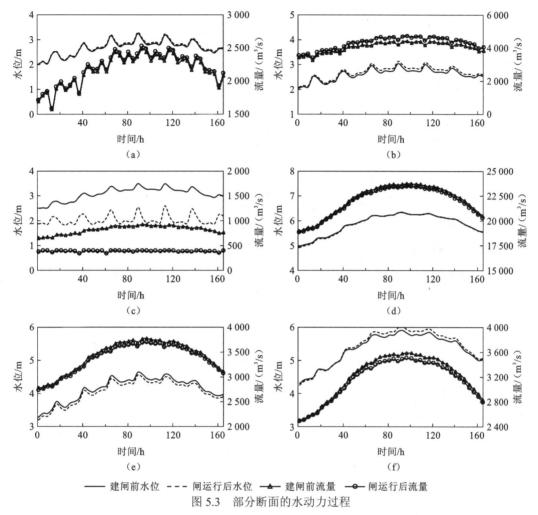

图 5.3　部分断面的水动力过程

（a）为 N16-12；（b）为 W14-9；（c）为 W7-19；（d）为 W1-92；（e）为 N18-8；（f）为 N4-51

5.1.3　评估体系指标评分

1. 评分细则

所选取指标中，洪水位、洪峰流量和潮流界这 3 个指标属于与时长有关的指标，按式（5.1）打分。在这样的评分规则下，统计计算了 1977 年、1999 年和 2008 年地形条件下闸的不同组合方式的河网径潮动力得分。最大三日洪量和潮差属于与时长无关且指标物理量越小越好的指标，按式（5.2）计算得分。工程水毁概率指标根据断面水位不超过设计水位 1 m 情况下所能承受的最小洪水频率给分，按式（5.1）计算该指标得分。

$$S_{a_1} = \frac{T_{a_1} - t_{a_1}}{T_{a_1}} \times 100 \qquad (5.1)$$

$$S_{e_1} = \frac{M_{e_1}}{M_{se_1} + M_{e_1}} \times 100 \qquad (5.2)$$

式中：T_{a_1} 为计算总时长；t_{a_1} 为指标值超过标准值的时长；M_{e_1} 为指标计算值；M_{se_1} 为指标标准值，各断面指标标准值见表 5.7。

表 5.7　各断面指标标准值

断面名称	防洪标准	设计水位/m	设计流量/（m³/s）	潮差/m
北江干流 N4-51	100 年一遇	7.10	3 178.18	0.78
佛山河 N6-4	10 年一遇	2.6	194.40	0.85
顺德水道 N13-39	100 年一遇	5.55	9 406.77	0.87
沙湾水道 N16-12	20 年一遇	3.68	7 134.16	0.87
顺德支流 N18-8	100 年一遇	4.91	4 388.17	1.08
李家沙水道 N19-5	50 年一遇	3.86	2 71.08	1.08
东海水道 N25-6	10 年一遇	5.43	11 894.97	0.90
西江干流 W1-92	100 年一遇	6.20	24 585.02	0.50
江门水道 W7-19	100 年一遇	2.63	395.62	0.60
江门水道 W8-14	10 年一遇	2.18	206.20	0.66
江门水道 W8-34	100 年一遇	2.70	204.38	0.60
江门水道 W11-9	10 年一遇	2.19	380.20	0.66
荷麻溪 W14-9	10 年一遇	2.84	3 582.80	0.66
磨刀门水道 W18-2-3	100 年一遇	2.05	5 077.50	0.83
天生河 W21-4	100 年一遇	1.93	5 077.50	0.86
坦洲涌 W22-3	100 年一遇	—	—	0.86

注：设计水位和设计流量与该河段堤防防洪标准一致。西江河网口门站点灯笼山站多年平均潮差为 0.86 m，潮差向上游（灯笼山站—马口站）的衰减率为 0.45 cm/km；北江河网口门站点南沙站多年平均潮差为 1.3 m，潮差向上游（南沙站—三水站）的衰减率为 0.7 cm/km。

2. 北江河网二闸联合调度

据河网水闸联合调度下的适应性得分表（表 5.8）和适应性等级划分表（表 4.4），1977 年北江二闸按设计调度规程运行时（工况 II）适应性得分为 59.18 分，较建闸前提高了 0.45 分，关闭时（工况 III）适应性得分为 59.35 分，较建闸前提高了 0.62 分，1977 年虽然在北江二闸联合调度下河网适应性得分较建闸前有所提高，但适应性等级仍为"基本适应"；1999 年北江二闸按设计调度规程运行时（工况 II）适应性得分为 60.12 分，较建闸前提高了 0.42 分，关闭时（工况 III）适应性得分为 60.60 分，较建闸前提高了 0.90 分，1999 年建闸前适应性等级为"基本适应"，在北江二闸联合调度下适应性等级

· 164 ·

表5.8　河网水闸联合调度下的适应性得分

地形年份	工况标号	断面得分																总分
		N4-51	N6-4	N19-5	N16-12	N13-39	N18-8	N25-6	W1-92	W7-19	W8-34	W8-14	W11-9	W14-9	W18-2-3	W21-4	W22-3	
1977	I	4.55	3.23	4.99	4.20	4.64	4.80	4.10	4.48	1.35	1.32	4.30	3.27	2.35	3.57	3.54	4.04	58.73
	II	4.47	3.84	4.99	4.10	4.60	4.80	4.10	4.45	1.41	1.38	4.28	3.27	2.34	3.57	3.54	4.04	59.18
	III	4.03	4.79	4.96	3.96	4.65	4.78	4.08	4.31	1.41	1.38	4.26	3.26	2.33	3.57	3.54	4.04	59.35
	IV	4.54	3.23	4.99	4.17	4.63	4.72	4.01	3.97	4.19	3.88	4.26	3.54	2.20	3.59	3.59	4.06	63.57
	V	4.53	3.22	5.02	4.51	4.72	5.01	2.80	3.32	4.92	4.92	4.83	4.99	1.83	3.57	3.65	4.07	65.91
	VI	4.45	3.84	4.98	4.08	4.53	4.71	3.97	3.96	4.25	3.92	4.27	3.54	2.20	3.59	3.59	4.06	63.94
	VII	3.89	4.79	4.98	4.09	4.71	4.99	2.77	3.31	4.92	4.98	4.83	4.99	1.82	3.57	3.65	4.07	66.36
	VIII	4.42	3.85	4.98	4.08	4.53	4.73	3.97	3.96	4.20	3.85	4.27	3.54	2.19	3.61	4.86	3.44	64.48
1999	I	4.13	3.14	4.02	4.01	3.73	4.80	4.65	4.68	1.55	1.58	4.74	3.47	4.12	3.51	3.50	4.07	59.70
	II	3.98	3.88	3.97	3.97	3.71	4.80	4.61	4.68	1.60	1.58	4.74	3.46	4.06	3.51	3.50	4.07	60.12
	III	3.92	4.79	3.79	3.83	3.71	4.80	4.60	4.68	1.60	1.58	4.73	3.46	4.03	3.51	3.50	4.07	60.60
	IV	4.10	3.14	4.01	3.99	3.71	4.76	4.55	4.70	4.31	3.80	4.71	3.61	3.81	3.51	3.52	4.07	64.30
	V	3.97	3.14	4.20	4.11	3.93	4.99	4.08	4.57	4.93	4.93	4.89	4.98	2.34	3.53	3.56	4.10	66.25
	VI	3.96	3.88	3.97	3.95	3.69	4.75	4.54	4.70	4.29	3.55	4.71	3.61	3.78	3.66	3.52	4.07	64.63
	VII	3.82	4.78	3.97	3.93	3.90	4.97	4.07	4.47	4.93	4.99	4.89	4.98	2.28	3.54	3.56	4.10	67.18
	VIII	3.96	3.88	3.97	3.95	3.69	4.75	4.54	4.70	4.31	3.81	4.71	3.61	3.76	3.53	4.87	3.44	65.48
2008	I	4.19	3.15	3.98	3.84	3.66	4.90	4.15	4.73	1.62	1.60	4.65	3.43	3.70	3.41	3.48	4.03	58.52
	II	4.04	3.90	3.92	3.82	3.66	4.89	4.14	4.73	1.62	1.60	4.64	3.43	3.66	3.41	3.48	4.03	58.97
	III	3.98	4.79	3.68	3.56	3.66	4.77	4.13	4.73	1.58	1.60	4.64	3.42	3.57	3.41	3.50	4.03	59.05
	IV	4.17	3.12	3.98	3.84	3.64	4.87	4.11	4.74	4.28	3.84	4.70	3.60	3.12	3.41	3.51	4.03	62.96
	V	4.05	3.14	4.20	3.97	3.79	5.06	3.89	4.73	4.93	4.92	4.90	4.98	2.14	3.44	3.57	4.04	65.75
	VI	4.02	3.89	3.92	3.81	3.64	4.86	4.11	4.74	4.29	3.81	4.69	3.59	3.05	3.33	3.51	4.03	63.29
	VII	3.89	4.80	3.99	3.81	3.79	5.04	3.84	4.73	4.93	4.99	4.89	4.98	2.14	3.44	3.57	4.04	66.87
	VIII	4.02	3.89	3.92	3.81	3.64	4.86	4.11	4.74	4.32	3.83	4.69	3.59	3.05	3.48	4.86	3.44	64.25

提升为"好"；2008 年北江二闸按设计调度规程运行时（工况 II）适应性得分为 58.97 分，较建闸前提高了 0.45 分，关闭时（工况 III）适应性得分为 59.05 分，较建闸前提高了 0.53 分，2008 年虽然在北江二闸联合调度下河网适应性得分较建闸前有所提高，但适应性等级仍为"基本适应"。

以 1977 年为例，对比北江二闸联合调度时（工况 II、工况 III）的适应性得分和建闸前（工况 I）的适应性得分可知，当北江二闸按设计调度规程运行和关闭时，N6-4 断面得分分别提高了 0.61 分和 1.56 分，而 N4-51 断面分别降低了 0.08 分、0.52 分，N16-12 断面分别降低了 0.10 分、0.24 分。通过北江二闸的联合调度，佛山河（N6）等小流路的流量大幅减小，洪水更多地从北江干流（N4）、沙湾水道（N16）、李家沙水道（N19）等北江主要泄水通道经过，故北江二闸有利于维护北江主干动力。

3. 西江河网三闸联合调度

据河网水闸联合调度下的适应性得分表（表 5.8）和表 4.4，1977 年西江三闸按设计调度规程运行时（工况 IV）适应性得分为 63.57 分，较建闸前提高了 4.84 分，关闭时（工况 V）适应性得分为 65.91 分，较建闸前提高了 7.18 分，1977 年建闸前适应性等级为"基本适应"，在西江三闸联合调度下适应性等级提升为"好"；1999 年西江三闸按设计调度规程运行时（工况 IV）适应性得分为 64.30 分，较建闸前提高了 4.60 分，关闭时（工况 V）适应性得分为 66.25 分，较建闸前提高了 6.55 分，1999 年建闸前适应性等级为"基本适应"，在西江三闸联合调度下适应性等级提升为"好"；2008 年西江三闸按设计调度规程运行时（工况 IV）适应性得分为 62.96 分，较建闸前提高了 4.44 分，关闭时（工况 V）适应性得分为 65.75 分，较建闸前提高了 7.23 分，2008 年建闸前适应性等级为"基本适应"，在西江三闸联合调度下适应性等级提升为"好"。

以 1977 年为例，对比西江三闸联合调度时（工况 IV、工况 V）的适应性得分和建闸前（工况 I）的适应性得分可知，当西江三闸按设计调度规程运行时，由于甘竹溪水闸完全打开，泄洪接近建闸前状态，故 N13-39、N18-8、N25-6、W1-92、W8-14 断面得分的变化幅度较小，在北街水闸和睦洲水闸作用下，W7-19、W8-34、W11-9 断面得分分别增加了 2.84 分、2.56 分、0.27 分，W14-9 断面得分降低了 0.15 分，江门水道（W7、W8、W11）的流量减小，荷麻溪（W14）的流量增加，从而减少了经江门水道进入银洲湖的西江洪水，增大了鸡啼门、虎跳门、磨刀门的泄洪量，加强了径流口门泄洪动力；当西江三闸关闭时，除北街水闸和睦洲水闸的作用外，在甘竹溪水闸的作用下，N13-39、N18-8 断面得分有所增加，而 W1-92、N25-6 断面得分有所降低，表明进入北江河网的洪水减小，进入西江河网的洪水增加，甘竹溪水闸起着调控西江、北江主干分流的重要作用。因此，西江三闸联合调度可以增大鸡啼门、磨刀门和虎跳门的泄洪流量，对于维护西江主干河道的泄洪动力有着积极作用。

4. 五节制闸联合调度

据河网水闸联合调度下的适应性得分表（表 5.8）和适应性等级划分表（表 4.4），1977

年五节制闸按设计调度规程运行时（工况 VI）适应性得分为 63.94 分，较建闸前提高了 5.21 分，关闭时（工况 VII）适应性得分为 66.36 分，较建闸前提高了 7.63 分，1977 年建闸前适应性等级为"基本适应"，在五节制闸联合调度下适应性等级提升为"好"；1999 年五节制闸按设计调度规程运行时（工况 VI）适应性得分为 64.63 分，较建闸前提高了 4.93 分，关闭时（工况 VII）适应性得分为 67.18 分，较建闸前提高了 7.48 分，1999 年建闸前适应性等级为"基本适应"，在五节制闸联合调度下适应性等级提升为"好"；2008 年五节制闸按设计调度规程运行时（工况 VI）适应性得分为 63.29 分，较建闸前提高了 4.77 分，关闭时（工况 VII）适应性得分为 66.87 分，较建闸前提高了 8.35 分，2008 年建闸前适应性等级为"基本适应"，在五节制闸联合调度下适应性等级提升为"好"。综合来看，五节制闸对于调控三角洲河网泄洪、潮流通道有积极作用，增大了西江、北江河网主干河道的洪水流量，维护了主干河道的泄洪动力。

5. 七闸联合调度

据河网水闸联合调度下的适应性得分表（表 5.8）和适应性等级划分表（表 4.4），1977 年七闸按设计调度规程运行时（工况 VIII）适应性得分为 64.48 分，较建闸前提高了 5.75 分，适应性等级从"基本适应"提升为"好"；1999 年七闸按设计调度规程运行时（工况 VIII）适应性得分为 65.48 分，较建闸前提高了 5.78 分，适应性等级从"基本适应"提升为"好"；2008 年七闸按设计调度规程运行时（工况 VIII）适应性得分为 64.25 分，较建闸前提高了 5.73 分，适应性等级从"基本适应"提升为"好"。

以 1977 年为例，对比七闸联合调度和五节制闸联合调度时的适应性得分可知，当白藤大闸和大涌口水闸按设计调度规程运行时，W18-2-3 断面得分的变化幅度较小，W21-4 断面得分增加 1.27 分，W22-3 断面得分减小 0.62 分，表明白藤大闸和大涌口水闸可以起到一定的挡潮作用。

6. 闸群调度方案及效果对比

将北江河网二闸联合调度、西江河网三闸联合调度、五节制闸联合调度、七闸联合调度时计算得到的总适应性得分汇总于表 5.9。

表 5.9　河网水闸联合调度下的总适应性得分

闸群	地形年份	得分		
		建闸前	按设计调度规程	关闭
北江二闸联合调度	1977	58.73	59.18	59.35
	1999	59.70	60.12	60.60
	2008	58.52	58.97	59.05
西江三闸联合调度	1977	58.73	63.57	65.91
	1999	59.70	64.30	66.25
	2008	58.52	62.96	65.75

续表

闸群	地形年份	得分		
		建闸前	按设计调度规程	关闭
五节制闸联合调度	1977	58.73	63.94	66.36
	1999	59.70	64.63	67.18
	2008	58.52	63.29	66.87
七闸联合调度	1977	58.73	64.48	—
	1999	59.70	65.48	—
	2008	58.52	64.25	—

总体上看，①水闸在维护珠江三角洲泄洪主干动力，保证三角洲防洪安全，阻止潮流上溯方面起着重要作用。其中，北江二闸主要是维护北江主干动力，西江三闸主要是维护西江主干动力，白藤大闸和大涌口水闸主要是挡潮。②北江二闸联合调度的作用弱于西江三闸联合调度，西江三闸联合调度与五节制闸联合调度作用相当，西江洪水是塑造西江、北江主干的主要力量，七闸联合调度效果最好。因此，可以推断，单一水闸调度难以适应变化的河道地形、水情等，需开展多闸联合调度。③在同一工况下，1999年地形下水闸的适应性得分最高。1977~1999年，河道地形大幅度下切，北江河网地形下切的程度比西江河网大，三水站分流比增大，马口站分流比减小，综合作用下七闸附近河道同流量下的水位降低，适应性得分增加；而1999~2008年，西江河网地形下切的程度比北江河网大，但下切幅度小于1977~1999年，三水站分流比减小，马口站分流比增大，综合作用使得七闸附近河道如沙湾水道、东海水道、荷麻溪等的流量较1999年有所增加，适应性得分降低，适应性等级仍为"好"，表明水闸对地形变化的适应性良好，但1999年后水闸功能有所减弱。

5.1.4 指标层权重敏感性分析

在进行整治工程适应性评估时，决策者主观因素的变化会使评估体系中的判断矩阵和指标权重发生改变，从而对适应性得分产生影响。为探讨主观因素变化对适应性得分的影响程度，改变径流特性要素下的各指标权重，并计算权重改变后的适应性得分，分析改变前后的得分变化，以此说明适应性得分对评估层权重（主观因素）的敏感性。

将径流特性要素下的相对重要性判断矩阵改成表5.10，其余不变。对于C_{11}~C_{162}-D而言，认为洪水位比洪峰流量稍微重要，比最大三日洪量介于同样重要和稍微重要之间，最大三日洪量比洪峰流量介于同样重要和稍微重要之间，因此$a_{12}=3$，$a_{13}=2$，$a_{32}=2$。

表 5.10 径流特性要素下的相对重要性判断矩阵

判断矩阵	相对重要性			
	指标	洪水位	洪峰流量	最大三日洪量
$C_{11} \sim C_{162}$-D	洪水位	1	3	2
	洪峰流量	1/3	1	1/2
	最大三日洪量	1/2	2	1

由此得到的新的指标组合权重，如表 5.11 所示。

表 5.11 新指标组合权数值

A	B_1	⋯	B_{14}	B_{15}	B_{16}	$\sum_{j=1}^{16} B_j D_{ij}$
	0.062 5	⋯	0.062 5	0.062 5	0.062 5	
D_{111}	0.358 1					0.022 4
D_{112}	0.108 1					0.006 8
D_{113}	0.196 9					0.012 3
D_{121}	0.208 9					0.013 1
D_{122}	0.069 6					0.004 4
D_{131}	0.058 4					0.003 7
⋮	⋮	⋮	⋮	⋮	⋮	⋮
D_{1311}			0.358 1			0.022 4
D_{1312}			0.108 1			0.006 8
D_{1313}			0.196 9			0.012 3
D_{1321}			0.208 9			0.013 1
D_{1322}			0.069 6			0.004 4
D_{1331}			0.058 4			0.003 7
D_{1411}				0.108 0		0.006 8
D_{1412}				0.032 6		0.002 0
D_{1413}				0.059 4		0.003 7
D_{1421}				0.400 0		0.025 0
D_{1422}				0.400 0		0.025 0
⋮	⋮	⋮	⋮	⋮	⋮	⋮
D_{1611}					0.108 0	0.006 8
D_{1612}					0.032 6	0.002 0
D_{1613}					0.059 4	0.003 7
D_{1621}					0.400 0	0.025 0
D_{1622}					0.400 0	0.025 0

进一步计算得到北江河网二闸联合调度、西江河网三闸联合调度、五节制闸联合调度、七闸联合调度时新的总适应性得分，如表5.12所示。由表5.12可知，按照"1~9"标度法，将洪峰流量比洪水位、最大三日洪量的相对重要性程度值下调1，河网适应性得分变化率在-0.17%~2.29%，表明该体系在将主观因素定量化过程中具有较好的稳定性。

表5.12 权重改变后河网水闸联合调度下的总适应性得分

闸群	地形年份	建闸前		按设计调度规程		关闭	
		得分	变化率/%	得分	变化率/%	得分	变化率/%
北江二闸 联合调度	1977	59.09	0.61	59.53	0.57	59.67	0.54
	1999	60.69	1.66	61.15	1.71	61.56	1.58
	2008	59.82	2.22	60.26	2.19	60.23	2.00
西江三闸 联合调度	1977	59.09	0.61	64.26	1.09	65.80	−0.17
	1999	60.69	1.66	65.51	1.88	66.98	1.10
	2008	59.82	2.22	64.40	2.29	66.68	1.41
五节制闸 联合调度	1977	59.09	0.61	64.63	1.08	66.30	−0.09
	1999	60.69	1.66	65.87	1.92	67.86	1.01
	2008	59.82	2.22	64.73	2.28	67.73	1.29
七闸联合调度	1977	59.09	0.61	65.22	1.15	—	—
	1999	60.69	1.66	66.70	1.86	—	—
	2008	59.82	2.22	65.68	2.23	—	—

注：变化率是指权重改变后河网水闸联合调度下的适应性得分较权重改变前河网水闸联合调度下的适应性得分（表5.9）的变化率。

5.2 河网区典型险段整治工程适应性评估

西南险段整治工程位于北江下游新沙洲左汊，其具体位置如图4.14所示。西南险段整治工程是北江大堤加固达标工程的一部分。1977年北江下游新沙洲左右汊河道发育均衡，两汊河底高程相近。受人类航道整治工程及采砂活动影响以后，由于集中在左汊河道采砂，左汊河床显著下切，经过左汊的水量增大，水流动力增强，进一步加剧了河床冲刷，西南堤段堤顶与河床的最大相对高差曾超过26m，严重威胁北江大堤的安全。自2000年以来，相关部门出于堤防安全的考虑，不断对新沙洲河段的整治工程进行加固，2008年北江大堤加固达标工程已完工。

5.2.1 评估体系搭建

基于西南险段的岸坡状况、水动力条件与堤身安全状况，从堤防的抗渗性、抗冲性及堤身安全三方面来考虑，选定了最大水力坡降、渗透破坏时长、水流平行冲刷岸坡的冲刷深度、水流斜冲岸坡的冲刷深度、水流与岸坡交角、深泓距岸长度及护坡形式七个指标。选取了西南险段河道中深槽处的三个典型断面来对西南险段整治工程的适应性进行评估，断面桩号为 52+215、52+815 和 53+213，断面位置如图 4.14 所示。

所构建的层次结构模型如表 5.13 所示。A 层为目标层，代表着决策的目的，即整治工程的适应性；B 层为准则层，以断面形态水力适应性和护坡形式适应性判断，包括断面 52+215、断面 52+815 及断面 53+213 三个断面；C 层为要素层，包括抗渗稳定性、抗冲稳定性及堤身安全；D 层为指标层，包括最大水力坡降、渗透破坏时长、水流平冲深度、水流斜冲深度、水流与岸坡交角、护坡形式及深泓距岸长度七个指标。采用"1~9"标度法构造判断矩阵，即对 B 层、C 层和 D 层的元素进行两两比较，按其重要性程度评定等级，元素间相互比较的结果构成的矩阵即判断矩阵，结果见表 5.14。经检验，所构造的多个判断矩阵均具有较满意的一致性，说明权数分配是合理的，并由此计算出 21 个基本评价指标的组合权重（W_j），结果如表 5.15 所示。

表 5.13　西南险段整治适应性评估层次结构模型

目标层	准则层		要素层	指标层
工程适应性评价 A	断面形态水力适应性	断面 52+215 B$_1$	抗渗稳定性 C$_{11}$	最大水力坡降 D$_{111}$
				渗透破坏时长 D$_{112}$
			抗冲稳定性 C$_{12}$	水流平冲深度 D$_{121}$
				水流斜冲深度 D$_{122}$
				水流与岸坡交角 D$_{123}$
			堤身安全 C$_{13}$	护坡形式 D$_{131}$
				深泓距岸长度 D$_{132}$
		断面 52+815 B$_2$	抗渗稳定性 C$_{21}$	最大水力坡降 D$_{211}$
				渗透破坏时长 D$_{212}$
			抗冲稳定性 C$_{22}$	水流平冲深度 D$_{221}$
				水流斜冲深度 D$_{222}$
				水流与岸坡交角 D$_{223}$
			堤身安全 C$_{23}$	护坡形式 D$_{231}$
				深泓距岸长度 D$_{232}$
	护坡形式适应性	断面 53+213 B$_3$	抗渗稳定性 C$_{31}$	最大水力坡降 D$_{311}$
				渗透破坏时长 D$_{312}$
			抗冲稳定性 C$_{32}$	水流平冲深度 D$_{321}$
				水流斜冲深度 D$_{322}$
				水流与岸坡交角 D$_{323}$
			堤身安全 C$_{33}$	护坡形式 D$_{331}$
				深泓距岸长度 D$_{332}$

表 5.14　西南险段整治适应性评估相对重要性判断矩阵的构建

判断矩阵	相对重要性			
	指标	B_1	B_2	B_3
（A-B）	B_1	1	1	1
	B_2	1	1	1
	B_3	1	1	1
	指标	C_{11}	C_{12}	C_{13}
（B_1-C）	C_{11}	1	1	1/2
	C_{12}	1	1	1/2
	C_{13}	2	2	1
	指标	C_{21}	C_{22}	C_{23}
（B_2-C）	C_{21}	1	1	1/2
	C_{22}	1	1	1/2
	C_{23}	2	2	1
	指标	C_{31}	C_{32}	C_{33}
（B_3-C）	C_{31}	1	1	1/2
	C_{32}	1	1	1/2
	C_{33}	2	2	1
	指标	D_{111}		D_{112}
（C_{11}-D）	D_{111}	1		1/9
	D_{112}	9		1
	指标	D_{121}	D_{122}	D_{123}
（C_{12}-D）	D_{121}	1	1	1
	D_{122}	1	1	1
	D_{123}	1	1	1
⋮	⋮			
	指标	D_{331}		D_{332}
（C_{33}-D）	D_{331}	1		3
	D_{332}	1/3		1

表 5.15　西南险段整治适应性评估层次总排序：（A-D）的组合权重

A	B_1	B_2	B_3	组合权重 W_j
	0.333	0.333	0.333	
D_{111}	0.025			0.008 3
D_{112}	0.225			0.074 9

A	B₁	B₂	B₃	组合权重 W_j
	0.33	0.33	0.33	
D₁₂₁	0.083			0.027 6
D₁₂₂	0.083			0.027 6
D₁₂₃	0.083			0.027 6
D₁₃₁	0.335			0.111 6
D₁₃₂	0.166			0.055 3
D₂₁₁		0.025		0.008 3
D₂₁₂		0.225		0.074 9
D₂₂₁		0.083		0.027 6
D₂₂₂		0.083		0.027 6
D₂₂₃		0.083		0.027 6
D₂₃₁		0.335		0.111 6
D₂₃₂		0.166		0.055 3
D₃₁₁			0.025	0.008 3
D₃₁₂			0.225	0.074 9
D₃₂₁			0.083	0.027 6
D₃₂₂			0.083	0.027 6
D₃₂₃			0.083	0.027 6
D₃₃₁			0.335	0.011 6
D₃₃₂			0.166	0.055 3

注：权重和不为 1 由四舍五入导致。

5.2.2　水动力指标计算

为评估西南险段整治工程在地形变化前后的适应性，运用第 4 章建立的平面二维水动力数学模型计算不同地形条件下西南险段典型洪水过程（"08·6"洪水）中的水动力特性，以分析整治工程对西南险段水深、流速等方面的影响；并结合层次分析法建立多指标的综合评估体系，来评估西南险段整治工程在河床地形异变条件下的适应性。

设置三种地形条件，即 1977 年地形、2008 年地形、2019 年地形，分别代表人类活动影响（人工采砂）前、人类活动影响后和险段整治工程加固后的地形情况。计算边界条件采用 2008 年 6 月 168 h 洪水过程，该时段三水站来流及下边界断面水位（一维模型计算值）变化见图 5.4。

对流量最大时刻研究区域内的水深与流场进行对比，如图 5.5 所示，采砂前（1977 年）险段附近河道断面的水深分布均匀，且沿程最大水深（可认为是深泓线）和最大流速处均靠近河道中心；而采砂后（2008 年）河床剧烈下切，水深显著增大，并且可以见到明显

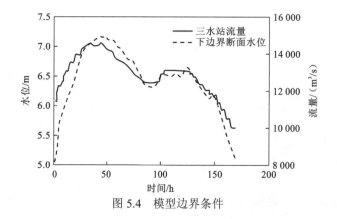

图 5.4　模型边界条件

的采砂坑，断面流速则有所减小，但沿程最大水深和最大流速处向左岸险段处偏移；在整治工程加固后（2019 年），水深进一步增大，但是沿程最大水深处偏离河道左岸险段，向河道中心及右岸靠拢，断面水深和流速分布也较 2008 年更为均衡。在强人类活动驱动下的河床地形下切，显著改变了险段的水动力条件，势必对整治工程的适应性产生影响。

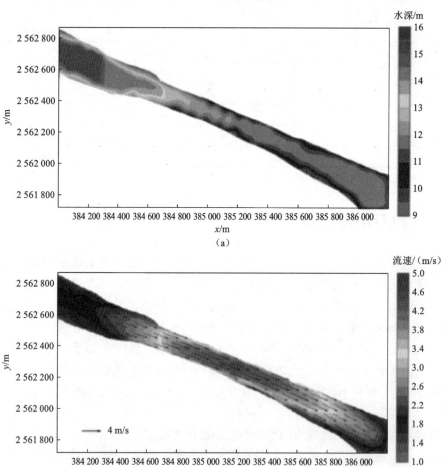

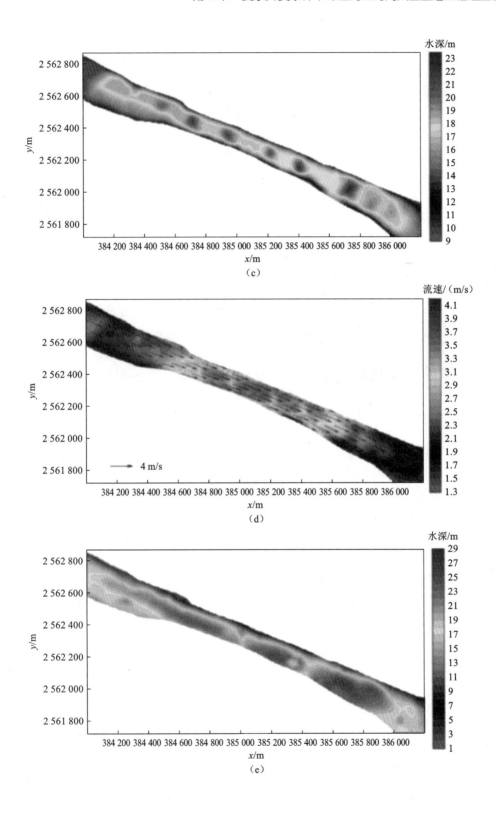

（c）

（d）

（e）

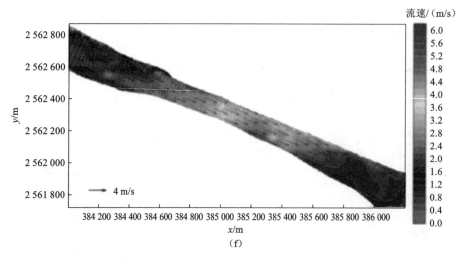

扫一扫 看彩图

图 5.5 不同地形条件下西南险段水动力特性变化

（a）为 1977 年水深；（b）为 1977 年流场；（c）为 2008 年水深；

（d）为 2008 年流场；（e）为 2019 年水深；（f）为 2019 年流场

5.2.3 评估体系指标评分

1. 评分细则

西南险段河堤填筑土为素填土，上部（1.0～3.5 m）为 20 世纪 80 年代填筑土，主要由棕红色砂岩全风化土或坡积土组成，含一些碎石，土质不均，呈粉质黏土状，可塑状。下部老堤身土主要由灰褐色、褐黄色冲积粉质黏土和粉土组成，土质不均一，填土中常夹砂和碎石块，呈可塑状。堤身质量较差。主要的物理力学指标的平均值如下：天然含水率为 23.9%，天然密度为 1.94 g/cm³，孔隙比为 0.72，塑性指数为 12.3，液性指数为 0.51，压缩系数为 0.32 MPa⁻¹（属中压缩性土），压缩模量为 5.71 MPa。渗透系数为 1.0⁻⁴～1.0³ cm/s，属中等透水。固结慢剪强度：黏聚力为 11.7 kPa，内摩擦角为 26.4°。饱和快剪强度：黏聚力为 11.7 kPa，内摩擦角为 20.3°。堤身土主要物理力学指标建议值见表 5.16。

表 5.16 堤身土主要物理力学指标建议值

天然密度 ρ / (g/cm³)	干密度 ρ_d / (g/cm³)	总抗剪强度		有效抗剪强度		渗透系数 k_s / (cm/s)
		黏聚力 c/kPa	内摩擦角 φ/(°)	有效黏聚力 c'/kPa	有效内摩擦角 φ'/(°)	
1.94	1.55	12.0	18.0	11.0	23.0	4.0×10^{-4}

1）最大水力坡降

临界水力坡降按式（5.3）计算：

$$J_{cr} = (G_s - 1)(1 - n_s) \tag{5.3}$$

式中：G_s 为相对密度，此处取 2.7；n_s 为孔隙率。堤身土孔隙比为 0.72，换算成孔隙率为 0.42，计算得到的临界水力坡降为 0.99。

以此临界水力坡降为标准值，计算各模型中三个典型断面的堤身最大水力坡降，与此值比较，按式（4.4）计算得分。

2）渗透破坏时长

利用各模型 209h 的水位流量模拟结果，计算三个典型断面堤身水力坡降不超出临界水力坡降的时长占总时长的比例，按式（4.2）进行打分。

3）水流平冲深度

水流平行于岸坡冲刷产生的冲刷深度，根据《堤防工程设计规范》（GB 50286—2013），按式（5.4）进行计算：

$$h_B = h_p + \left[\left(\frac{V_{cp}}{V_{允}} \right)^m - 1 \right] \tag{5.4}$$

式中：h_B 为从水面算起的局部冲刷深度（m）；h_p 为冲刷处局部水深（m）；V_{cp} 为近岸垂线平均流速（m/s）；$V_{允}$ 为河床面上的允许不冲流速，此处取床沙起动流速；m 为指数，与防护岸坡在平面上的形状有关，此处取 0.25。

床沙起动流速的计算公式采用张瑞瑾公式[12]：

$$U_c = \left(\frac{h_w}{d_b} \right)^{0.14} \left(17.6 \frac{\gamma_s - \gamma}{\gamma} d_b + 6.05 \times 10^{-7} \frac{10 + h_w}{d_b^{0.72}} \right)^{1/2} \tag{5.5}$$

式中：h_w 为水深（m）；d_b 为床沙粒径（m）；γ_s 为泥沙容重（N/m³）；γ 为水容重（N/m³）。

利用模型 209 h 的水位流量模拟结果，计算三个典型断面水流平行冲刷岸坡产生的冲刷深度。将采砂前 1977 年地形的水动力模拟数据计算出来的冲刷深度作为标准值，将 2008 年地形及 2019 年地形的水动力模拟数据计算出来的冲刷深度与标准值做比较，按式（4.4）进行打分。

4）水流斜冲深度

水流斜冲岸坡产生的冲刷深度，根据《堤防工程设计规范》（GB 50286—2013），按式（5.6）进行计算：

$$\Delta h_p = \frac{23 \tan \dfrac{\alpha_p}{2} V_j^2}{\sqrt{1 + m_p^2} \, g} - 30 d_p \tag{5.6}$$

式中：Δh_p 为从河底算起的局部冲刷深度（m）；α_p 为水流流向与岸坡的交角；m_p 为防护建筑物迎水面边坡系数；d_p 为坡角处土壤计算粒径（m），对于黏性土，按《堤防工程设计规范》（GB 50286—2013）取当量粒径值，根据当地地质条件取 $d_p = 0.005$m；V_j

为水流局部冲刷流速（m/s）；g 为重力加速度（m/s^2）。

利用各模型 209 h 的水位流量模拟结果，计算三个典型断面水流斜冲岸坡产生的冲刷深度。将采砂前 1977 年地形的水动力模拟数据计算出来的冲刷深度作为标准值，将 2008 年地形及 2019 年地形的水动力模拟数据计算出来的冲刷深度与标准值做比较，按式（4.4）进行打分。

5）水流与岸坡交角

利用各模型 209h 的水位流量模拟结果，计算三个典型断面的水流与岸坡交角。将采砂前 1977 年地形的水动力模拟数据计算出来的水流与岸坡交角作为标准值，将 2008 年地形及 2019 年地形的水动力模拟数据计算出来的水流与岸坡交角和标准值做比较，按式（4.4）计算得分。

6）护坡形式

查阅资料并且邀请专家打分确定该项指标的得分。2019 年对西南险段整治工程进行加固，护坡采用格宾网兜抛石。格宾网兜抛石可适用于水流流速较高的河道，为大网孔金属网面结构，力学性能高；多孔隙结构分担水流作用力；相邻袋体摩擦系数高，整体稳定性好，具有较好的抗冲刷性。所采用的低碳钢丝经特殊镀层处理后抗腐蚀性强，施工损伤较低，不易老化；长期水下耐久性可达 30 年以上。因此，将 2019 年西南险段整治工程的该项指标得分定为 100 分。1977 年及 2008 年西南险段整治工程采用普通抛石护坡，根据专家意见该项指标得分为 70 分。

7）深泓距岸长度

其可以采用 $h_s / \Delta b$ 的值进行估算，其中 h_s 为深泓水深（m），Δb 指深泓到水边的距离（m），如果岸坡的边坡坡度 $h_s / \Delta b$ 陡于 1∶3，则有崩岸的危险。以岸坡的边坡坡度 1∶3 为标准值，计算模型中三个典型断面岸坡的边坡坡度 $h_s / \Delta b$，与标准值比较，按式（4.4）进行打分。

2. 评分情况

根据上述打分标准，可以得到西南险段整治工程的综合适应性得分，如表 5.17 所示。由采砂前（1977 年）与采砂后（2008 年）打分结果的比较可知，采砂活动等人类活动使得西南险段处的水动力条件发生变化，导致西南险段工程的适应性降低，主要表现在由河床下切引起的深泓逼岸，深泓距岸过近引起潜在的崩岸危险。尽管由于河底水深增大，流速有所减小，水流平行冲刷岸坡所产生的冲刷深度有所减小，但是水流斜冲岸坡的角度变大，水流顶冲岸坡的程度增大，堤防的抗冲稳定性有所下降，整治工程适应性得分由 79.35 分下降为 72.63 分，但两个时期的适应性等级均为"好"。

表 5.17　西南险段整治工程适应性得分

断面号	要素	指标	组合权重	1977 年得分	2008 年得分	2019 年得分
断面 52+215 B_1	抗渗稳定性 C_{11}	最大水力坡降 D_{111}	0.008 3	72.49	77.56	77.69
		渗透破坏时长 D_{112}	0.074 9	100.00	100.00	100.00
	抗冲稳定性 C_{12}	水流平冲深度 D_{121}	0.027 6	50.00	52.66	61.27
		水流斜冲深度 D_{122}	0.027 6	100.00	100.00	100.00
		水流与岸坡交角 D_{123}	0.027 6	50.00	26.00	100.00
	堤身安全 C_{13}	护坡形式 D_{131}	0.111 6	70.00	70.00	100.00
		深泓距岸长度 D_{132}	0.055 3	79.63	55.88	65.51
断面 52+815 B_2	抗渗稳定性 C_{21}	最大水力坡降 D_{211}	0.008 3	77.42	80.19	79.99
		渗透破坏时长 D_{212}	0.074 9	100.00	100.00	100.00
	抗冲稳定性 C_{22}	水流平冲深度 D_{221}	0.027 6	50.00	52.97	53.85
		水流斜冲深度 D_{222}	0.027 6	100.00	100.00	100.00
		水流与岸坡交角 D_{223}	0.027 6	50.00	44.56	67.72
	堤身安全 C_{23}	护坡形式 D_{231}	0.111 6	70.00	70.00	100.00
		深泓距岸长度 D_{232}	0.055 3	82.44	57.40	70.43
断面 53+213 B_3	抗渗稳定性 C_{31}	最大水力坡降 D_{311}	0.008 3	81.82	83.20	82.99
		渗透破坏时长 D_{312}	0.074 9	100.00	100.00	100.00
	抗冲稳定性 C_{32}	水流平冲深度 D_{321}	0.027 6	50.00	63.97	75.37
		水流斜冲深度 D_{322}	0.027 6	100.00	100.00	100.00
		水流与岸坡交角 D_{323}	0.027 6	100.00	0.00	100.00
	堤身安全 C_{33}	护坡形式 D_{331}	0.111 6	70.00	70.00	100.00
		深泓距岸长度 D_{332}	0.055 3	83.48	64.19	68.30
总计			0.998 7	79.35	72.63	90.17
适应性等级				好	好	很好

注：组合权重列的和不为 1 由四舍五入导致。

由整治工程加固前（2008 年）与整治工程加固后（2019 年）打分结果的比较可知，对整治工程进行的加固修复是有成效的，工程适应性得分由 72.63 分显著提高为 90.17 分，适应性等级也由"好"上升为"很好"。这主要是因为 2019 年已经对整治工程的抛石护脚进行了加固，采用格宾网兜抛石，使得堤防护脚的抗冲性增强，并且岸边流速减小，水流对岸坡的冲刷减弱，水流与岸坡的夹角减小，水流对岸坡的顶冲作用减弱。整治工程加固后深泓线也偏离险段，整治工程的安全性有所增强。

5.3　典型河优型口门围垦工程适应性评估

本节以磨刀门为例，研究复杂异变条件下典型河优型口门围垦工程的适应性。改革开放以来，为满足人类经济社会快速发展的需要，磨刀门实施了众多滩涂围垦工程。如图 3.16 所示，磨刀门河口在 20 世纪 70 年代拥有广阔的海域，三灶岛与横琴岛均为大陆离岛，分别隔着宽阔的三灶湾和洪湾水道与大陆相望，人类活动的影响非常有限。到 20 世纪 90 年代末，大规模围垦工程实施后，可围垦区域基本饱和，岸线基本与河口滩涂开发治导线重合，形成一主（磨刀门水道）一支（洪湾水道）的水道格局。截至 2000 年，磨刀门河口共围垦 147.24 km²，分布在三灶湾—三灶岛、鹤洲—交杯沙、横琴岛等区域。近十几年来，因港珠澳大桥建设需求，围垦面积略有增加（6.29 km²），总围垦面积达到 153.53 km²。受围垦工程等人类活动影响，磨刀门口门区广阔的海域消失，岸线变化显著，口门外延距离超过 16 km。此外，强人类活动也使磨刀门河口的河床地形变化剧烈，河底高程平均下切 2.75 m，最大下切深度甚至超过 12 m。针对科学规划滩涂围垦的治理新需求，将对地形变化条件下不同年代的围垦工程的适应性进行评估，探讨其对区域径-潮-盐-水质动力的影响。

5.3.1　评估体系搭建

将磨刀门围垦工程适应性评价作为层次分析法的目标层，从防洪纳潮能力适应性、减污压咸能力适应性、通航能力适应性（准则层）出发，再将其进一步细化为包括洪水特性、潮流特性、盐水入侵、典型污染物及航道尺寸在内的要素层，要素层包含的具体指标为：防洪最关注的洪峰水位、洪水流量；最能反映潮动力特征的潮差和相位；枯水期反映盐水入侵强弱的入侵距离、河口盐度；对水环境影响较大的典型污染物的污染浓度和持续时间；影响河道航运能力的航宽航深共 9 个指标，从而建立适应性评价的层次结构模型，如表 5.18 所示。

表 5.18　磨刀门围垦工程适应性评价层次结构模型

目标层	准则层	要素层	指标层
磨刀门围垦工程适应性评价 A	防洪纳潮能力适应性（水动力特性）B_1	洪水特性 C_{11}	洪峰水位 D_{111}
			洪水流量 D_{112}
		潮流特性 C_{12}	潮差 D_{121}
			相位 D_{122}
	减污压咸能力适应性（水质特性）B_2	盐水入侵 C_{21}	入侵距离 D_{211}
			河口盐度 D_{212}
		典型污染物 C_{22}	污染浓度 D_{221}
			持续时间 D_{222}
	通航能力适应性 B_3	航道尺寸 C_{31}	航宽航深 D_{311}

采用"9/9～9/1"标度法，以 A 磨刀门围垦工程适应性评价为目标，B_1 防洪纳潮能力适应性比 B_2 减污压咸能力适应性的重要程度介于稍微重要和明显重要之间，标度为 9/6；B_3 通航能力适应性比 B_1 防洪纳潮能力适应性的重要程度介于明显重要和强烈重要之间，标度为 9/4；B_3 通航能力适应性比 B_2 减污压咸能力适应性的重要程度介于稍微重要和明显重要之间，标度为 9/6；以 B_1 水动力特性为目标，C_{11} 洪水特性比 C_{12} 潮流特性的重要程度介于稍微重要和明显重要之间，标度为 9/6；以 B_2 水质特性为目标，因为磨刀门沿岸存在众多水厂且出现了盐水入侵影响取水的问题，所以 C_{21} 盐水入侵比 C_{22} 典型污染物强烈重要，标度为 9/3。对于指标层的相对重要性，以 C_{11} 洪水特性为目标，D_{111} 洪峰水位比 D_{112} 洪水流量的重要程度介于稍微重要和明显重要之间，标度为 9/6；以 C_{12} 潮流特性为目标，D_{121} 潮差比 D_{122} 相位的重要程度介于明显重要和强烈重要之间，标度为 9/4；以 C_{21} 盐水入侵为目标，D_{211} 入侵距离比 D_{212} 河口盐度明显重要，标度为 9/5；以 C_{22} 典型污染物为目标，D_{221} 污染浓度比 D_{222} 持续时间稍微重要，标度为 9/7。整理得到磨刀门围垦工程的适应性层次结构中各层次间的判断矩阵，如表 5.19 所示。经检验，所构造的多个判断矩阵均具有较满意的一致性，说明权数分配是合理的，并由此计算出 9 个基本评价指标的组合权重（W_j），结果如表 5.20 所示。

表 5.19 围垦工程适应性评估相对重要性判断矩阵的构建

判断矩阵	相对重要性			
	指标	B_1	B_2	B_3
（A-B）	B_1	1	9/6	9/4
	B_2	6/9	1	9/6
	B_3	4/9	6/9	1
	指标	C_{11}	C_{12}	
（B_1-C）	C_{11}	1	6/9	
	C_{12}	9/6	1	
	指标	D_{111}	D_{112}	
（C_{11}-D）	D_{111}	1	6/9	
	D_{112}	9/6	1	
	指标	D_{121}	D_{122}	
（C_{12}-D）	D_{121}	1	9/4	
	D_{122}	4/9	1	
	指标	C_{21}	C_{22}	
（B_2-C）	C_{21}	1	9/3	
	C_{22}	3/9	1	
	指标	D_{211}	D_{212}	
（C_{21}-D）	D_{211}	1	9/5	
	D_{212}	5/9	1	

续表

判断矩阵	相对重要性			
(C₂₂-D)	指标	D₂₂₁	D₂₂₂	
	D₂₂₁	1	9/7	
	D₂₂₂	7/9	1	

表5.20　围垦工程适应性评估层次总排序：（A-D）的组合权重

A	B₁	B₂	B₃	组合权重 W_j
	0.474	0.316	0.210	
D₁₁₁	0.360			0.171
D₁₁₂	0.240			0.114
D₁₂₁	0.277			0.131
D₁₂₂	0.123			0.058
D₂₁₁		0.482		0.152
D₂₁₂		0.268		0.085
D₂₂₁		0.141		0.045
D₂₂₂		0.109		0.034
D₃₁₁			1	0.210

5.3.2　径-潮-盐-污染物动力特性研究

为评估磨刀门围垦工程在地形变化前后的适应性，运用第4章建立的三维径-潮-盐-水质数学模型计算不同年代岸线及地形条件下磨刀门河口的水动力过程，以分析围垦工程对磨刀门水动力、水质等方面的影响；并结合层次分析法建立多指标的综合评估体系，来评估磨刀门围垦工程在不同年代的适应性。

1. 计算条件

1）地形条件

设置三种地形条件区分工况：①1977年工况，采用1974年岸线+1977年地形；②过渡期工况，采用2015年岸线+1977年地形；③2010年工况，采用2015年岸线+2010年地形。过渡期工况与1977年工况对比可以分析围垦工程在1977年地形条件下的适应性；2010年工况与过渡期工况对比可以分析围垦工程在强人类活动引起地形变化后的适应性。

2）洪水特性边界条件

洪水期径潮动力特性计算将2008年6月168h洪水过程作为边界条件，马口站、三水站、博罗站来流及下游三灶站潮位变化见图5.6。

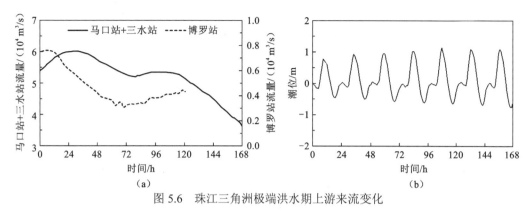

图 5.6　珠江三角洲极端洪水期上游来流变化

（a）为马口站+三水站、博罗站流量；（b）为下游潮位变化（三灶站）

枯季径-潮-盐计算上游进口边界采用珠江 1950～2016 年平均枯季流量，即梧州站 2 900 m³/s，石角站 600 m³/s，博罗站 400 m³/s；流量边界条件给定为恒定流量以消除流量变化对盐水运动的影响；下游外海开边界给定 2016 年 11～12 月两个月的潮汐循环过程（如图 5.7 所示，以大万山站为例），同时不考虑波浪等的影响。

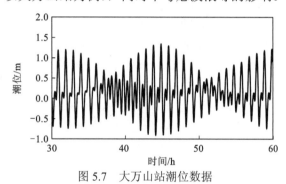

图 5.7　大万山站潮位数据

3）盐度及污染物边界条件

由于河口枯季容易受到盐水入侵的威胁，本节选用枯季径潮条件计算盐度及污染物的变化。盐度计算在下游外海开边界给定恒定盐度 34 ppt[13-14]。同时，选取 TN 作为适应性评价的典型污染物。依照《广东省地表水环境功能区划》（2011 版），磨刀门河口应达到 III 类水标准。《地表水环境质量标准》（GB 3838—2002）中 III 类水标准规定 TN 的质量浓度为 1.0 mg/L。根据刘昕宇等[15]调查的磨刀门排污口情况，模型计算时上游进口边界给予多年平均流量，概化污染点源的位置在大排沙附近，按照规定标准进行岸边排放，排放流量为 5 m³/s，质量浓度为 1.0 mg/L。

4）风场边界条件

模型的风场数据采用香港国际机场多年月平均风场（1997～2020 年），数据来自香港天文台（https://www.hko.gov.hk）。各月份的多年月平均风速和风向数据见表 5.21。

表 5.21　香港国际机场多年月平均风场数据（风向以正南为起点）

要素	月份											
	1	2	3	4	5	6	7	8	9	10	11	12
风速/（m/s）	4.53	4.75	5.00	4.91	4.65	4.66	4.56	4.11	4.20	4.48	4.47	4.41
风向/（°）	92.2	113.9	89.6	97.0	133.5	194.8	180.9	171.7	104.6	90.0	81.3	62.1

2. 径-潮-盐动力计算结果

磨刀门河口在枯季时最容易受到咸潮侵袭，因此以枯季为例，磨刀门口门区域径-潮-盐动力计算结果如下。

1）磨刀门径潮动力特征

图 5.8 和图 5.9 分别给出了小潮及大潮期间磨刀门垂线平均流速的平面分布,用于研究人类活动对磨刀门平面水流结构的影响。如图 5.8（a）、（b）所示,1977 年工况小潮涨急和落急时刻,在三灶岛与大陆、三灶岛与横琴岛及横琴岛与大陆之间存在明显的高流速区,为磨刀门四条典型的潮汐通道;小潮涨急时流速向陆,为 0.1～0.4 m/s,小潮落急时叠加径流下泄作用,流速向海且增长为 0.2～0.5 m/s;磨刀门旧口门的最大涨落潮流量可达 2900～3200 m³/s。对于过渡期工况[图 5.8（c）、（d）],围垦导致三灶岛与大陆相连,三灶湾几乎消失,磨刀门一条重要的潮汐通道被阻塞;鹤洲筑堤围垦,使得三灶岛与横琴岛之间的两条潮汐通道束窄为一条狭长的磨刀门水道,虽然磨刀门水道因岸线束窄涨落潮流速增加 15%左右,达到 0.3～0.5 m/s,但原有广阔的高流速区面积削减超过 75%,潮汐通道严重阻塞;横琴岛与大陆之间的围垦束窄了洪湾水道,涨落潮流速也略有增加。与 1977 年工况相比,过渡期工况的围垦严重阻塞了磨刀门的潮汐通道,磨刀门小潮期间涨落潮流量变为 2200～2700 m³/s,降低了 20%左右,潮动力强度明显减弱,不利于盐水向口门上游输运。对于 2010 年工况[图 5.8（e）、（f）],地形下切导致磨刀门潮汐通道的涨落潮流速显著增加;与过渡期工况相比,磨刀门涨落潮流速增加 25%～30%,达到 0.4～0.6 m/s;地形下切引起的河槽容积增加强化了磨刀门的纳潮能力,从而涨落潮流量骤增为 4250～4350 m³/s,明显高于过渡期工况和 1977 年工况,意味着地形下切使得磨刀门潮动力强度急剧增加,有利于加剧磨刀门的盐水入侵[16]。

如图 5.9 所示,大潮期间磨刀门的涨落潮动力显著增强,同一工况下潮汐通道内的涨落潮流速比小潮期间高 0.1～0.2 m/s,相应的涨落潮流量扩大 1.5～2 倍。与小潮期间人类活动的影响类似,过渡期工况的围垦也严重削弱了磨刀门大潮期间的潮动力强度,与 1977 年工况相比,虽然磨刀门水道因断面收缩涨落潮流速增加 15%,但潮汐通道阻塞使得大潮期间的涨落潮流量由 4500～5300 m³/s 减少为 3700～4450 m³/s,降低了 18%。对于 2010 年工况[图 5.9（e）、（f）],地形下切也使得磨刀门大潮期间的涨落潮流速显著增加,磨刀门水道流速增加到 0.9～1.0 m/s,增幅为 25%～30%,洪湾水道流速增加到 0.4～0.5 m/s,比过渡期工况大潮期间的流速高 20%～30%[图 5.9（c）、（d）];同时,2010 年工况大潮期间的涨落潮流量骤增为 7700～7900 m³/s,是过渡期工况的 2 倍,甚至比 1977 年工况还高 50%,说明地形下切增大了磨刀门的纳潮能力,会加剧盐水入侵。

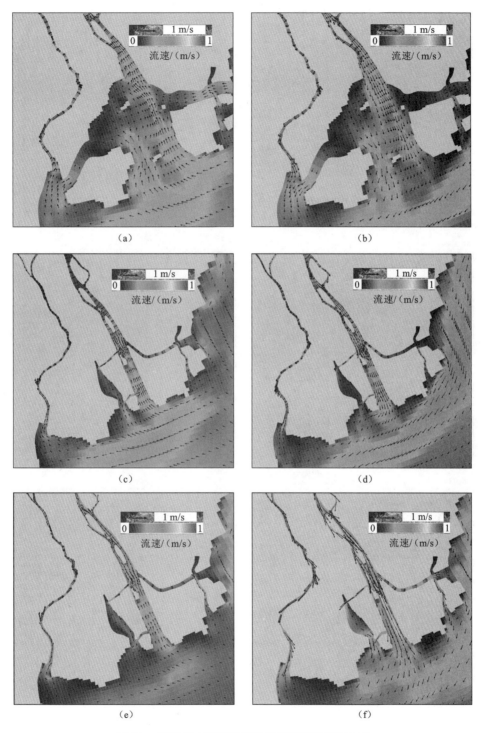

图 5.8 磨刀门小潮期间垂线平均流速的平面分布

（a）为 1977 年工况涨急；（b）为 1977 年工况落急；（c）为过渡期工况涨急；

（d）为过渡期工况落急；（e）为 2010 年工况涨急；（f）为 2010 年工况落急

扫一扫 看彩图

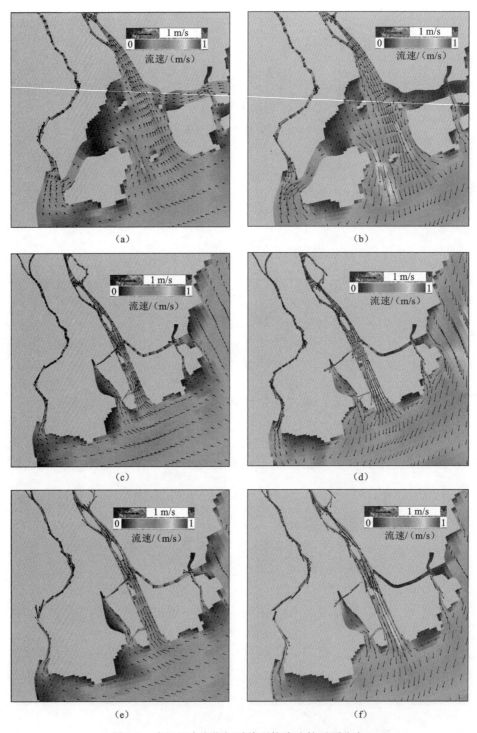

图 5.9　磨刀门大潮期间垂线平均流速的平面分布

（a）为 1977 年工况涨急；（b）为 1977 年工况落急；（c）为过渡期工况涨急；

（d）为过渡期工况落急；（e）为 2010 年工况涨急；（f）为 2010 年工况落急

在河口盐淡水交汇区，由于水体存在密度差异，涨潮期间水流往往具有分层现象：密度较小的淡水径流位于表层，向海宣泄；密度较大的盐水位于底层，随涨潮流向陆上溯；盐淡水交界面向上游倾斜，交界面上的盐水向上掺混并被稀释，进入表层后又下泄入海，从而形成重力环流。图 5.10 给出了小潮和大潮期间磨刀门河口沿深泓线剖面的流速分布。

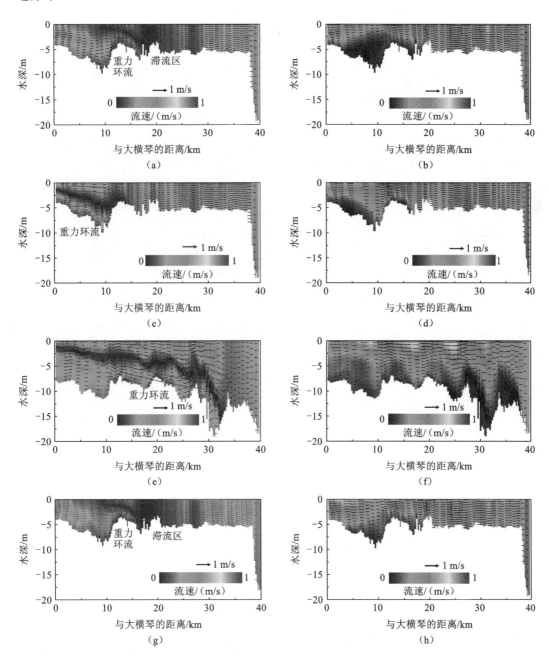

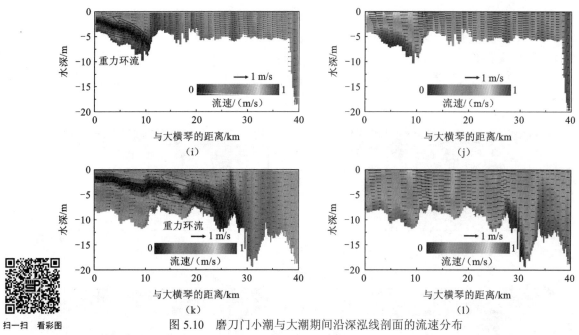

图 5.10　磨刀门小潮与大潮期间沿深泓线剖面的流速分布

(a) 为小潮 1977 年工况涨潮；(b) 为小潮 1977 年工况落潮；(c) 为小潮过渡期工况涨潮；(d) 为小潮过渡期工况落潮；
(e) 为小潮 2010 年工况涨潮；(f) 为小潮 2010 年工况落潮；(g) 为大潮 1977 年工况涨潮；(h) 为大潮 1977 年工况落潮；
(i) 为大潮过渡期工况涨潮；(j) 为大潮过渡期工况落潮；(k) 为大潮 2010 年工况涨潮；(l) 为大潮 2010 年工况落潮

如图 5.10 所示，1977 年工况小潮期间[图 5.10 (a)、(b)]磨刀门河口下游涨潮流速无明显分层现象，与磨刀门盐度混合相对充分、表底层水体密度差异小有关；距大横琴 15 km 的旧口门处表层流速向海，底层涨潮流速向陆，形成了重力环流，但尺度非常小；在河口中游涨潮盐水与下泄淡水遭遇时，形成了明显的滞流区，滞流区水流流速接近 0，盐度主要通过扩散作用进行掺混，到了落潮期间磨刀门旧口门处微弱的重力环流消失，表底层流速均向海，且表层流速大于底层流速。对于过渡期工况，深泓剖面的流速分布发生调整[图 5.10 (c)、(d)]，围垦导致磨刀门潮动力减弱，沿线潮差显著降低，潮汐混合作用减弱，有利于盐度垂向分层，由于垂向密度差异，小潮涨潮期间磨刀门下游出现了流速分层现象，表层流速向海，底层流速向陆，表底层水流交界面流速接近于 0，在上游距大横琴 15 km 的河段内形成了显著的重力环流；小潮落潮期间底层流速逐渐调整为向海方向，与表底层水流流向一致，河口环流消失，同时注意到围垦后磨刀门的落潮流速比 1977 年工况落潮流速增大，与上面的分析结果吻合。对于 2010 年工况[图 5.10 (e)、(f)]，地形剧烈下切削弱了磨刀门的河床阻力，潮动力增强，小潮涨潮期间密度大的底层盐水入侵更上游地区，虽然潮差增大在一定程度上可增加垂向混合作用，但此时水深更大，表底层盐度仍然差异明显，因此表层淡水继续向海宣泄，底层涨潮流速依旧向陆，重力环流不仅没被破坏而且尺度大大增加，其作用范围抵达距大横琴 35 km 的河段，几乎充满了整个磨刀门河口。

与小潮期间的人类活动作用一致，大潮期间过渡期工况[图 5.10 (i)、(j)]与 1977 年工况[图 5.10 (g)、(h)]相比，围垦降低了磨刀门潮差，减弱了潮汐混合作用，有利于盐度垂向分层，从而使磨刀门下游流速出现明显的分层现象，表层流速向海，底层流速向陆，典型的重力环流形成于上游距大横琴 10 km 的河段内；落潮期间表底层流速均调整为向海方向，重力环流消失，只不过落潮流速比同工况下小潮期间的流速增大。地形下切削弱了河床阻力，大潮期间依然使得 2010 年工况下磨刀门的重力环流尺度比过渡期工况大，重力环流影响延续至上游距大横琴 30 km 的河段，充满磨刀门河口的 3/4；大潮落潮期间流速均向海且比过渡期工况大。同时，注意到与小潮相比，大潮期间磨刀门重力环流尺度均明显变小，过渡期工况与 2010 年工况 [图 5.10（k）、（l）] 比小潮期间的重力环流缩短了 5 km 左右。这是因为大潮期间潮差更大，潮汐混合作用更强，有利于加剧盐度的垂向混合，从而流速分层现象减弱，重力环流尺度缩小。

董炳江等[17]指出重力环流的形成与密度弗劳德数 Fre [式（5.7）] 关系密切，其反映了来流水体的惯性力与浮力作用的相对大小。当其他条件不变时，Fre 越小，说明来流惯性力越小，而浮力作用越大，越易形成重力环流。

$$Fre = U \bigg/ \sqrt{\frac{\rho_0 - \rho_s}{\rho_s} g h_w} \tag{5.7}$$

式中：U 为来流水体速度；g 为重力加速度；h_w 为水深；ρ_s 为环境流体密度；ρ_0 为来流密度。1977 年工况下磨刀门河口密度弗劳德数 Fre 为 0.62～1.32；过渡期工况下围垦后的密度弗劳德数变为 0.23～0.39；2010 年工况下地形下切后 Fre 为 0.25～0.45。这说明磨刀门的围垦工程及人类活动引起的下切均使得 Fre 降低，有利于重力环流的形成。1977～2010 年人类活动的综合效应使得磨刀门的水流结构出现剧烈调整，重力环流的大幅增强必然能改变磨刀门盐度的混合状态和输运特性。

2）磨刀门分层输运

图 5.11 和图 5.12 分别给出了三种工况下小潮和大潮期间磨刀门盐度沿深泓线的垂向分布。如图 5.11、图 5.12 所示，无论是大潮期间还是小潮期间，在涨潮过程中盐水均向陆输运，到涨憩时盐水入侵最剧烈；在落潮过程中盐水均向海输运，到落憩时盐水入侵最微弱。

小潮期间，磨刀门河口在 1977 年工况下主要呈现出部分分层状态，盐度分层系数 Sp 为 0.2～0.8，盐度等值线与水平方向呈现出明显的夹角 [图 5.11（a）～（d）]。然而，在过渡期工况，由于围垦削减了潮差，潮汐混合作用减弱，并且形成了小规模的重力环流 [图 5.10（c）]，磨刀门河口盐度转变为高度分层状态，盐度分层系数 Sp 增大到 1.1～1.3，盐度等值线变得接近水平，并且在河口下游 18.5 km 的范围内出现典型的盐水楔 [图 5.11（e）～（h）]。同时，底层盐度显著增加，尤其是在落急 [图 5.11（g）]和落憩 [图 5.11（h）] 时，增量均超过 5 ppt。底层盐度锋面向陆推进显著，如 20 ppt 盐度锋面在涨急 [图 5.11（e）]和涨憩 [图 5.11（f）] 时向陆推进接近 4.1 km；而表层盐度（0.5 ppt）锋面却向海后移 6 km。这意味着围垦使得磨刀门的盐度分层状态加剧，但围垦使得潮汐向陆扩散作用减弱，河口表层盐度降低，表层盐度锋面向海推移，盐水入侵距离缩短。在 2010 年工况下，磨刀门河口盐度呈现出高度分层状态，盐度分层系数 Sp

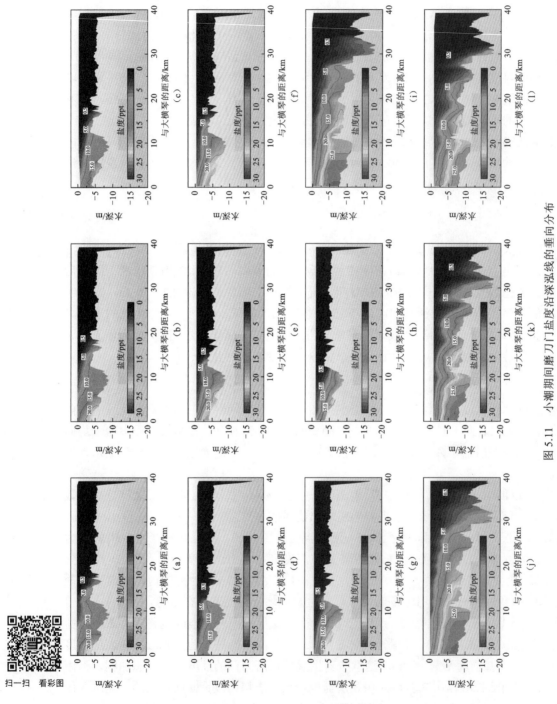

图 5.11　小潮期间磨刀门盐度沿深泓线的垂向分布

（a）为1977年工况涨急；（b）为1977年工况落憩；（c）为1977年工况落急；（d）为1977年工况涨急；（e）为过渡期工况落憩；（f）为过渡期工况涨急；（g）为过渡期工况落急；（h）为过渡期工况涨急；（i）为2010年工况落憩；（j）为2010年工况涨急；（k）为2010年工况涨急；（l）为2010年工况落憩；

扫一扫　看彩图

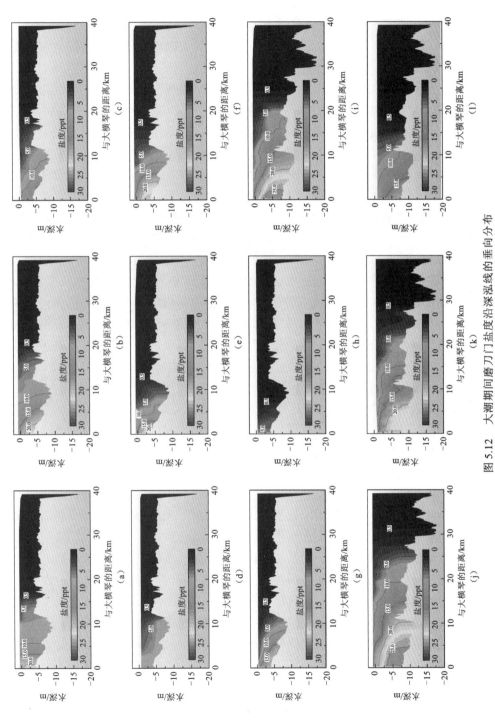

图 5.12　大潮期间磨刀门盐度沿深泓线的垂向分布

(a) 为1977年工况涨憩；(b) 为1977年工况涨急；(c) 为1977年工况落憩；(d) 为1977年工况落急；(e) 为过渡期工况涨憩；(f) 为过渡期工况涨急；(g) 为过渡期工况落急；(h) 为过渡期工况落憩；(i) 为2010年工况落急；(j) 为2010年工况涨憩；(k) 为2010年工况涨急；(l) 为2010年工况落憩

扫一扫　看彩图

仍大于 1，并且盐度等值线接近水平[图 5.11（i）～（l）]。剧烈地形下切导致了磨刀门河口水流结构的变化，形成了更大范围的重力环流，2010 年工况下磨刀门河口盐水楔的空间尺度也明显增大，接近 40 km，几乎充满了整个河口；底层盐度比过渡期工况增加 5 ppt，并且盐度锋面明显向陆前进，表底层盐度锋面分别前进 10.2 km 和 19.9 km。这一结果也印证了近几十年来，磨刀门河口盐水入侵的大幅增强及淡水资源供应遭受威胁状况的日益加剧。

大潮期间，随着潮差的增大，潮汐混合作用的增强，相应工况下的磨刀门河口盐度的分层状态减弱，盐水楔甚至遭到破坏。在 1977 年工况下，盐度分层系数 Sp 在大潮期间为 0.02～0.4，明显小于小潮期间的数值；河口呈现出充分混合—部分分层的过渡状态[图 5.12（a）～（d）]。例如，河口在涨憩时盐度混合充分[图 5.12（b）]，在落憩时又转变为部分分层状态[图 5.12（d）]。围垦作用抑制了大潮期间更强的潮汐混合作用，磨刀门河口在过渡期工况下呈现出部分分层状态，盐度分层系数 Sp 为 0.1～0.7，盐度等值线与水平方向存在明显的夹角[图 5.12（e）～（h）]。尽管底层盐度（20 ppt）锋面轻微向陆前进 1.2 km，但表层盐度锋面显著向海后撤 4.1 km。甚至在落憩时，盐度几乎被淡水完全推出河口[图 5.12（h）]，盐水楔也遭到破坏而不复存在，这表明围垦后盐水入侵对周边城市的淡水威胁大幅降低。对于 2010 年工况，地形下切导致盐水入侵加剧，盐度分层系数 Sp 为 0.5～0.8，呈现出部分分层状态；盐度等值线与水平方向的夹角也变小，涨憩时尤为明显[图 5.12（j）]。虽然潮差增大，潮汐混合作用增强，但这并没有破坏重力环流，盐度依然呈现出显著的垂向分层结构[图 5.12（i）～（l）]。此外，与过渡期工况相比，2010 年工况大潮期间，底层盐度增加 5～10 ppt，表层盐度锋面向陆前进了 12.9 km，增加了淡水供应的风险。

上述研究结果表明，与 1977 年磨刀门的盐度垂向分层状态相比，围垦导致的岸线变化和河床下切都能加剧垂向分层，但作用机理不同。河口岸线的几何形状在调节盐度分层—混合过程中起着重要的作用，它在很大程度上控制着潮差的大小、潮流速的周期变化及河口与上游河道之间的水体交换[14]。磨刀门河口在 1977 年呈现为一定的喇叭形岸线状态，重力环流作用微弱，潮汐扩散作用更强，围垦使其岸线形状变为规则，水道变得顺直且狭长，减弱的潮汐扩散作用降低了河口平均盐度，表层盐度锋面向海后退；同时，减小的潮差也引起了潮汐垂向混合作用的减弱，从而导致底层盐度增加，底层盐度锋面向陆推进（图 5.11 和图 5.12）。因此，围垦导致的岸线变化使得表、底层盐度锋面向不同方向移动，河口盐度的分层状态增强。另外，河床下切使河口潮差增大，在一定程度上加剧了潮汐的垂向混合程度，削弱盐度分层；但下切的河床使水深增大，表底层盐度差异依旧很大，形成的重力环流尺度也更大，盐水楔入侵更上游区域。因此，在 2010 年工况下无论是底层盐度还是表层盐度均显著增加，表底层盐度锋面均大幅向陆推进，盐度分层结构的范围比过渡期工况扩大了一倍。综上所述，在过去的 40 年里，人类活动的综合效应使得磨刀门河口由部分分层为主的状态转变为高度分层的状态，重力环流和盐水楔易于形成，盐水入侵加剧。

3）磨刀门潮差及盐度变化

图 5.13 和图 5.14 分别给出了三种工况下磨刀门河口潮差和盐度的时空变化。图 5.13（a）显示了磨刀门水道及上游西江干流水道沿程各潮位站的月均潮差：在三种工况下，潮差均由河口向河网上游衰减，由磨刀门大横琴站的 0.75 m 衰减至西江河网上游高要站的 0.35 m。与 1977 年工况相比，过渡期工况磨刀门河口内站点的潮差明显减小，竹排沙站减小最多，为 0.14 m。这说明人类在磨刀门的围垦活动占据了大面积水域，潮汐通道阻塞，阻碍了外海潮波向河口的传播，削弱了磨刀门的潮动力强度，进而影响潮汐对盐度的混合作用。由于地形下切剧烈，河床底部对潮波传播的摩擦阻力大大降低，2010 年工况下磨刀门潮差又显著增加。与过渡期工况相比，潮差增加最大值为 0.27 m，出现在河口顶端的竹银站。地形下切导致的潮差增幅明显大于围垦导致的潮差降幅，说明人类活动引起的地形下切对河口潮动力的增强作用远大于岸线变化带来的削减作用。此外，从潮动力受影响的空间范围来看，也是如此。图 5.13（a）显示围垦对潮差的影响可抵达距离口门 100 km 的甘竹站，而磨刀门地形下切对潮差的影响范围更广，可抵达距口门接近 200 km 的高要站。

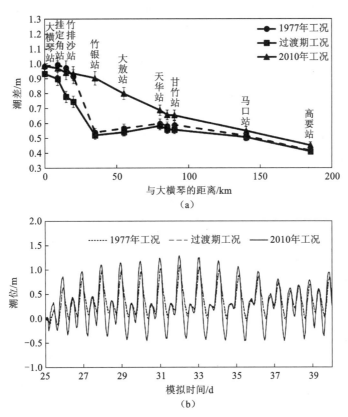

图 5.13　不同时期西江沿程潮差及典型潮位站的潮位变化情况

（a）为西江潮差沿程变化；（b）为竹银站潮位变化过程

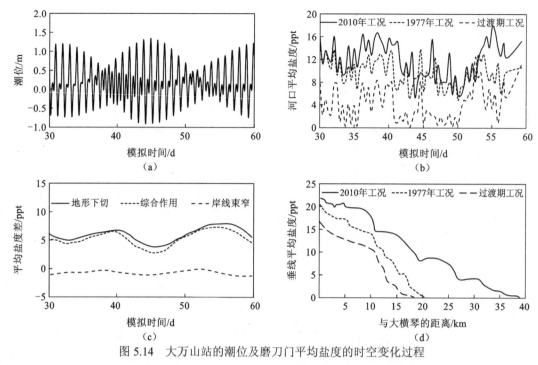

图 5.14　大万山站的潮位及磨刀门平均盐度的时空变化过程
（a）为大万山站潮位变化过程；（b）为磨刀门河口平均盐度变化过程；
（c）为平均盐度差变化过程；（d）为垂线平均盐度沿深泓线的空间分布

　　人类活动不仅能使磨刀门的潮差大小发生变化，也能改变潮波的传播速度，使得潮波发生变形。图 5.13（b）给出了潮动力受人类活动影响最强烈的站点——竹银站的潮位过程。由图 5.13（b）可知，围垦对磨刀门的潮波传播速度影响有限，竹银站在 1977 年工况和过渡期工况的相位差异不明显；而在 2010 年工况下地形下切使得竹银站潮波相位提前 1～2 h。河床大幅度下切增加了磨刀门水道的平均水深，潮波的传播速度随之增大，从而使磨刀门在 2010 年工况下的高低潮位相比前两种工况来得更早。以上结果表明，无论是从空间角度还是从时间角度，人类活动引起的地形下切对磨刀门河口潮动力的增强作用远大于围垦导致的岸线变化对潮动力的削弱作用。因此，在 1977～2010 年多种多样的人类活动的综合影响下，磨刀门河口的潮动力出现了系统性的增强，口门内水体盐度升高，河口盐水入侵加剧。

　　图 5.14 给出了外海大万山站的潮位及磨刀门平均盐度的时空变化过程，用于说明不同潮型情况下磨刀门的盐度对人类活动的响应。这三种工况下的垂线平均盐度沿深泓线的空间分布均起于磨刀门河口最前端的大横琴站，止于河口上游 40 km 处。

　　如图 5.14（a）所示，计算时段内大万山站出现两个大潮—小潮—大潮循环过程，小潮期间潮差小于 1 m，大潮期间潮差超过 2 m。大万山站位于外海足够远处，几乎不受人类活动影响，三种工况下大万山站潮位相同。如图 5.14（b）所示，磨刀门河口平均盐度呈现出典型的半月变化，受大小潮转换的影响，30 天内出现两次盐度峰值。三种工况下，最大亚潮盐度均出现在小潮期间，而最小亚潮盐度则皆出现在大潮期间。这说明地形下切及岸线变化没有改变磨刀门亚潮盐度峰值的相位，但改变了潮内盐度峰值的出现时间，由 1977 年工况的大潮期间转变为过渡期工况和 2010 年工况的小潮期间。Barras 等[18]指出：对于重力环流控制的河口，小潮期间盐水向陆输运强烈，从而出现盐度峰值；对于潮汐扩散控制的河口，强烈的盐水向陆输运则常常发生在大潮期间，潮差越大，潮内盐度峰值越高。1977 年工况潮内盐度峰值出现在大潮期间，且大潮差伴随着高盐度，这意味着此时磨刀门受潮汐扩散作用的影响显著。然而，人类的围垦活动改变了磨刀门岸线，使得口门区由广阔的外海变为狭长的水道，阻碍了潮波传播，降低了潮差，从而削弱了潮汐扩散作用；并且严重的地形下切增加了磨刀门水道的水深，有利于重力环流的形成，最终磨刀门转变成重力环流控制的河口。因此，在过渡期工况及 2010 年工况，磨刀门的潮内盐度峰值出现在小潮期间。

图 5.14（c）给出了三种人类活动带来的作用下磨刀门平均盐度差的时间序列，用于定量评估人类活动对磨刀门盐度大小的影响，地形下切是 2010 年工况与过渡期工况的差值，岸线束窄是过渡期工况与 1977 年工况的差值，综合作用为 2010 年工况与 1977 年工况的差值。由图 5.14（c）可知：大规模围垦造成的河口岸线束窄阻碍了盐水向陆输运，过渡期工况与 1977 年工况相比，平均盐度降低 0.2～1.3 ppt；因小潮期间潮差小，盐淡水掺混弱，盐度降幅较大潮期间小。而大幅度的地形下切，加剧外海盐水的向陆输运，2010 年工况下平均盐度比过渡期工况增加 3.7～8.1 ppt，且小潮期间的河口平均盐度的增加幅度较大潮期间大。图 5.14（c）给出了岸线束窄、河床下切及两者综合作用下的盐度差时间序列，其呈现出明显的大潮—小潮变化过程。地形下切对河口平均盐度的增幅明显大于岸线束窄造成的减幅，其综合作用使磨刀门河口平均盐度升高 2.9～7.6 ppt。

图 5.14（d）给出了大潮和小潮期间磨刀门垂线平均盐度沿深泓线的分布，用于定量评估人类活动对盐度空间分布的影响。1977 年工况小潮期间，盐水沿磨刀门上溯至距大横琴 20 km 处，纵向盐度梯度为 1.0 ppt/km。由于大规模围垦，过渡期工况垂线平均盐度沿程均显著降低，最大降低值为 6.5 ppt，盐度梯度与 1977 年工况基本相同，但盐度出现的范围缩小了 2.3 km。2010 年工况下，河床大幅度下切，重力环流作用增强，使整个磨刀门盐度出现系统性增加，比过渡期工况最多增加 13 ppt，远大于围垦导致的盐度降低；盐水沿磨刀门上溯至距大横琴 40 km 处，几乎涵盖整个磨刀门河口，盐度梯度明显减小，仅仅为 1977 年工况的一半，为 0.5 ppt/km。相对于小潮，大潮期间更少的盐水被输运至磨刀门河口，因此三种工况下垂线平均盐度的沿程分布线下移显著，盐度存在的空间范围也只有小潮期间的 75%左右，但仍然可以注意到 2010 年工况的纵向盐度梯度依旧比过渡期工况和 1977 年工况低。这说明人类活动的综合效应使得磨刀门河口的盐度显著增加且沿程衰减减弱，盐水入侵大幅增强。

5.3.3　评估体系指标评分

选取竹银站分析评价洪水特性变化，选取磨刀门口门大横琴站、挂定角站、灯笼山站三站分析评价潮流特性，站点位置见图 1.1。

1. 洪水特性

图 5.15（a）给出了竹银站采用 25 h 周期滤波后的水位。由图 5.15（a）可知，与 1977 年工况相比，磨刀门围垦工程使得口门外延，阻碍了洪水宣泄，过渡期工况竹银站水位平均壅高 0.14 m。2010 年工况下，由于河口地形剧烈下切，磨刀门水道水位显著降低，与 1977 年工况相比，竹银站水位降幅超过 2 m。

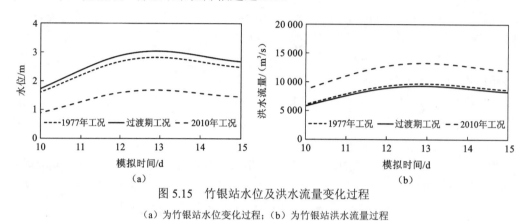

图 5.15　竹银站水位及洪水流量变化过程

（a）为竹银站水位变化过程；（b）为竹银站洪水流量过程

以 1977 年地形条件下竹银站洪峰水位为标准，根据式（5.8），按照高于该洪峰水位的时长比例进行评分，从而得出围垦工程关于洪峰水位指标的适应性评分：

$$S_{a_2} = \frac{T_{a_2} - t_{a_2}}{T_{a_2}} \times 100 \tag{5.8}$$

式中：T_{a_2} 为计算总时长；t_{a_2} 为水位超过 1977 年工况洪峰水位的时长。磨刀门围垦工程延长了洪水入海路径，使得竹银站水位的超标时长比例达到 22%，评分为 78.00 分；人类活动驱动下磨刀门河口地形剧烈下切，竹银站计算时段内水位均低于 1977 年洪峰水位，因此在 2010 年地形条件下，围垦工程的适应性评分为 100 分。

图 5.15（b）给出了经竹银站下泄至磨刀门河口的净洪水流量过程（25 h 周期滤波后的余流量）。由图 5.15（b）可知，与 1977 年工况平均洪水流量 8 539 m³/s 相比，磨刀门围垦工程阻碍了洪水下泄，过渡期工况洪水流量稍微降低，平均降低 359 m³/s。对于 2010 年工况，磨刀门河口地形剧烈下切，削弱了洪水宣泄的阻力，过水断面扩张，洪水流量剧增。与 1977 年工况相比，竹银站洪水流量平均增加 3 285 m³/s。

以 1977 年的洪水流量为标准，按照式（5.9）得出围垦工程关于洪水流量指标的适应性评分：

$$S_{e_2} = \frac{Q_{e_2}}{Q_{se_2} + Q_{e_2}} \times 100 \tag{5.9}$$

式中：Q_{se_2} 为 1977 年工况下竹银站洪水流量；Q_{e_2} 为不同工况下竹银站洪水流量。Q_{e_2} 减小意味着经竹银站进入磨刀门的净泄洪流量降低，弱化了河优型口门磨刀门应该发挥的泄洪能力，同时增加了上游人口密集区的防洪压力，相应评分需降低；Q_{e_2} 增加意味着磨刀门泄洪能力的强化，有利于降低河网中上游城市的防洪风险，相应评分需升高。1977 年工况得分为 50 分。磨刀门围垦工程使得 1977 年地形条件下的洪水流量减少 4%左右，相应得分降低为 48.93 分；磨刀门地形下切剧烈，强化了磨刀门的泄洪能力，泄洪流量增加 38%左右，因此在 2010 年地形条件下，围垦工程适应性评分升高为 58.07 分。

2. 枯期潮流特性

对于潮流特性和盐水运动的模拟，上游进口边界给定 1954～2010 年枯季平均流量，下游外海边界给定 2016 年 11～12 月共 60 天的潮位过程，为消除初始计算误差，仅分析后 30 天的计算结果。图 5.13 给出了西江沿程潮差变化及竹银站潮位变化过程。以 1977 年工况磨刀门河口的平均潮差 0.75 m 为 50 分，按式（5.10）得出围垦工程关于潮差指标的适应性评分：

$$S_{d_1} = \frac{1}{n_{d_1}} \sum_{i=1}^{n_{d_1}} \frac{G_{sd_1 i}}{G_{sd_1 i} + G_{d_1 i}} \times 100 \tag{5.10}$$

式中：i 为河口内测站编号，此处选取大横琴站、挂定角站、灯笼山站三站；$G_{sd_1 i}$ 为 1977 年工况磨刀门河口平均潮差；$G_{d_1 i}$ 为不同工况下各站点月均潮差；n_{d_1} 为站点数。$G_{d_1 i}$ 减小意味着潮差的减小，即高潮位的降低和低潮位的升高，这会减少口门区海堤的设计成本，同时会削弱风暴潮等带来的灾害，相应评分需增加；$G_{d_1 i}$ 增大意味着潮差增大，相应评分需降低。磨刀门围垦工程在 1977 年地形条件下削减了 10%的潮差，相应得分为52.63 分；由于人类活动引起剧烈的地形下切，潮差增大 30%，2010 年地形条件下评分为 43.48 分。

围垦工程不仅能使磨刀门的潮差大小发生变化，也能改变潮波的传播速度，使得潮波进一步变形。图 5.13（b）给出了潮动力受影响最强烈的竹银站的潮位过程。由图 5.13（b）可知，围垦对 1977 年地形下磨刀门潮波的传播速度影响有限，竹银站在 1977 年工况和过渡期工况的相位差异不明显；而在 2010 年工况下，地形下切使得竹银站潮波相位提前2 h 左右。河床剧烈下切增加了磨刀门水道的平均水深，潮波的传播速度随之增大，从而使磨刀门在 2010 年工况下的高低潮位相比前两种工况来得更早。

以 1977 年的潮波相位为标准，按照式（5.11）得出围垦工程关于相位指标的适应性评分：

$$S_{e_3} = \frac{T_{e_3}}{T_{se_3} + T_{e_3}} \times 100 \tag{5.11}$$

式中：T_{se_3} 为 1977 年磨刀门的潮周期；T_{e_3} 为不同工况相位超前或滞后的时长。T_{e_3} 增大意味着相位滞后，说明围垦工程增加了潮波传播的阻力，河口地区对风暴潮等灾害的敏感性降低，相应评分需增加；T_{e_3} 减小意味着相位超前，潮波传播速度加快，磨刀门对风暴潮的感应愈发敏感，相应评分需降低。1977 年工况得分为 50 分。在 1977 年的地形条件下，磨刀门围垦工程对相位有一定的滞后效应但不明显，相应得分为 50 分；2010 年地形条件下，相位超前了 8%的周期时长，评分为 47.90 分。

3. 盐水入侵

《生活饮用水卫生标准》（GB 5749—2006）规定生活用水水源即水厂取水的含氯度不得超过 250 mg/L（盐度约为 0.5 ppt），因此包芸和任杰[19]、龚文平等[20]推荐，将盐水入侵距离定义为河口口门至水体底层 0.5 ppt 盐度等值线所到达的上限距离。图 5.16（a）显示磨刀门最大盐水入侵距离发生在小潮转大潮期间，一般在小潮后 1～2 天；最小盐水入侵距离出现在大潮转小潮期间，往往在大潮后 1～2 天。多种多样的人类活动并没有改变磨刀门盐水入侵出现的时间，但对盐水入侵距离产生了显著影响：在 1977 年工况下，潮平均盐水入侵距离波动较小，在模拟时段内为 16.2～22.2 km；过渡期工况受人类围垦活动影响，潮平均盐水入侵距离减小，但波动增大，盐水入侵距离削减 2.4～5.7 km，为 10.4～19.5 km；2010 年工况受剧烈的地形下切影响，潮平均盐水入侵距离大幅增加，超过了围垦工程对盐水入侵的削弱作用。与 1977 年工况相比，2010 年工况下磨刀门盐水入侵距离增加 4.2～26.8 km，达到 20.4～49.0 km，同时波动范围达到最大，接近 30 km。

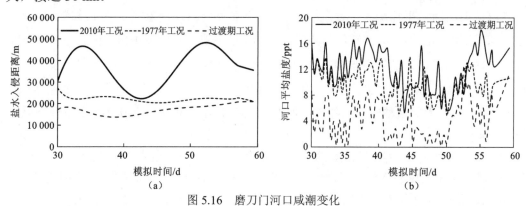

图 5.16　磨刀门河口咸潮变化
（a）为磨刀门盐水入侵距离变化；（b）为磨刀门河口平均盐度变化

以盐水入侵上限距磨刀门水道附近最上游水厂（稔益水厂）的远近为评分标准，按照式（5.12）得出围垦工程关于入侵距离指标的适应性评分：

$$S_{c_1} = \frac{D_{sc_1}}{D_{sc_1} + D_{c_1}} \times 100 \qquad (5.12)$$

式中：D_{sc_1} 为口门与稔益水厂的距离（61.5 km）；D_{c_1} 为磨刀门潮平均盐水入侵距离。D_{c_1} 越大意味着盐水入侵越接近稔益水厂，周围城市供水安全遭受的威胁越大，相应评分需减小；D_{c_1} 越小意味着盐水入侵越远离稔益水厂，供水风险减弱，相应评分需增加。在 1977 年工况下，盐水入侵距离的适应性评分为 76.89 分；围垦工程实施后大约削减了 24%的盐水入侵距离，相应得分提升为 81.41 分；2010 年地形条件下，剧烈的地形下切使得磨刀门盐水入侵距离大幅增加，最严重时是原来的 1.9 倍，威胁了周围城市的工农业及生活用水安全，评分降低为 63.66 分。

在模拟时段潮汐变化过程中，磨刀门平均盐度呈现出典型的半月变化，受到大小潮转换的影响，30 天内出现两次盐度峰值（图 5.16）。三种工况下，最大潮平均盐度均出现在小潮期间，而最小潮平均盐度则皆出现在大潮期间。潮内盐度峰值的出现时间由 1977 年工况的大潮期间转变为过渡期工况和 2010 年工况的小潮期间。

人类活动导致的地形下切及围垦导致的岸线变化并不能改变磨刀门潮平均盐度峰值的来临时间。然而，人类活动却彻底改变了潮内盐度峰值的出现时间。大规模围垦造成的河口岸线束窄阻碍了盐水向磨刀门的输运，而剧烈的地形下切，降低了河床高程，有利于外海盐水向河口内输运。与围垦作用相反，河床下切大大增加了小潮期间的河口平均盐度。鉴于地形下切对河口平均盐度的增加作用明显强于围垦带来的降低作用，因此人类活动的综合作用使得磨刀门河口平均盐度显著增高（2.9～7.6 ppt），这也意味着 1977～2010 年磨刀门河口盐水入侵的增强。

对河口盐度指标的评分以磨刀门中部南镇水厂超过取水标准（盐度>0.5 ppt）天数所占的比例为依据，计算为

$$S_{a_3} = \frac{T_{a_3} - t_{a_3}}{T_{a_3}} \times 100 \tag{5.13}$$

式中：T_{a_3} 为计算天数；t_{a_3} 为南镇水厂盐度超过 0.5 ppt 的天数。在 1977 年地形条件下，南镇水厂计算时段内均可取水，评分为 100 分，围垦工程降低了 15%的河口内盐度，取水天数得到进一步巩固，相应得分为 100 分；2010 年地形条件下，河口盐度增加了 113%，南镇水厂计算时段内 80%的天数无法取水，供水风险剧增，评分为 20 分。

4. 污染物扩散

由于通过排污口进行岸边排放，在顺水流方向形成了沿岸污染带。图 5.17（a）给出了污染物排放后沿岸五个测站的 TN 质量浓度。由图 5.17（a）可知，污染物随着水体的掺混，越向下游质量浓度越低。由于围垦占据了大面积的水域，减少了磨刀门容纳污染物的水体体积，且潮动力削弱不利于污染物与水体间的掺混，总体来看，过渡期工况沿岸污染加剧，TN 质量浓度比 1977 年工况平均升高 0.003 3 mg/L；而 2010 年河床地形下切，增大了河槽容积，磨刀门污染物稀释能力增强，且潮动力增强，潮程增大，水体掺混剧烈，TN 质量浓度明显降低，相对于 1977 年工况平均降低 0.003 5 mg/L。

以 1977 年工况磨刀门河口 TN 质量浓度为标准，按照式（5.14）得出围垦工程关于污染浓度指标的适应性评分：

$$S_{d_2} = \frac{1}{n_{d_2}} \sum_{i=1}^{n_{d_2}} \frac{C_{sd_2i}}{C_{sd_2i} + C_{d_2i}} \times 100 \tag{5.14}$$

式中：C_{sd_2i} 为 1977 年磨刀门某测站模拟时段内的 TN 质量浓度；C_{d_2i} 为同一测站不同工

况的质量浓度；n_{d_2} 为测站个数。C_{d_2i} 增大意味着磨刀门污染物质量浓度升高，说明围垦工程不利于污染物的掺混扩散，从而降低了磨刀门河口的纳污能力，相应评分需降低；C_{d_2i} 减小意味着磨刀门污染物质量浓度的降低，磨刀门河口纳污能力的提升，相应评分需升高。1977 年工况得分为 50 分。在 1977 年地形条件下，磨刀门围垦工程使得沿岸污染物质量浓度总体提升 15%，相应得分为 44.73 分；2010 年地形条件下，河口沿岸污染物质量浓度总体降低 15%，相应评分升高为 51.38 分。

图 5.17（b）给出了磨刀门入海口处污染物质量浓度的时间变化，由图 5.17（b）可知：1977 年工况污染物停留在磨刀门河口内的时间较长，若从 3 天开始释放污染物，直到 9.6 天入海口处才有明显的 TN 质量浓度波动；而围垦后狭窄的水道有利于尽快将污染物推入外海，过渡期工况与 2010 年工况检测到污染物的时间接近，均提前到 5.3 天。

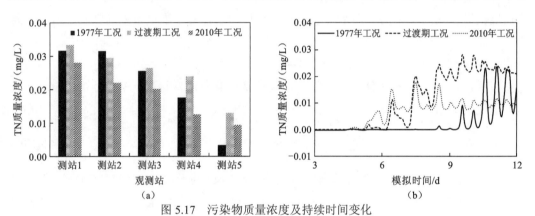

图 5.17 污染物质量浓度及持续时间变化

（a）为磨刀门河口沿岸测站 TN 质量浓度；（b）为入海口处污染物质量浓度的时间变化

将 1977 年工况污染物入海时间作为 60 分标准，按照式（5.15）得出围垦工程关于持续时间指标的适应性评分：

$$S_{a_4} = \frac{T_{a_4} - t_{a_4}}{T_{a_4}} \times 100 \tag{5.15}$$

式中：T_{a_4} 为污染物投放时间段，共 9 天；t_{a_4} 为 1977 年工况从上游污染物释放开始到入海口处检测到污染物的时间，即污染物入海时间。t_{a_4} 增大意味着污染物入海时间增长，即磨刀门河口内遭受的污染时间更长，相应评分需降低；t_{a_4} 减小意味着磨刀门污染物的入海时间缩短，河口内污染物停留的时间变短，污染危害减小，相应评分需升高。1977 年工况得分为 26.67 分。在 1977 年地形条件下，磨刀门围垦工程使得污染物入海时间缩短 4~5 天（65%左右），相应得分为 74.44 分；2010 年地形条件下，河口污染物的入海时间与围垦后基本一致，相应评分仍为 74.44 分。

5. 通航能力

将磨刀门水道 6 m 水深等深线的宽度视作航道宽度，按照式（5.16）进行评分：

$$S_{c_2} = \frac{D_{sc_2}}{D_{sc_2} + D_{c_2}} \times 100 \tag{5.16}$$

式中：D_{sc_2} 为大横琴与外海 6 m 水深等深线的直线距离；D_{c_2} 为磨刀门水道西汊未能达到规划要求水深的航道长度。若某计算工况航道拦门沙处的航道水深均满足磨刀门水道通航宽度的要求，则按照式（5.16）计算得到该工况关于航宽航深这一指标的评分，为 100 分。计算得到，1977 年工况、过渡期工况航道水深均满足磨刀门水道通航宽度要求，适应性得分为 100 分；2010 年工况 D_{sc_2} 为 23.7 km，D_{c_2} 为 5.4 km，适应性得分为 81.4 分。

6. 综合评分

综合上述评分情况，可以得到磨刀门围垦工程的综合适应性得分，如表 5.22 所示。在 1977 年地形条件下，围垦工程虽然大大削弱了磨刀门河口的潮动力，阻碍了盐水入侵，降低了沿岸城市供水风险，但对洪峰水位、洪水流量及污染浓度等指标都存在负面影响，其综合评分由工程实施前的 76.59 分降低为 75.13 分，根据表 4.4 的适应性等级划分标准，工程适应性等级为"好"；2010 年河床地形剧烈下切后，磨刀门河口潮差增大，相位超前，盐水入侵加剧，河口平均盐度升高，虽然河口的泄洪能力及纳污能力得到提升，但综合评分降低为 65.51 分，意味着新的地形条件下围垦工程的适应性进一步下降，适应性等级为"好"。

表 5.22　磨刀门河口围垦工程适应性评分

指标	组合权重（W_j）	1977 年工况评分（S_i）	过渡期工况评分（S_i）	2010 年工况评分（S_i）
D_{111} 洪峰水位	0.171	100.00	78.00	100.00
D_{112} 洪水流量	0.114	50.00	48.93	58.07
D_{121} 潮差	0.131	50.00	52.63	43.48
D_{122} 相位	0.058	50.00	50.00	47.90
D_{211} 入侵距离	0.152	76.89	81.41	63.66
D_{212} 河口盐度	0.085	100.00	100.00	20.00
D_{221} 污染浓度	0.045	50.00	44.73	51.38
D_{222} 持续时间	0.034	26.67	74.44	74.44
D_{311} 航宽航深	0.210	100	100	81.4
总评分（$\Sigma S_i W_j$）		76.59	75.13	65.51

5.4　典型潮优型口门围垦工程适应性评估

以虎门口门区为例，研究复杂异变条件下典型潮优型口门围垦工程的适应性。伶仃洋位于珠江三角洲东部，是珠江最大的入海口湾，整体轮廓呈现为喇叭形，其范围一般指虎门到澳门与达濠岛连线之间的水域。改革开放以来，伶仃洋实施了众多滩涂围垦工程，并进行了港口航道建设、人工采砂等高强度开发活动。1978～2011 年伶仃洋共围填滩涂面积 243.3 km^2，其中西岸围涂 159.5 km^2，东岸围涂 83.8km^2。20 世纪 80 年代末～90 年代末围填海速率最大，年均围涂面积可达 12.4 km^2；2000 年以来，随着围填海开发监管力度的不断加强，围填海速率明显减小，2005～2011 年平均约为 3.3 km^2/a。受大规模围填海开发的影响，伶仃洋纳潮水域面积明显减少，海岸线轮廓发生显著变化，1978～2011 年伶仃洋纳潮水域面积减少约 20%，西岸东四口门地区海岸线普遍向海推进 8～12 km，年均 250～370 m，如图 3.16 所示[21]。此外，伶仃洋河口湾的采砂和航道疏浚活动也导致水下地形剧烈变化，如图 3.17 所示，伶仃洋水动力条件随之发生变化，必然使得围垦工程在不同年代不同地形条件下的适应性不同。对不同年代伶仃洋围垦工程进行适应性评估，可指导该区域未来合理有序地进行滩涂围垦。

5.4.1 评估体系搭建

以伶仃洋围垦工程适应性评价为层次分析法的目标层，从防洪纳潮能力适应性、减污压咸能力适应性、通航条件适应性（准则层）出发，再将其进一步细化为包括洪水特性、潮流特性、盐水入侵、典型污染物、航道尺度、航道水流结构在内的要素层，要素层包含的具体指标为：防洪最关注的洪峰水位、洪水流量；反映潮动力特征的潮差和相位；反映盐水入侵强弱的入侵距离、河口盐度；对水环境影响较大的典型污染物的污染浓度和入海时间；反映航道尺度的航宽及航深，以及船舶航行要求的水流纵向流速和横向流速共 12 个指标，从而建立适应性评价的层次结构模型，如表 5.23 所示。

表 5.23　伶仃洋围垦工程适应性评价层次结构模型

目标层	准则层	要素层	指标层
伶仃洋围垦工程适应性评价 A	防洪纳潮能力适应性（水动力特性）B_1	洪水特性 C_{11}	洪峰水位 D_{111}
			洪水流量 D_{112}
		潮流特性 C_{12}	潮差 D_{121}
			相位 D_{122}
	减污压咸能力适应性（水质特性）B_2	盐水入侵 C_{21}	入侵距离 D_{211}
			河口盐度 D_{212}
		典型污染物 C_{22}	污染浓度 D_{221}
			入海时间 D_{222}
	通航条件适应性 B_3	航道尺度 C_{31}	航宽 D_{311}
			航深 D_{312}
		航道水流结构 C_{32}	纵向流速 D_{321}
			横向流速 D_{322}

采用"9/9～9/1"标度法（表 4.2），整理得到区域水安全风险评价模型中各层次间的判断矩阵，如表 5.24 所示。经检验，所构造的多个判断矩阵均具有较满意的一致性，说明权数分配是合理的，并由此计算出 12 个基本评价指标的组合权重（W_j），结果如表 5.25 所示。

表 5.24　伶仃洋围垦工程适应性评价相对重要性判断矩阵的构建

判断矩阵	相对重要性			
	指标	B_1	B_2	B_3
(A-B)	B_1	1	9/6	9/4
	B_2	6/9	1	9/6
	B_3	4/9	6/9	1
	指标	C_{11}		C_{12}
(B₁-C)	C_{11}	1		9/6
	C_{12}	6/9		1
	指标	D_{111}		D_{112}
(C₁₁-D)	D_{111}	1		9/6
	D_{112}	6/9		1
	指标	D_{121}		D_{122}
(C₁₂-D)	D_{121}	1		9/4
	D_{122}	4/9		1
	指标	C_{21}		C_{22}
(B₂-C)	C_{21}	1		9/3
	C_{22}	3/9		1
	指标	D_{211}		D_{212}
(C₂₁-D)	D_{211}	1		9/5
	D_{212}	5/9		1
	指标	D_{221}		D_{222}
(C₂₂-D)	D_{221}	1		9/7
	D_{222}	7/9		1
	指标	C_{31}		C_{32}
(B₃-C)	C_{31}	1		9/7
	C_{32}	7/9		1
	指标	D_{311}		D_{312}
(C₃₁-D)	D_{311}	1		7/9
	D_{312}	9/7		1
	指标	D_{321}		D_{322}
(C₃₂-D)	D_{321}	1		9/7
	D_{322}	7/9		1

表 5.25　伶仃洋围垦工程适应性评价层次总排序：（A-D）的组合权重

A	B_1	B_2	B_3	组合权重 W_j
	0.474	0.316	0.210	
D_{111}	0.360			0.171
D_{112}	0.240			0.114
D_{121}	0.277			0.131
D_{122}	0.123			0.058
D_{211}		0.482		0.152
D_{212}		0.268		0.085
D_{221}		0.141		0.045
D_{222}		0.109		0.034
D_{311}			0.246	0.052
D_{312}			0.317	0.067
D_{321}			0.246	0.052
D_{322}			0.191	0.040

注：组合权重列和不为 1 由四舍五入导致。

5.4.2　径-潮-盐-污染物动力特性研究

为评估伶仃洋围垦工程在地形变化前后的适应性，研究运用第 4 章建立的三维径-潮-盐-水质数学模型计算不同年代岸线及地形条件下伶仃洋河口湾的水动力过程，以分析围垦工程对伶仃洋水动力、水质及通航等方面的影响；并结合层次分析法建立多指标的综合评估体系，来评估伶仃洋围垦工程在不同年代地形条件下的适应性。

1. 计算条件

1）地形条件

设置四种地形条件区分工况：①1974 年工况，采用 1973 年伶仃洋岸线及 1974 年伶仃洋地形资料；②过渡期工况，采用 2015 年伶仃洋岸线及 1974 年伶仃洋地形资料；③2016 年工况，采用 2015 年岸线及 2016 年伶仃洋地形资料；④2022 年规划工况，采用以 2022 年为水平年的规划岸线（以下简称 2022 年岸线）及 2016 年地形资料，2022 年岸线突出伶仃洋喇叭口的形态。1974 年工况与过渡期工况对比可定量评估 1974～2016 年的围垦工程在 1974 年伶仃洋地形条件下的适应性；2016 年工况和过渡期工况对比可定量评估 1974～2016 年围垦工程在地形变化后的适应性；2016 年工况和 2022 年规划工况对比可定量评估规划围垦工程在 2016 年地形条件下的适应性。

2）洪水特性边界条件

洪水期径潮动力特性计算将 2008 年 6 月 13～20 日共 168 h 的洪水过程作为边界条

件，马口站、三水站、博罗站来流及下游三灶站潮位变化见 5.3.2 小节。

枯季径-潮-盐计算边界条件同 5.3.2 小节。

3）盐度、污染物及风场边界条件

由于河口枯季容易受到盐水入侵的威胁，本节选用枯季情形计算盐度及污染物的变化。盐度和风场边界条件设定同 5.3.2 小节。

选取 Pb 作为适应性评价的典型污染物。依照《广东省地表水环境功能区划》（2011版），伶仃洋河口应达到 III 类水标准，《地表水环境质量标准》（GB 3838—2002）中 III类水标准规定 Pb 的质量浓度为 0.05 mg/L。根据刘昕宇等[15]、李建民和毛小英[22]调查的伶仃洋虎门排污口情况，模型计算时上游进口边界给定多年平均流量，污染点源在前航道猎德污水处理厂，进行岸边排放，排放流量为 5 m³/s，质量浓度为 0.02 mg/L。

2. 径-潮-盐动力计算结果

以枯季为例，伶仃洋河口湾径-潮-盐动力计算结果如下。

1）伶仃洋径潮动力特征

图 5.18（a）～（h）给出了大潮期间四种工况下伶仃洋垂线平均流速在涨急及落急时刻的平面分布。如图 5.18（a）所示，1974 年工况下，大潮涨急时，伶仃洋外海深槽中的潮流经浅滩间的潮汐通道涌入旧口门，受河床阻力影响，越往上游涨潮流速越低；落急时刻[图 5.18（b）]，伶仃洋流速反向，水流向海宣泄，叠加上游径流下泄影响，落潮流速明显高于涨潮流速，且深槽水域的流速也大于浅滩水域的流速。相比于 1974年工况，过渡期工况[图 5.18（c）、（d）]，旧口门外浅滩的围垦使得现状口门与旧口门之间广阔的海域束窄为狭长的水道，断面收缩使得潮汐通道内的潮能集聚，潮动力增强，涨落潮流速增加，其中横门北汊与蕉门水道交界处涨落潮流速增加 0.20～0.35 m/s，增幅达到 100%～150%，伶仃洋涨落潮流速总体上减小，但伶仃水道北端靠近虎门处却增大，说明湾顶潮动力在岸线束窄的影响下增强。相比于 1974 年工况，2016 年工况[图 5.18（e）、（f）]下，人类活动导致伶仃洋岸线及海床地形均发生变化，其中东槽、西槽水深增加 6～9 m，但西槽流速增加，东槽流速降低 0.1～0.2 m/s，这表明在人类活动的综合影响下，东槽潮动力减弱，西槽潮动力增强，矾石浅滩采砂区潮动力也增强，西滩、东滩潮动力则持续减弱。2022 年规划工况[图 5.18（g）、（h）]继续围垦，伶仃洋口门、蕉门、横门和洪奇门持续外延，则向海继续外延的新口门与现状口门之间的海域又被束窄，相比于2016 年工况，伶仃洋岸线更加收敛且规则，这进一步增强潮汐能量的集聚作用，湾顶处潮动力增强，涨落潮流速增加 0～0.1 m/s，但总体上采砂导致伶仃洋的断面面积增大，潮动力削弱，涨落潮流速减小。

图 5.18（i）～（p）给出了小潮期间伶仃洋垂线平均流速的平面分布，小潮期间的流速分布与大潮期间规律一致：深槽流速大于浅滩，落潮流速高于涨潮流速，但小潮期间潮动力减弱，四种地形下涨急及落急流速均比大潮期间低 0.2～0.3 m/s。过渡期工况[图 5.18（k）、（l）]旧口门外浅滩的围垦使得广阔的海域被束窄，导致小潮期间深

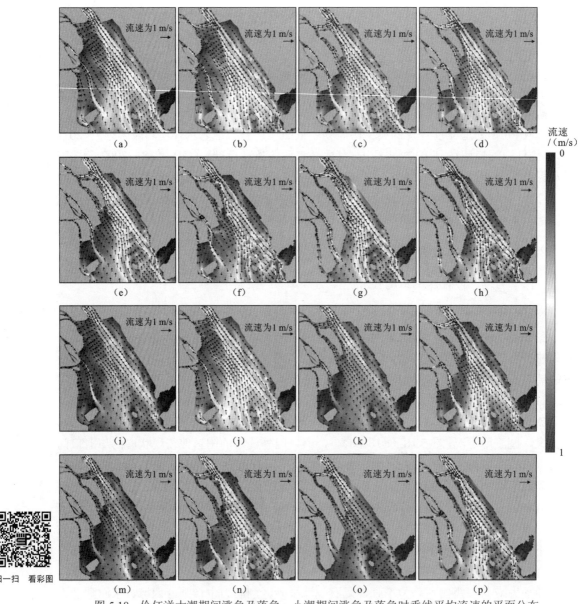

图 5.18　伶仃洋大潮期间涨急及落急、小潮期间涨急及落急时垂线平均流速的平面分布

（a）为大潮 1974 年工况涨急；（b）为大潮 1974 年工况落急；（c）为大潮过渡期工况涨急；（d）为大潮过渡期工况落急；（e）为大潮 2016 年工况涨急；（f）为大潮 2016 年工况落急；（g）为大潮 2022 年规划工况涨急；（h）为大潮 2022 年规划工况落急；（i）为小潮 1974 年工况涨急；（j）为小潮 1974 年工况落急；（k）为小潮过渡期工况涨急；（l）为小潮过渡期工况落急；（m）为小潮 2016 年工况涨急；（n）为小潮 2016 年工况落急；（o）为小潮 2022 年规划工况涨急；（p）为小潮 2022 年规划工况落急

槽内的涨落潮流速相比于 1974 年工况[图 5.18（i）、（j）]增加 0～0.1 m/s。2016 年工况[图 5.18（m）、（n）]岸线和海床均变化后，西槽、矾石浅滩采砂区流速增加，表明人类活动的综合影响使得西槽、矾石浅滩的潮动力增强，东槽西滩、东滩的潮动力减弱。相比于 2016 年工况，2022 年规划工况继续对伶仃洋口门区围垦[图 5.18（o）、（p）]，新形成的蕉门、横门和洪奇门之间的海域又被束窄为狭长的潮汐通道，可以观察到小

潮期间潮汐通道内的涨落潮流速增加 0～0.1 m/s，岸线进一步束窄也导致了湾顶处潮动力的增强。

图 5.19 给出了大潮期间伶仃洋西槽（以下称伶仃水道）流速的垂向分布，伶仃洋为典型的潮优型河口湾，受潮汐扩散作用控制显著，密度弗劳德数 Fre 为 0.6～0.9，涨潮时不易形成明显的重力环流。大潮涨潮期间（以涨急时刻为例），航道下游表层流速大于底层流速，航道上游受西侧横门、洪奇门、蕉门径流下泄影响，涨潮动力受到抑制，表层流速小于底层。大潮落潮期间（以落急时刻为例），伶仃水道的流速均调整为向海方向，且大于涨潮流速，航道上游落潮流叠加口门处下泄径流，表层流速也大于底层流速。相比于 1974 年工况，过渡期工况岸线变化后距虎门 0～10 km 的川鼻水道段的最大流速仍出现在距水面 38%～46%水深处，垂线最大流速位置变化不大，同时表层流速由 0.42～0.53 m/s 增加至 0.62～0.74 m/s，中层流速从 0.54～0.71 m/s 增加至 0.54～0.87 m/s，底层流速由 0.32～0.41 m/s 增加至 0.34～0.53 m/s，垂线平均流速增加了 0～0.2 m/s，流速分层现象略有加剧；而距虎门 10～40 km 的西槽纵剖面段表层流速大于底层，表、底层流速均减小 0～0.1 m/s，垂线平均流速减小 0～0.1 m/s，这说明在 1974 年伶仃洋地形条件下，1974～2016 年伶仃洋围垦工程使得岸线束窄、口门外延，削弱了伶仃水道的潮动力过程，导致径流淡水深入伶仃水道，从而加剧了伶仃水道的盐度分层趋势。相比于 1974 年工况，在岸线和海床地形变化的综合影响下川鼻水道、伶仃水道流速总体上增加，说明人类活动增强了西槽潮动力。对比 2016 年工况与 2022 年规划工况发现，按规划岸线围垦后，岸线进一步束窄，口门进一步外延，湾顶潮动力进一步增强。

2）伶仃洋盐度垂向分层变化

图 5.20 给出了大潮期间伶仃水道盐度的垂向分布，其中左列为涨急时的分布状态，右列为落急时的分布状态。由图 5.20 可知：相比于落急时刻，涨急时伶仃水道的盐度在垂向混合得较为充分，盐度等值线较陡，尤其是在 1974 年工况涨急落急、过渡期工况涨急落急时，在伶仃水道上游向下 40 km 范围内盐度等值线接近于垂直[图 5.20（a）～（d）]，盐淡水混合均匀，表现为强混合型。而落潮过程盐度等值线向海退却，并且表层盐水向海推进的速度明显快于底层，导致伶仃水道盐度的混合程度减弱，表底层盐度差异增大，盐度分层加剧。对比 1974 年工况[图 5.20（a）、（b）]与过渡期工况[图 5.20（c）、（d）]伶仃水道的盐度垂向分布可知：涨急时航道上游 25 km 范围内表层盐度略有增大，为 2～4 ppt，表层盐度等值线向海退却，以 15 ppt 盐度和 10 ppt 盐度等值线为例，前者向海退却 3 km 左右，后者也向海退却 5～7 km，而底层盐度基本一致，盐度分层加剧；落急时盐度等值线也向海退却，航道表底层盐度均减小，这说明在 1974 年伶仃洋地形条件下，围垦引起的口门外延使得淡水径流深入伶仃洋，进一步降低了伶仃水道表层的盐度，使得表层盐度等值线向海推进，从而加剧了航道盐度分层。对比过渡期工况和 2016 年工况[图 5.20（e）、（f）]发现，伶仃洋地形变化后，航道表底层盐度均增大，且表底层盐度差异增大，航道盐度分层加剧，这说明伶仃洋地形变化使水深增大，纳潮量增加，航道表底层流速增加，潮动力增强，盐水表底层盐度增大，表底层盐度差增大，加剧了伶仃

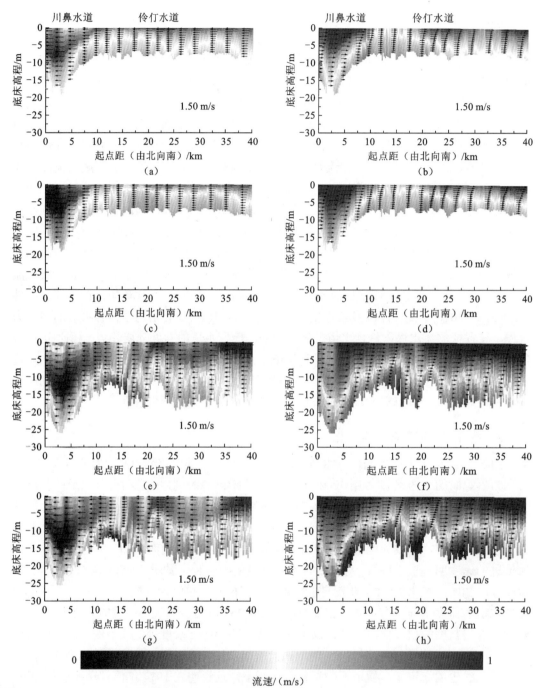

图 5.19 大潮期间沿伶仃水道深泓线的垂向流速分布

（a）为 1974 年工况大潮涨急；（b）为 1974 年工况大潮落急；（c）为过渡期工况大潮涨急；

（d）为过渡期工况大潮落急；（e）为 2016 年工况大潮涨急；（f）为 2016 年工况大潮落急；

（g）为 2022 年规划工况大潮涨急；（h）为 2022 年规划工况大潮落急

扫一扫　看彩图

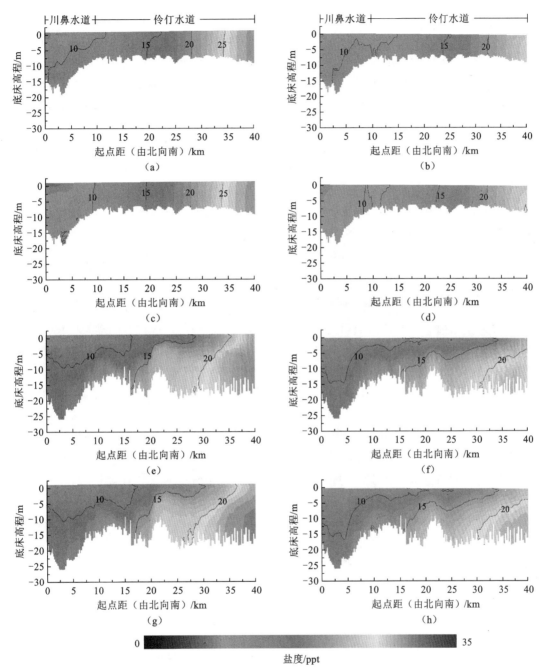

图 5.20　大潮期间伶仃水道盐度的垂向分布

（a）为 1974 年工况大潮涨急；（b）为 1974 年工况大潮落急；（c）为过渡期工况大潮涨急；

（d）为过渡期工况大潮落急；（e）为 2016 年工况大潮涨急；（f）为 2016 年工况大潮落急；

（g）为 2022 年规划工况大潮涨急；（h）为 2022 年规划工况大潮落急

扫一扫　看彩图

水道盐度的垂向分层。2022 年规划工况继续滩涂围垦，与 2016 年工况相比，西岸口门的持续外延及东岸岸线的向海推进削弱了伶仃洋潮动力，同时淡水进一步深入伶仃洋海域，抑制伶仃水道的盐水入侵，伶仃水道涨急时表层 15 ppt 盐度等值线向海后退 3 km 左右；由于横门、洪奇门和蕉门的继续外延，淡水输运至伶仃水道中下游，伶仃洋中下游表层盐度降低，涨急时表层 20 ppt 等值线向海后退 7.5 km 左右，伶仃水道盐度的垂向分层继续加剧。

与大潮期间相比，小潮期间潮动力减弱，变小的潮差导致潮汐混合作用减弱，伶仃水道的盐度分层状态加剧，无论是涨急还是落急，伶仃水道的表层盐度降低，盐度等值线向海移动，底层盐度减小，盐度等值线向陆移动。与大潮期间围垦对伶仃水道盐度分层的影响类似，围垦使口门持续外延、岸线持续束窄，口门宣泄的淡水深入伶仃洋，伶仃洋航道表层盐度降低、底层盐度升高，伶仃洋盐度分层现象加剧。另外，地形下切，水深增加，纳潮量增大，外海盐水向陆输运强度增大，表底层盐度差增大，盐度分层系数增大，加剧了伶仃水道盐度的垂向分层。

3）伶仃洋东四口门潮差及盐度变化

图 5.21 给出了东四口门旧口门处（横门、洪奇门、蕉门、虎门）的潮差变化，东四口门中虎门潮差最大。由图 5.21 可知，1974 年工况下由南向北潮差逐渐增加，横门潮差为 1.35 m，位于湾顶的虎门潮差为 1.67 m。与 1974 年工况相比，过渡期工况伶仃洋口门围垦占据了大量水域，束窄的潮汐通道内断面面积减小，增大了涨潮过程中的阻力，横门、洪奇门潮差减小，接近 0.3 m，蕉门潮差也略有减小，约为 0.03m，但围垦后湾口向湾顶宽度快速束窄，形成的喇叭形岸线使潮能更易向湾顶处集聚，潮波反射能量大于潮波能量的耗散，因此湾顶处虎门潮差大于横门、洪奇门、蕉门处潮差，虎门潮差增加 0.14 m。与 1974 年工况相比，2016 年工况伶仃洋岸线及海床地形均变化，导致口门处潮差增加，增幅在 0.17~0.55 m，这表明人类活动使口门处潮差增加。与 2016 年工况相比，2022 年规划工况口门进一步围垦，使伶仃洋纳潮量减小，此外围垦也增大了涨潮流上溯的阻力，口门处潮差减小 0.06~0.17m，表明在 2016 年地形条件下，若继续围垦，东四口门潮差将减小，但仍呈现出湾顶向湾口潮差减小的趋势。

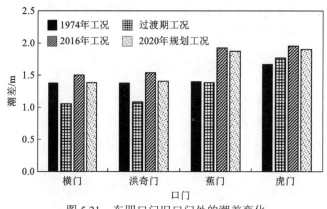

图 5.21　东四口门旧口门处的潮差变化

《生活饮用水卫生标准》（GB 5749—2006）规定生活用水水源即水厂取水的含氯度不得超过 250 mg/L（盐度约为 0.5 ppt）。图 5.22 给出了四种工况下伶仃洋横门站、万顷沙站、南沙站、大虎站垂线平均盐度的逐时变化。由图 5.22 可知，围垦工程、采砂及航道疏浚等人类干扰使得东四口门验潮站位置处的盐度出现了显著变化。1974 年工况虎门垂线平均盐度的平均值为 4.44 ppt，而横门、洪奇门、蕉门垂线平均盐度在 0.05～0.07 ppt，均小于 0.5 ppt，虎门在东四口门中盐度最大，这表明虎门受盐水入侵的影响较大。1974～2016 年伶仃洋沿岸的围垦工程束窄了水域，导致旧的横门、洪奇门、蕉门、虎门的进出潮量减小，盐度降低，其中横门、洪奇门、蕉门盐度仍在 0.5 ppt 以下，虎门垂线平均盐度降低为 3.08 ppt。相比于 1974 年工况，2016 年工况岸线和海床地形均变化，东四口门盐度均增加，其中虎门垂线平均盐度增大约一倍，增加 4.76 ppt。2022 年规划工况，岸线继续围垦，东四口门盐度增加，其中蕉门垂线平均盐度变化较大，为 1.26 ppt。

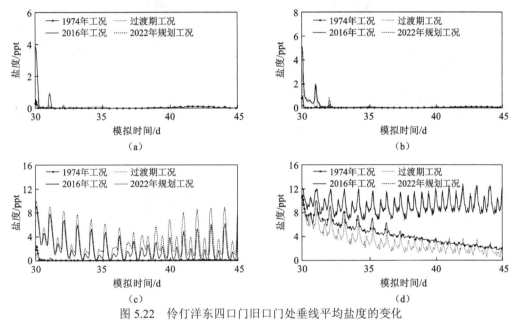

图 5.22　伶仃洋东四口门旧口门处垂线平均盐度的变化

（a）为横门（横门站）；（b）为洪奇门（万顷沙站）；（c）为蕉门（南沙站）；（d）为虎门（大虎站）

4）伶仃洋盐度平面分布变化

图 5.23 给出了大潮期间伶仃洋垂线平均盐度的平面分布。由图 5.23（a）、（c）、（e）、（g）可知：伶仃洋盐度等值线与海床地形密切相关，在涨急时盐度等值线沿着地形等高线分布，高盐度海水沿着伶仃水道及龙鼓水道—矾石水道等深槽区域由东南海域向上游浅滩入侵，越往上游盐度越低，西北口门附近淡水释放，形成低盐度区，东岸盐度高于西岸，存在明显的横向盐度梯度，整个伶仃洋的盐度分布格局呈现出由东南向西北递减的态势。在 1974 年工况大潮涨急时[图 5.23（a）]，虎门大虎站盐度在 5～10 ppt，蕉门南沙站盐度小于 2.5 ppt，洪奇门万顷沙站及横门横门站附近大面积浅滩的存在使得淡水积聚，盐度也小于 2.5 ppt。过渡期工况大潮涨急时[图 5.23（c）]，围垦使得口门外大面

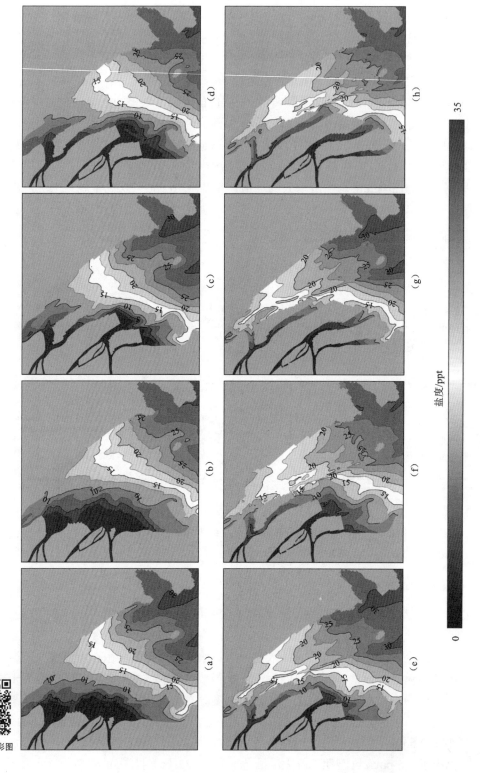

盐度/ppt

0　　　　　　　　　　　　　　　　　　　　35

图 5.23　伶仃洋大潮期间垂线平均盐度的平面分布

（a）为1974年工况涨急；（b）为1974年工况落急；（c）为过渡期工况落急；（d）为2022年规划工况落急；
（e）为1974年工况涨急；（f）为2016年工况涨急；（g）为2022年规划工况涨急；（h）为2016年工况落急

扫一扫　看彩图

积的浅滩消失，淡水无法积聚，总体上伶仃洋盐度等值线变化不大，在口门附近的低盐度等值线（如 2.5 ppt 盐度等值线）略微向海移动，说明围垦工程阻碍了盐水入侵。2016 年工况岸线及海床地形均变化后，伶仃洋东岸盐度等值线总体上向口门移动，其中 15 ppt 盐度等值线已达到虎门大虎站，而西岸盐度等值线向海移动，其中 15 ppt 盐度等值线南移至外伶仃洋水域，表明东西两岸存在明显的盐度梯度；同时，东西槽水深增加，导致涨潮流速增大，盐度等值线沿着东槽和西槽迅速向陆移动，深槽内盐度大于滩区盐度。落急时刻，盐度等值线也呈现上述变化。人类活动综合影响下的地形变化加剧了伶仃洋东西两岸的盐度差异，横向梯度增加，且盐度存在滩槽差异，深槽盐度大于浅滩。在现状岸线及海床地形条件下，2022 年规划工况伶仃洋继续实施围垦工程[图 5.23（g）、（h）]，20 ppt 盐度等值线向虎门移动，总体上伶仃洋盐度下降，但湾顶处盐度略有增加。

与大潮涨急相比，小潮涨急时刻潮动力减弱，削弱盐水入侵，伶仃洋盐度降低 2.5 ppt 左右，盐度等值线向外海后退显著，但盐度变化规律与大潮期间基本一致，即围垦减弱盐水入侵，但湾顶处盐度增加，在围垦和海床地形下切的综合影响下，伶仃洋盐度增大，横向盐度梯度增大，湾顶处盐度增加显著。

综上所述，无论是在大潮期间还是在小潮期间，历史围垦和规划围垦对伶仃洋口门附近盐水运动的影响规律一致，围垦使得伶仃洋喇叭形的岸线状态更收敛，湾顶处潮动力增强导致盐水入侵加剧，但围垦导致纳潮量减少，也削弱了盐水向旧口门的上溯。而海床地形变化使伶仃洋尤其是东西槽水深增加，涨落潮流速增加，潮动力增强，伶仃洋盐度总体上增加，这进一步加剧了盐水入侵。两者的综合影响下，伶仃洋盐度增加，盐水入侵加剧，其中虎门处盐度增幅最大，这意味着位于虎门上游的广州番禺等地遭受盐水入侵的风险可能增加。

5.4.3　评估体系指标评分

选取横门站、南沙站、大虎站、冯马庙站共 4 个站点分析洪水特性，并选取现状东四口门处站点分析潮流特性。

1. 洪水特性

对于洪水特性的研究，将 2008 年 6 月 13～19 日（共 6 天）作为分析时段，选取河网区南华站、马鞍站、三善滘站和口门处的横门站、冯马庙站、南沙站、大虎站共 7 个验潮站，研究不同年代岸线及海床地形条件下验潮站处水位和断面流量的变化。

图 5.24 给出了各站在模拟时段内的水位过程。与 1974 年工况相比，口门围垦后河网内和口门验潮站处水位普遍增加，平均增幅在 0.01～0.74 m，靠近上游的南华站等的水位增幅小于东四口门处验潮站的水位增幅，这表明围垦延长了洪水入海路径，阻碍了洪水入海，因此珠江三角洲水位壅高，对水位的壅高效应随着距口门长度的增加而减弱，表明河道水位坡度减小。与 1974 年工况相比，岸线束窄和海床地形下切的综合影响使河网区与东四口门验潮站的水位下降，表明伶仃洋海床地形变化导致水位下降的效应大于

围垦工程导致水位壅高的效应。若在现状岸线和海床地形条件下，伶仃洋发展成为治导线形成的河口形态，则岸线进一步束窄，口门进一步向海外延，河网区和东四口门验潮站的水位普遍升高，其中河网区南华站水位的平均增幅为 0.13 m，东四口门中洪奇门水位的增幅最大，为 0.54 m，意味着河网区和口门处遭受洪水的风险增大。

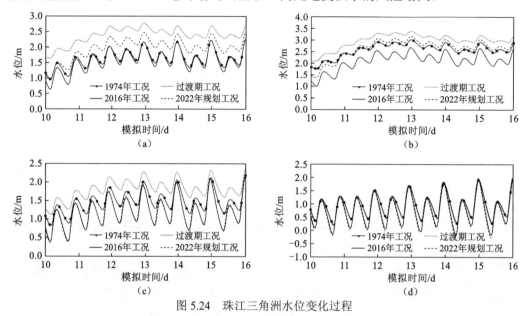

图 5.24   珠江三角洲水位变化过程

（a）为横门站；（b）为冯马庙站；（c）为南沙站；（d）为大虎站

以 1974 年工况下各站点洪峰水位为标准，按照高于该站点洪峰水位的时长比例进行评分，运用式（5.17）计算得到围垦工程关于洪峰水位指标的适应性评分：

$$S_{b_1} = \frac{1}{n_{b_1}} \sum_{i=1}^{n_{b_1}} \frac{T_{bi} - t_{bi}}{T_{bi}} \times 100 \tag{5.17}$$

式中：i 为站点序号；n_{b_1} 为站点数目，$n_{b_1}=7$；T_{bi} 为计算总时长；t_{bi} 为水位超过 1974 年工况洪峰水位的时长。假定 1974 年工况得分为 100 分。由式（5.17）可知，过渡期工况得分为 69.77 分，2016 年工况得分为 99.80 分，2022 年规划工况得分为 92.56 分。

图 5.25 给出了珠江三角洲流量变化过程。由图 5.25 可知，与 1974 年工况相比，围垦导致南华站流量减小，横门站、冯马庙站流量随之减小，流量平均降幅为 324 m³/s、890 m³/s，相应地南沙站、大虎站流量增加，增幅为 332～578 m³/s，泄洪量约为横门站、冯马庙站的 2 倍，表明蕉门、虎门为东四口门中泄洪的重要通道，位于珠江三角洲顶点处的三水站的流量增加值仅为 22 m³/s，表明围垦对珠江三角洲河道和口门分流的影响随与口门距离的增加而减小，对马口站、三水站分流比的影响极小。与 1974 年工况相比，岸线和海床地形均变化后，三水站、南华站流量无显著变化，东四口门中横门、洪奇门的流量分别减小 332 m³/s、710 m³/s，蕉门、虎门的流量增大 257 m³/s、1447 m³/s。与 2016 年工况相比，若伶仃洋岸线与治导线基本重合，河网区三水站流量无显著变化，南

华站流量略有减小，降幅为 467 m³/s，这意味着容桂水道、鸡鸦水道、小榄水道沿岸遭受洪水的风险降低，东四口门中横门、虎门的流量增加 164 m³/s、314 m³/s，洪奇门、蕉门的流量减小 574 m³/s、642 m³/s。

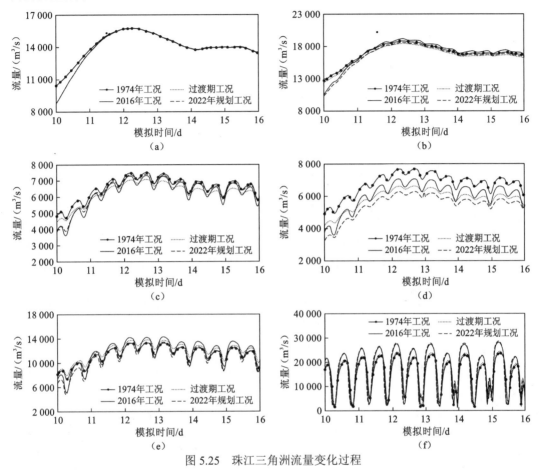

图 5.25　珠江三角洲流量变化过程

（a）为三水站；（b）为南华站；（c）为横门站；（d）为冯马庙站；（e）为南沙站；（f）为大虎站

以 1974 年的洪水流量为标准，以各种工况下河网区三水站、南华站、马鞍站、三善滘站和东四口门处测站的流量为打分依据，按照式（5.18）计算围垦工程关于洪水流量指标的适应性评分：

$$S_{d_3} = \frac{1}{n_{d_3}} \sum_{i=1}^{n_{d_3}} \frac{Q_{sd_3i}}{Q_{sd_3i} + Q_{d_3i}} \times 100 \qquad (5.18)$$

式中：i 为站点编号；n_{d_3} 为站点数目，$n_{d_3}=8$；Q_{sd_3i} 为 1974 年工况各站点洪水流量均值；Q_{d_3i} 为不同工况下各站点洪水流量均值。Q_{d_3i} 增大意味着河网中上游城市的防洪压力增大，相应评分需减小；Q_{d_3i} 减小意味着河网中上游城市的防洪风险降低，相应评分需增加；当 $Q_{sd_3i} = Q_{d_3i}$ 时，得分为 50 分。假定 1974 年工况关于洪水流量指标的得分为 50 分。过渡期工况、2016 年工况、2022 年规划工况关于洪水流量的得分依次是 50.55 分、50.20

分、50.73 分。

2. 枯期潮流特性

对于潮流特性和盐水运动的模拟,上游进口边界给定 1954～2015 年枯季平均流量,下游外海边界给定 2016 年 11～12 月共 60 天的潮位过程,前 30 天的计算可消除初始计算误差,仅分析一个大潮—小潮—大潮变化时段(15 天)内的计算结果。

以 1974 年伶仃洋东四口门验潮站横门站、万顷沙站、南沙站、大虎站的平均潮差为标准,按照式(5.19)计算围垦工程关于潮差指标的适应性评分:

$$S_{d_4} = \frac{1}{n_{d_4}} \sum_{i=1}^{n_{d_4}} \frac{G_{sd_4 i}}{G_{sd_4 i} + G_{d_4 i}} \times 100 \qquad (5.19)$$

式中:i 为观察点编号;$n_{d_4}=4$;$G_{sd_4 i}$ 为 1974 年各站点平均潮差;$G_{d_4 i}$ 为不同工况下各站点平均潮差。$G_{d_4 i}$ 减小意味着潮差的减小,即高潮位的降低和低潮位的升高,这会减少口门区海堤的设计成本,同时会削弱风暴潮等带来的灾害,相应评分需增加;$G_{d_4 i}$ 增大意味着潮差增大,相应评分需降低。由 5.4.2 小节可知,假定 1974 年工况关于潮差指标的评分为 50 分,过渡期工况、2016 年工况、2022 年规划工况关于潮差指标的得分分别为 52.60 分、45.21 分、47.02 分。

围垦工程不仅能使伶仃洋的潮差大小发生变化,也能改变潮波的传播速度,使得潮波进一步变形。图 5.26 给出了东四口门相同位置处的潮位变化过程,由图 5.26 可知,围垦对伶仃洋东四口门处潮位的影响较大,但对潮波的传播速度影响有限,1974 年工况和过渡期工况、2016 年工况和 2022 年规划工况东四口门验潮站的相位差异均不明显;

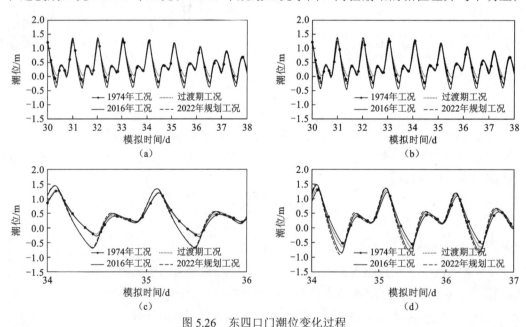

图 5.26 东四口门潮位变化过程

(a)为横门;(b)为洪奇门;(c)为蕉门;(d)为虎门

而在 2016 年工况下，地形下切使东四口门潮波相位提前了 1～3 h。水深大幅增加使潮波的传播速度增大，从而导致东四口门在海床地形变化后（2016 年工况、2022 年规划工况）的涨潮历时增加，落潮历时缩短，高潮位出现时间变化不大，低潮位提前约 1 h 出现。

以 1974 年工况的潮波相位为标准，按照式（5.20）计算围垦工程关于相位指标的适应性评分：

$$S_{e_4} = \frac{T_{e_4}}{T_{se_4} + T_{e_4}} \times 100 \tag{5.20}$$

式中：T_{se_4} 为 1974 年工况潮周期（25 h）；T_{e_4} 为不同工况潮周期。T_{e_4} 增大意味着相位滞后，说明围垦工程增加了潮波传播的阻力，河口地区对风暴潮等灾害的敏感性降低，相应评分需增加；T_{e_4} 减小意味着相位超前，潮波传播速度加快，伶仃洋对风暴潮的感应愈发敏感，相应评分需降低。由图 5.26 可知，假定 1974 年工况关于相位指标的得分为 50.00 分；在 1974 年伶仃洋地形条件下，历史围垦工程导致相位有一定的提前但不明显，过渡期工况相应得分为 50.00 分；2016 年工况相位超前了 1 h 左右，约为 4% 的周期时长，评分为 48.98 分；2022 年规划工况潮周期变化与 2016 年工况基本一致，评分也为 48.98 分。

3. 盐水入侵

以潮优型口门虎门为例，图 5.27 显示总体上最大盐水入侵距离出现在小潮转大潮期间，一般在大潮前 2～3 天，最小盐水入侵距离出现在大潮转小潮期间，一般在小潮前 1～2 天，这表明围垦工程并没有改变虎门盐水入侵出现的时间。在 1974 年工况条件下，盐水入侵距离在模拟时段内为 14.93～24.89 km。过渡期工况围垦工程使虎门盐水入侵距离减小，变化范围为 14.61～25.48 km。2016 年工况虎门盐水入侵距离显著增大，为 18.27～30.53 km，且随大小潮变化显著，呈现明显的波动。2022 年规划工况盐水入侵距离相比于 2016 年工况略有增大，为 18.27～31.83 km。

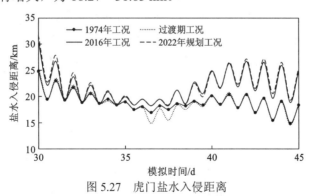

图 5.27　虎门盐水入侵距离

对入侵距离指标的评分以广州沙湾水厂与虎门大虎站的距离为标准，盐水入侵距离由数学模型计算，按照式（5.21）计算入侵距离指标的适应性评分：

$$S_{c_3} = \frac{D_{sc_3}}{D_{sc_3} + D_{c_3}} \times 100 \tag{5.21}$$

式中：D_{sc_3} 为虎门大虎站与沙湾水厂的距离（约 34 km）；D_{c_3} 为盐水入侵距离模拟值的均值。D_{c_3} 越大意味着盐水入侵越接近沙湾水厂，广州供水安全遭受的威胁越大，若 D_{c_3} 超过 34km，则取水可能受到影响，相应评分需减小；反之，D_{c_3} 越小盐水入侵越远离沙湾水厂，盐水影响范围越小，供水风险降低，相应评分需增加。在 1974 年工况条件下，盐水入侵距离的平均值为 18.99 km，评分为 64.16 分。在 1974 年海床地形条件下，围垦导致盐水入侵距离减小，为 18.85 km，相应评分增加为 64.33 分。相比于 1974 年工况，岸线和海床地形均变化，导致虎门盐水入侵距离增加，为 21.88 km，相应评分减小为 60.84 分。相比于 2016 年工况，在现状海床地形和治导线条件下，虎门盐水入侵距离增加，为 22.15 km，评分下降为 60.55 分。

对河口盐度指标的评分以 1974 年工况东四口门盐度为标准，由 5.4.2 小节可知，可按照式（5.22）计算河口盐度指标的适应性评分：

$$S_{d_5} = \frac{1}{n_{d_5}} \sum_{i=1}^{n_{d_5}} \frac{\overline{S}_{sd_5 i}}{\overline{S}_{sd_5 i} + \overline{S}_{d_5 i}} \times 100 \qquad (5.22)$$

式中：$n_{d_5} = 4$；$\overline{S}_{sd_5 i}$ 为 1974 年工况下东四口门验潮站的平均盐度；$\overline{S}_{d_5 i}$ 为不同工况下的平均盐度值。在 1974 年工况条件下，评分为 50.00 分；过渡期工况、2016 年工况、2022 年规划工况的相应评分为 59.94 分、22.97 分、22.23 分。

4. 污染物扩散

考虑污染物排放为岸边排放方式，顺水流方向形成了沿岸污染带，排污口及观察点（P1～P5）位置如图 5.28 所示，从上游往下游测站编号依次增大。图 5.29 给出了排污口下游沿岸观察点 Pb 质量浓度的变化，由上游至下游，Pb 质量浓度逐渐减小。相比于 1974 年工况，围垦使湾顶处潮动力增强，增大了进入虎门内的涨潮动力，因此前航道内水流受涨潮流的顶托作用，排污口释放的污染物较难入海，沿程质量浓度增加。岸线和海床地形均变化后，污染物质量浓度持续增加。现状岸线和海床地形条件下，伶仃洋为治导线形成的河口形态，湾顶处潮动力增强，但污染物质量浓度基本不变。

以 1974 年工况 Pb 最大质量浓度为标准，按式（5.23）计算污染浓度指标的适应性评分：

$$S_{d_6} = \frac{1}{n_{d_6}} \sum_{i=1}^{n_{d_6}} \frac{C_{sd_6 i}}{C_{sd_6 i} + C_{d_6 i}} \times 100 \qquad (5.23)$$

式中：i 为观察点序号；$n_{d_6} = 5$；$C_{sd_6 i}$ 为 1974 年工况某观察点模拟时段内 Pb 质量浓度的均值；$C_{d_6 i}$ 为某观察点不同工况的 Pb 质量浓度。$C_{d_6 i}$ 增大意味着潮动力增强，使河道内 Pb 难以随下泄径流扩散入海，因此河道内污染物质量浓度升高，相应评分需降低；$C_{d_6 i}$ 减小意味着潮动力减弱，导致 Pb 更易随径流扩散入海，相应评分需升高。1974 年工况关于污染浓度指标的得分为 50.00 分，过渡期工况伶仃洋围垦后排污口下游的各观察点

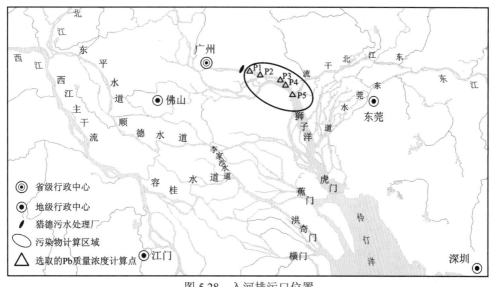

图 5.28 入河排污口位置

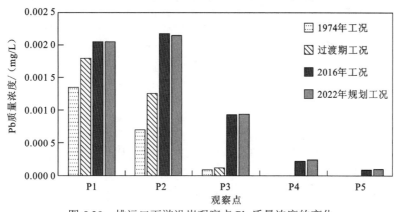

图 5.29 排污口下游沿岸观察点 Pb 质量浓度的变化

的 Pb 质量浓度增加，最大增幅为 0.0005 mg/L，评分降低为 19.69 分。相比于 1974 年工况，2016 年工况岸线和海床地形均变化后，沿岸污染物质量浓度持续增大，适应性得分下降为 13.17 分。2022 年规划工况关于污染浓度指标的适应性得分为 13.17 分。

图 5.30 给出了前航道入海口处（即观察点 P5 处）污染物质量浓度的时间变化，由图 5.30 可知：在 1974 年海床地形条件下，围垦前后前航道入海口处观察到 Pb 质量浓度接近于 0，无明显波动，这与围垦对前航道内潮动力的影响较小有关，河道内的污染物扩散基本不受影响；海床地形变化对入海口处污染物质量浓度的变化影响较大，且表现出明显的大小潮变化，大潮期间污染物质量浓度较小，小潮期间污染物质量浓度较大，表明潮动力减弱使污染物更容易随径流扩散进入狮子洋。

按照式（5.24）得出围垦工程关于入海时间的适应性评分：

$$S_{a_5} = \frac{T_{a_5} - t_{a_5}}{T_{a_5}} \times 100 \qquad (5.24)$$

式中：t_{a_5} 为 1974 年工况从上游污染物释放开始到入海口处检测到污染物质量浓度为 0.01 μg/L 的时段，即污染物入海时间；T_{a_5} 为污染物排放时间，总计 9 天。t_{a_5} 增大意味着污染物入海时间增长，即前航道内遭受的污染时间更长，相应评分需降低；t_{a_5} 减小意味着污染物入海时间缩短，河口内污染物停留的时间变短，污染危害减小，相应评分需升高。1974 年工况、过渡期工况排放期内检测到 Pb 质量浓度接近 0，t_{a_5} 为 9 天，相应得分为 0；2016 年工况、2022 年规划工况检测到 Pb 质量浓度变化的时间与 2016 年工况基本一致，均为 4.54 天，相应得分均为 49.55 分。

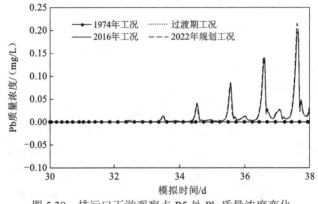

图 5.30　排污口下游观察点 P5 处 Pb 质量浓度变化

5. 航道尺度

伶仃洋湾内航道较多，如图 5.31 所示，其中广州港出海航道北起南沙港区，南至桂山锚地，是广州港、深圳西部港口、虎门港、中山港的主要出海通道。20 世纪 50 年代前，广州港出海航道为自然状态下形成的深槽，到 1959 年航道已浚深至 6.9 m 水深。70 年代中后期，虎门上游航道水深加至 9.0 m，下游航道水深加至 8.6 m，$2×10^4$ t 级船舶可以乘潮进港。广州港出海航道一期工程（1996~2000 年）实施后，航道水深增加至 11.5 m；二期工程（2004~2006 年）利用疏浚将航道水深增加至 13.0 m，可以使 $5×10^4$ t 级的船舶从桂山锚地进港并在全航段双向通航；三期工程分别于 2006~2007 年使航道浚深至 15.5 m，于 2009~2012 年使航道浚深至 17 m，拓宽工程实施后有效宽度达到 385 m，可使 $1.5×10^5$ t 级集装箱船舶全天候单向通航，又能使 $5×10^4$ t 级集装箱船舶全航段双向进出[23]。

将伶仃水道 15.06 m 水深等深线的宽度视作航宽，以拓宽工程实施后航道的有效宽度 385 m 为标准，按照式（5.25）进行评分：

$$S_{f_1} = \frac{1}{n_{f_1}} \sum_{i=1}^{n_{f_1}} \frac{D_{f_i i}}{D_{sf_i i} + D_{f_i i}} \times 100 \qquad (5.25)$$

式中：n_{f_1} 为航道数，$n_{f_1} = 4$；$D_{sf_i i}$ 为内伶仃洋伶仃水道段（虎门—内伶仃岛附近）的里程 40.67 km；$D_{f_i i}$ 为不同工况下航宽不低于有效宽度的航道里程。计算得到 1974 年工况

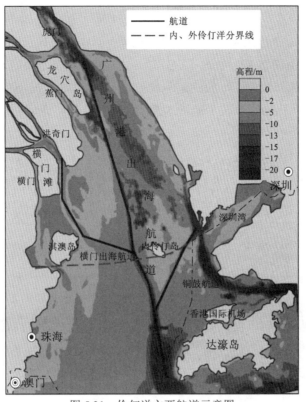

图 5.31　伶仃洋主要航道示意图

扫一扫　看彩图

航宽大于有效宽度的航道里程为 4.98 km，且仅分布在川鼻水道段，伶仃水道段基本无满足有效宽度的航段，适应性得分为 10.91 分；2016 年工况、2022 年规划工况航宽大于有效宽度的航道里程为 31.37 km，满足通航宽度要求的航段多分布在伶仃水道段，适应性得分均为 43.54 分。

6. 航道水流结构

海港航道水流表面最大纵向流速限值、最大横向流速限值有专门规定，流速限值可参考《内河通航标准》（GB 50139—2014）的规定，纵向流速不超过 2.0 m/s，横向流速不超过 0.3 m/s。分别以 2.0 m/s、0.3 m/s 为水流纵向流速、横向流速标准，按照式（5.26）计算得到航道水流流速的适应性评分：

$$S_{xb_2} = \frac{1}{n_{b_2}} \sum_{i=1}^{n_{b_2}} \frac{T_{xb_2 i} - t_{xb_2 i}}{T_{xb_2 i}} \times 100 \qquad (5.26)$$

$$S_{yb_2} = \frac{1}{n_{b_2}} \sum_{i=1}^{n_{b_2}} \frac{T_{yb_2 i} - t_{yb_2 i}}{T_{yb_2 i}} \times 100 \qquad (5.27)$$

式中：i 为观察点序号；$n_{b_2} = 6$；x、y 分别表示垂直航道轴线方向（横向）、沿航道轴线方向（纵向），以沿航道轴线向下游为纵向正方向，以指向左岸为横向正方向；$T_{xb_2 i}$、$T_{yb_2 i}$

分别为模拟时间 15 天；t_{xb_2i}、t_{yb_2i} 分别为横向流速超过 0.3 m/s 的时长、纵向流速超过 2.0 m/s 的时长。图 5.32 给出了模拟时段内 5 个观察点中 2 个代表性观察点处横向流速、纵向流速的变化。由图 5.32 可知，各工况下观察点纵向流速均未超过纵向流速限值 2.0 m/s，故关于航道水流纵向流速的指标评分为 100 分；各工况下观察点横向流速均未超过横向流速限值 0.3 m/s，故关于航道水流横向流速的指标评分也为 100 分。

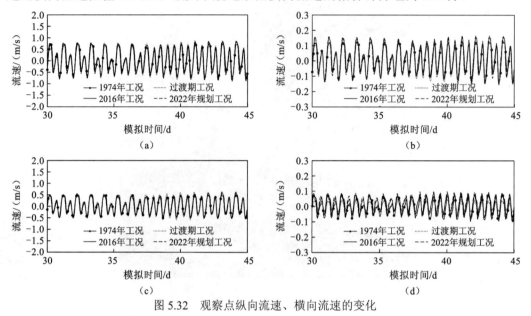

图 5.32 观察点纵向流速、横向流速的变化

（a）为观察点 P1 纵向流速；（b）为观察点 P1 横向流速；（c）为观察点 P2 纵向流速；（d）为观察点 P2 横向流速

7. 综合评分

综合上述评分情况，可以得到伶仃洋围垦工程的综合适应性得分，如表 5.26 所示。结果表明：在 1974 年地形条件下，围垦工程使东四口门向海外延（过渡期工况），延长了洪水入海路径，旧口门处水位壅高，增大了防洪压力，洪峰水位指标得分降低，但东四口门中虎门泄洪量增大，洪水流量指标得分略有增加；同时，旧口门处潮差减小，盐水上溯距离缩短，该处河口盐度指标得分增加，但伶仃洋水域面积的减小导致河口纳污能力减弱，污染浓度指标得分降低；此外，围垦对伶仃水道通航条件的影响微弱，其得分基本不变。整体上，过渡期工况适应性评分由围垦工程前的 58.78 分降至 53.52 分，其适应性等级维持为"基本适应"。在 2016 年工况下，受到围垦工程和海床地形变化的综合作用，旧口门处潮差减小，盐度增大，盐水入侵距离增加，航道通航条件改善，而洪水特性、典型污染物的变化较小，2016 年工况适应性评分为 58.95 分，适应性等级为"基本适应"。而 2022 年规划工况中，在 2016 年海床地形条件下，岸线发展为伶仃洋东四口门治导线条件下的河口形态（河口湾宽度更加收敛），洪峰水位指标得分将显著降低，已深入河网内的旧口门潮差降低，相应地潮差指标得分增大，洪水流量、相位、河口盐

度、入侵距离指标得分变化不大，以典型污染物为要素层和以航道尺度及航道水流结构为要素层的相关指标得分不变，整体上适应性评分小幅度降低为 57.90 分，适应性等级仍为"基本适应"。综上可知，若在现状条件下进一步围垦，其适应性得分会持续降低，但可通过合理地规划围垦方式、范围及速度来将其适应性得分降幅控制在可接受的范围内。

表 5.26　伶仃洋河口围垦工程适应性评分

指标	组合权重（W_j）	1974 年工况（S_i）	过渡期工况（S_i）	2016 年工况（S_i）	2022 年规划工况（S_i）
D_{111} 洪峰水位	0.171	100.00	69.77	99.80	92.56
D_{112} 洪水流量	0.114	50.00	50.55	50.20	50.73
D_{121} 潮差	0.131	50.00	52.60	45.21	47.02
D_{122} 相位	0.058	50.00	50.00	48.98	48.98
D_{211} 入侵距离	0.152	64.16	64.33	60.84	60.55
D_{212} 河口盐度	0.085	50.00	59.94	22.97	22.23
D_{221} 污染浓度	0.045	50.00	19.69	13.17	13.17
D_{222} 入海时间	0.034	0	0	49.55	49.55
D_{311} 航宽	0.052	10.91	10.91	43.54	43.54
D_{312} 航深	0.067	7.67	7.67	36.59	36.59
D_{321} 纵向流速	0.052	100.00	100.00	100.00	100.00
D_{322} 横向流速	0.040	100.00	100.00	100.00	100.00
总分 $=\sum(W_j \times S_i)$		58.78	53.52	58.95	57.90
适应性等级		基本适应	基本适应	基本适应	基本适应

注：组合权重列和不为 1 由四舍五入导致。

5.5　复杂异变条件下的治理新需求

在上述典型整治工程适应性评估的基础上，针对前述珠江河口河网在高强度人类活动等复杂异变条件下的河床形态、水动力特征及径潮输移新格局，以及相关典型整治工程的实施情况和效果调查，结合研究范围存在的其他相关问题，对珠江河口河网地区当前和未来将面临的关键水安全问题进行分析探讨，并针对这些水安全问题进一步提出经济社会对河口治理的新需求。

（1）堤围险段的监测、维护与治理。

随着流域上游大型水库的建成蓄水，珠江三角洲输沙量呈现出大幅降低的趋势，尤其是在 1985 年和 2000 年；这种趋势使珠江三角洲网河区深槽逼岸的现象仍将持续较长的时间，对堤围工程构成持续性威胁。因此，在珠江河口河网地区新水文情势和地貌特征下，堤围险段的治理维护将成为今后很长一段时间内的一项常态工作。一方面，需警惕安全隐患暴发在低水期。由于河道的下切、演变，原来的水位流量关系已发生变化。这几年发生在珠江三角洲的洪水频率小，水位不高，但是堤围出险现象并没有因此而消失。另一方面，要加大河道水文数据的收集。险段形成有多方面原因，其中最重要的原因还是人类活动改变河床地形及水流冲刷，水位变化使不同水位对险段不同高程产生冲击力，引起险段的剪切或拉伸破坏。只有加大河道地形、水文数据的监测力度，建立综合的数字分析平台，才能从长远角度整治险段。此外，进一步优化治理措施和手段，也是险段治理的迫切需求[24]。

（2）优化防洪、泄洪策略。

珠江河网河床地形下切使得河道水位流量关系改变，同流量下的水位大幅度降低，缓解了洪水位过高引起的防洪压力。加之近年来河网顶部马口站分流比的回升，洪水期进入北江河网的洪水流量有所减小。在新的水沙与河床条件下，河网主干水道的泄洪能力增强。因此，稳定主要节点的分流比，充分发挥河网主干水道的泄洪动力，同时疏通口门，使河网三角洲洪水通过河网自适应入海成为新的防洪、泄洪方向。

珠江河口所在地区是我国风暴潮影响最为严重的地区之一，具有受灾频率高、范围大、程度严重等特点。近年来，风暴潮影响有加剧趋势：一是极端天气频发；二是陆域扩张加剧风暴潮增水风险，陆域扩张大量侵占水域，相同风暴潮条件下增水风险加大；三是海平面抬升，珠江河口潮汐动力增强。受此影响，防洪潮能力不断被动降低，局部存在防洪潮短板。珠江三角洲防洪潮工程体系尚不健全，应当提升沿海区域的防洪潮标准。

（3）合理有序进行航道整治。

20世纪末，珠江河网部分河段实施了以河道疏浚为主要措施的航道整治工程。疏浚河道河床下切、过水断面增大，改变了疏浚河道及其邻近河道的局部水动力特性，疏浚河道的流量、流速增大，水流对河床、堤岸的冲刷力增强，对河势稳定产生不利影响。此外，河网下段航道疏浚导致的河床高程降低，使得航道枯水期的水深明显增加，从而增大了潮波传播速度，潮汐动力作用范围向上延伸，在一定程度上促使航道网内潮流界和潮区界上移，导致咸潮上溯。

近年来口门拦门沙的演变发展也对航道产生了不利影响。例如，磨刀门河口处的拦门沙呈现深槽外移扩展趋势，河口西汊、东汊深槽淤积，使得磨刀门出海航道水深较浅，通航不畅；黄茅海海域崖门出海航道处的拦门沙则常出现风暴潮骤淤现象，必须按期疏浚才能维持通航水深要求。因此，需合理有序进行航道整治，既要按期疏浚以保证通航水深要求，又要避免以改善航道条件为唯一目的的盲目、大规模航道疏浚，减少航道整治对河势稳定和咸潮上溯的影响。

（4）科学规划滩涂围垦。

滩涂围垦作为解决沿海地区用地紧缺问题的重要方式，在珠江河口地区已有2000余年的历史，而改革开放以来，随着珠江三角洲地区城市化的快速发展，河口滩涂围垦的速度大大加快，海岸线持续向海推进。围垦使得过水断面缩窄，水面面积缩小，有些围垦则直接占用浅滩，使浅滩迅速淤涨。围垦后洪水入海河槽的延长不利于口门泄洪，与新情势下的防洪、泄洪策略背道而驰。

此外，滩涂围垦还与滩涂生物多样性保护之间存在不可调和的矛盾。围垦对底栖动物群落结构及多样性的影响，主要通过改变滩涂湿地生境中的多种环境因子实现，如潮滩高程、水动力、沉积物特性、植被演替、滩涂利用方式等，是多种因子综合作用的结果。滩涂底质是决定底栖动物群落的重要因素之一。而围垦滩涂多用于水产养殖，封闭环境使其水体和底质发生了变化，其底质中的有机质含量将高于自然滩涂，由于底质长期处于淹水缺氧的状态，原有的滩涂底栖动物已无法生存。潮汐的改变对围垦后滩涂环境的影响也较重要，围垦后滩涂由于缺少潮汐的影响而呈现一定程度的淡水化。围垦后滩涂利用方式单一，使生境的复杂程度下降，生物多样性减少。围垦不可避免地对口门泄洪产生不利影响，且会破坏原生滩涂环境，但城市化发展的需求又决定了围垦这一开发方式的不可替代性。因此，必须科学确定围垦方式、围垦范围及围垦速度，进行"生态围垦"[25-26]，以最大限度地弱化围垦的弊端。

（5）多措施结合保障供水安全。

珠江三角洲虽然整体上城市化水平很高，但是东部深圳和东莞等地由于更加发达的经济和密集的人口，其需水量远远高于三角洲西部地区。而珠江三角洲西江河网可用水资源量却远大于东江河网，三角洲地区水资源空间分布不均的矛盾突出，需解决珠江三角洲东部地区城市长远用水问题。为解决珠江三角洲东部地区城市长远用水问题，国务院批准的《珠江流域综合规划（2012～2030 年）》[27]提出了重要水资源配置工程，即从珠江三角洲河网区西部的西江水系向东引水至珠江三角洲东部，主要供水目标是广州南沙、深圳和东莞的缺水地区。该工程按 2040 年总调水规模一次性建成，表 5.27 为该工程的引水规模。自西江干流鲤鱼洲取水，输水主干线全长约 91.2 km。但是，在珠江三角洲河床强烈下切及水沙变异新情势下，取水工程附近河床的演变规律和趋势及其对调水工程的影响，亟待深入、系统研究[28-29]。

表 5.27　珠江三角洲水资源配置工程引水规模

受水区	2030 年净供水量/（10^8 m³）	2040 年净供水量/（10^8 m³）	工程规模/（m³/s）
广州南沙	5.08	5.54	20
东莞	2.53	4.10	20
深圳	7.04	8.47	40（含香港备用）
合计	14.65	18.11	80

随着近年来珠江河口地区咸潮上溯呈灾害化发展，如何有效抑制河网下游地区的咸潮上溯成为保障枯季供水安全亟须解决的重要科技问题。其中一个可行的措施是将西江流域骨干水库群作为一个复杂的混联系统，在满足水库综合利用需求下实现抑咸调度。自 2005 年 1 月起，西江连续实施了多次枯水期水量统一调度，但流域抑咸调度流程长，涉及区域广，调度难度大。为解决澳门、珠海地区在枯水年咸潮期间的供水安全问题，2005 年和 2006 年国家两次进行珠江压咸补淡应急调水。2005 年 1 月 17 日～2 月 1 日进

行的珠江流域压咸补淡应急调水，直接动用了南方电网直属的天生桥一、二级水电站，广西主网岩滩水电站、大化水电站、百龙滩水电站和恶滩水电站，以及广东电网飞来峡水电站6个水电站，涉及了贵州、广西、广东三个省（自治区）的水利、电力、交通、航运等多个部门，以及西江、北江沿线多个水利水电枢纽，调水线路长 1336 km，共从西江上游各水库增调水量 8.43×10^8 m³。2006 年 1 月 10～17 日进行了珠江流域第二次压咸补淡应急调水，所涉及的水电站基本与前次相同，共从上游水库增调水量 5.5×10^8 m³。待 2023 年西江流域大藤峡水利枢纽建成后，珠江流域大型水库总库容将超过 7.53×10^{10} m³，占珠江年径流量的 22.4%，上游水库群的调度能够对珠江三角洲径流的年内分布产生强有力的调节作用。考虑到水库群优化调度目标除抑咸外，还包括梯级电站发电效益、航运和生态环境等，在新的调蓄工程布局条件下，将珠江河口及上游流域复杂水资源作为一个整体系统，针对河口补淡压咸，提高澳门、珠海地区供水安全，寻求科学、合理的上游骨干水库调度方法是急需深入研究的一项重要课题[30-31]。

此外，抑制咸潮上溯的另一个有效途径就是在河口地区修建挡潮闸。河口建闸可以大幅减少河网的进潮量，有效抑制咸潮的上溯，同时也会有效抵挡风暴潮；但也会延长排水历时，加剧发生内涝的风险[32]。同时，建闸后河道回水段流速减小，闸前不可避免地会出现淤积。因此，需要合理选择建闸的位置，缓解闸前淤积问题，科学进行闸群调度，在实现抑制咸潮上溯功能的同时，避免引发内涝灾害和环境问题。

（6）重视与防治水环境和水生态问题。

如表 3.8 所示，在 2015～2018 年监测评价的珠江三角洲水功能区中，达标个数均不足一半，达标率不高。水质和水环境问题已经成为影响珠江河口河网可持续发展的关键问题。此外，由于河口生态系统的敏感性，珠江河口河网地区是典型的生态环境脆弱区域。在自然因素和人为因素的干扰下，生态系统的不稳定性和脆弱性表现得极为突出，生态系统极易因人类的开发而遭到破坏。例如，在磨刀门整治工程规划设计时对河口地区湿地保护及红树林保护等环境问题研究不够，使该区域的红树林生态系统遭到了不可逆的破坏[33-34]。因此，在未来珠江河口河网综合治理规划中，应把生态保护的理念植入规划方案中，任何开发活动都不能越过生态保护这条红线。

5.6　本章小结

运用数值模拟技术得到不同工程措施对河口河网径-潮-盐-水质动力特性的影响，并基于河口河网典型整治工程适应性评估体系对河网地区闸群工程、险段整治工程和典型河口区围垦工程在复杂异变条件下的适应性进行评估，主要成果如下。

（1）水闸在保障三角洲防洪安全、防潮压咸方面起着重要作用。在"控支强干""联围并流"作用方面，北江二闸联合调度作用弱于西江三闸联合调度，西江三闸联合调度与五节制闸联合调度作用相当，七闸联合调度效果最好。比较 1977 年、1999 年、2008 年地形条件下水闸的适应性，1999 年得分最高。因此，可以推断，单一水闸调度难以适应变化的河道地形、水情等，需开展多闸联合调度。

（2）采砂等人类活动使得西南险段处的水动力条件发生变化，导致西南险段工程的适应性降低，主要表现在由河床下切引起的深泓逼岸，深泓距岸过近引起潜在的崩岸危险。由整治工程加固后（2019 年）与整治工程加固前（2008 年）的比较发现，对整治工程进行的加固修复工程是有成效的，工程适应性等级由"好"上升为"很好"。

（3）在 1977 年地形条件下，磨刀门围垦工程虽然大大削弱了磨刀门河口的潮动力，阻碍了盐水入侵，降低了沿岸城市供水风险，但对洪峰水位、洪水流量及污染浓度等指标都存在负面影响，其综合评分由工程实施前的 76.59 分降低为 75.13 分。2010 年河床地形剧烈下切后，磨刀门河口潮差增大，相位超前；盐水入侵加剧，河口平均盐度升高，严重降低了周围城市抵抗风暴潮和咸潮的能力；虽然河口的泄洪能力及纳污能力增强，但综合评分降低为 65.51 分，表明新的地形条件下围垦工程的适应性进一步下降。

（4）在 1974 年地形条件下，伶仃洋口门围垦工程对潮差、入侵距离、污染浓度及入海时间指标有一定的正面效应，也增加了河网区中部的防洪风险，对洪峰水位存在明显的负面效应，对口门处盐度和伶仃水道水深也存在负面影响，其综合评分由围垦工程前的 58.78 分降至 53.52 分。2016 年伶仃洋地形变化后，河网区水位下降明显；潮差增大，潮波传播速度加快，导致相位超前；盐水入侵加剧，河口平均盐度显著增加；降低了周围城市抵抗风暴潮和咸潮的能力，但河口纳污能力略有提高，污染物入海时间缩短；航道尺度和纵向流速符合航道建设标准，但航道横向流速超标时长的比例有所增加；总体上其适应性评分增加为 58.95 分，表明 2016 年地形条件下围垦工程的适应性提高。2022 年规划工况岸线继续围垦，河网区防洪风险增大，河口盐度进一步增大且受咸潮的影响再度加剧，河口的纳污能力减低，对航道尺度及水流结构存在正面效应，总体上适应性评分略有减小，变为 57.90 分，在现状条件下进一步围垦，其适应性得分会持续降低，但可通过合理规划围垦方式、范围及速度使适应性得分的降幅处于可接受的范围内。

（5）珠江河口河网是一个复杂的系统，具有强大的自然环境变化和人类活动作用下的自适应、自调节能力。整治工程的适应性与河口系统的自适应能力关系密切。因此，整治工程的适应性有待动态研究。

在上述典型整治工程适应性评估的基础上，结合前人研究成果和社会经济发展状况，进一步提出河口治理新需求。

参 考 文 献

[1] 陈文彪, 陈上群, 顾再仁, 等. 珠江口磨刀门口门治理的研究[J]. 泥沙研究, 1989(4): 1-9.

[2] 钟德馨. 浅探蕉门及洪奇沥的口门治理[J]. 人民珠江, 1989(2): 44-49.

[3] 刘兆伦. 整治珠江口 开发伶仃洋[J]. 中国水利, 1984(11): 5-8.

[4] 黎子浩. 珠江三角洲联围筑闸对水流及河床演变的影响[J]. 热带地理, 1985, 5(2): 99-107.

[5] 李春初. 中国南方河口过程与演变规律[M]. 北京: 科学出版社, 2004.

[6] 朱金格, 包芸, 胡维平, 等. 近 50 年来珠江河网区水动力对地形的响应[J]. 中山大学学报, 2010(7): 129-133.

[7] 陈小齐, 余明辉, 刘长杰, 等. 珠江三角洲近年地形不均匀变化对洪季水动力特征的影响[J]. 水科学进展, 2020, 31 (1): 98-107.

[8] 张蔚, 诸裕良. 珠江河网分流比之研究[J]. 广东水利水电, 2004(1): 11-13.

[9] 刘俊勇. 珠江三角洲大型节制闸对河网水动力调控作用研究[J]. 人民珠江, 2014(2): 32-36.

[10] 何鑫, 余明辉, 陈小齐. 珠江三角洲地形不均匀变化对区域闸群适应性影响研究[J]. 泥沙研究, 2022(12): 66-73.

[11] 邓雪, 李家铭, 曾浩健, 等. 层次分析法权重计算方法分析及其应用研究[J]. 数学的实践与认识, 2012, 42(7): 93-100.

[12] 张瑞瑾. 河流动力学[M]. 北京: 中国水利水电出版社, 1998.

[13] BAO Y, LIU J. The study of salt intrusion limit in Modaomen Estuary during dry season[J]. Shipbuilding, 2008, 49 (SI2): 441-445.

[14] GONG W, SHEN J. The response of salt intrusion to changes in river discharge and tidal mixing during the dry season in the Modaomen Estuary, China[J]. Continental shelf research, 2011, 31(7/8): 769-788.

[15] 刘昕宇, 刘胜玉, 李建民, 等. 珠江三角洲重点入河排污口污染物分析与评价[J]. 水资源保护, 2013(4): 36-39.

[16] 刘长杰. 珠江河口河网径潮盐动力特征对地形人为干扰的响应[D]. 武汉: 武汉大学, 2020.

[17] 董炳江, 张小峰, 陆俊卿, 等. 水库异重流潜入运动数值模拟及影响因素[J]. 武汉大学学报(工学版), 2009, 42(2): 163-167.

[18] BARRAS J, BEVILLE S, BRITSCH D, et al. Historical and projected coastal Louisiana land changes: 1978—2050[R]. [S.l.]: United States Geologic Survey, 2004.

[19] 包芸, 任杰. 盐场高度分层下的三维斜压数值模拟[J]. 海洋通报, 2001(6): 17-24.

[20] 龚文平, 王道儒, 赵军鹏, 等. 海南岛南渡江河口枯季大小潮的盐度变化特征[J]. 海洋通报, 2012, 31(6): 621-629.

[21] 季荣耀, 陆永军, 王志力, 等. 河口治理开发对伶仃洋滩槽演变影响分析[C]// 第十七届中国海洋(岸)工程学术讨论会论文集(下). 北京: 海洋出版社, 2015.

[22] 李建民, 毛小英. 珠江重要入河排污口有机污染物污染现状探究[J]. 水利技术监督, 2013, 21(6): 4-6.

[23] 申其国, 谢凌峰, 解鸣晓, 等. 珠江三角洲河口湾航道整治研究[J]. 水道港口, 2019, 40(3): 286-292.

[24] 段民华. 珠江三角洲典型微弯河道险段成因分析及整治措施研究[J]. 广东水利水电, 2016(3): 18-21.

[25] 徐承祥. "生态围垦"的前景及发展思路[J]. 海洋学研究, 2006, 24(B07): 1-5.

[26] CHEN Y, WEI Y, PENG L. Ecological technology model and path of seaport reclamation construction[J]. Ocean & coastal management, 2018, 165: 244-257.

[27] 水利部珠江水利委员会. 珠江流域综合规划(2012～2030 年)[R]. 广州: 水利部珠江水利委员会,

2013.

[28] 严振瑞. 珠江三角洲水资源配置工程关键技术问题思考[J]. 水利规划与设计, 2015(11): 48-51.

[29] 朱秋菊, 刘学明. 珠江三角洲水资源配置工程防洪评价要点分析[J]. 人民珠江, 2018, 39(10): 51-55.

[30] 尹小玲. 基于数字流域模型的珠江补淡压咸水库调度研究[D]. 北京: 清华大学, 2009.

[31] 刘夏, 白涛, 武蕴晨, 等. 枯水期西江流域骨干水库群压咸补淡调度研究[J]. 人民珠江, 2020, 41(5): 84-95.

[32] 江修恭, 曾宪岳, 庞瑞生. 珠江三角洲河口建闸后水文条件变化初步探讨[C]//京津沪穗连五城市科协学术年会. 广州: [s.n.], 2008: 15-22.

[33] 黎夏, 刘凯, 王树功. 珠江口红树林湿地演变的遥感分析[J]. 地理学报, 2006, 61(1): 26-34.

[34] 高义, 苏奋振, 孙晓宇, 等. 珠江口滨海湿地景观格局变化分析[J]. 热带地理, 2010, 30(3): 215-220.

第 6 章

珠江河口河网水质现状调查及安全评估

　　珠江河口河网密布，河道分汊，为周边地区提供了丰富的水资源。但同时由于工业、农业的发展和人类生活污水的排放，珠江河口河网在一定程度上受到了污染，包括重金属污染和氮磷污染。虽然水体有一定的自净能力，能通过各种反应过程对污染物进行降解或转化，但一旦污染负荷过重，水体就不能完全净化污染物，特别是重金属污染物，很难通过生态系统的自净能力来消除，只能通过化学沉淀与底泥结合或发生物理化学作用而分散、富集和迁移[1-3]。这种超过水体负载的重金属和氮磷污染，最终会改变水体中的生物结构，也使得整个生态平衡发生改变，若不重视会对粤港澳大湾区甚至广东的发展产生重大不利影响。因此，本章采用现场调查试验与模型分析评价相结合的方式，对珠江河口河网的水质安全评价指标进行时空分析，建立水质安全评估体系，评估水质安全状况。

6.1 珠江河口河网水质调查

6.1.1 水样采集与测试

以珠江河口河网中各大支流和出海口门为研究对象，在西江、北江和东江上分别设立了马口断面、三水断面、石龙南断面和石龙北断面4个研究断面，在西江的主要出海口门设立磨刀门断面，在东江和北江的出海口门设立虎门断面和5个伶仃洋断面，共11个研究断面。其中，虎门断面、伶仃洋断面1~5位于潮优型河口，在枯水季节径流影响较小，潮流影响较大；磨刀门断面位于河优型河口，径流影响较大，潮流影响较小。断面位置如图6.1所示，具体位置见表6.1。每个采样断面分表层、中层、底层三层采样。

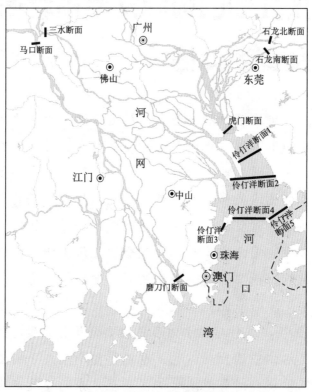

图 6.1 珠江河口河网研究区域及断面示意图

表 6.1 采样断面具体位置

观测点（断面）	断面起止位置	定点观测位置
伶仃洋断面 1	22°40.811′, 113°39.870' 22°41.118′, 113°45.671'	22°40.968', 113°43.247'
伶仃洋断面 2	22°34.555′, 113°38.888' 22°34.695′, 113°50.198'	22°34.491', 113°42.683'

观测点（断面）	断面起止位置	定点观测位置
伶仃洋断面 3	22°22.843′，113°36.571′ 22°23.447′，113°36.976′	22°23.224′， 113°36.832′
伶仃洋断面 4	22°25.978′，113°39.671′ 22°25.100′，113°46.895′	22°25.037′， 113°46.182′
伶仃洋断面 5	22°25.365′，113°48.560′ 22°26.938′，113°53.206′	22°26.347′， 113°51.515′
虎门断面	22°46.282′，113°36.556′ 22°47.626′，113°38.178′	—
磨刀门断面	22°10.324′，113°24.443′ 22°10.911′，113°25.744′	—
马口断面	23°8.039′，112°47.376′ 23°8.006′，112°48.040′	—
三水断面	23°9.335′，112°50.464′ 23°9.599′，112°50.465′	—
石龙南断面	23°6.466′，113°51.131′ 23°6.315′，113°51.152′	—
石龙北断面	23°6.949′，113°51.480′ 23°6.906′，113°51.401′	—

采样时间分大潮、小潮。枯水期大潮采样时间为 2016 年 11 月 30 日（阴历初二）11 时～12 月 1 日（阴历初三）13 时；小潮采样时间为 2016 年 12 月 5 日（阴历初七）11 时～6 日（阴历初八）13 时。丰水期大潮采样时间为 2017 年 7 月 8 日（阴历十五）11 时～9 日（阴历十六）13 时；小潮采样时间为 2017 年 7 月 17 日（阴历二十四）11 时～18 日（阴历二十五）13 时。

水样测试重点关注重金属和富营养化两大指标。其中，重金属分析测试指标包括铜（Cu）、锌（Zn）、铅（Pb）、镉（Cd）、镍（Ni）、铁（Fe）、铬（Cr）、砷（As）、锰（Mn）、铊（Tl）共 10 项。采用电感耦合等离子体发射光谱仪 ICP-OES（PE 5300DV）、电感耦合等离子体质谱仪 ICP-MASS（NexION 350D）和原子吸收分光光度计 AAS（耶拿 contrAA 800、日立 Z-5000 型）进行测试。测试过程中，各个样品的相对标准偏差（RSD）控制在 20%以内，满足美国环境保护局对试验误差的要求（RSD<30%）[4]。富营养化相关变量包括 TP、TN 2 项富营养化指标原因变量和叶绿素 a（Chl-a）、DO、五日生化需氧量（BOD_5）3 项富营养化指标响应变量。TP、TN、Chl-a、DO、BOD_5 等指标按照国家标准测定，具体分析方法如表 6.2 所示。

表 6.2 水样测试分析方法及依据

指标	分析方法	分析方法的依据
TN	碱性过硫酸钾消解紫外分光光度法	《水质 总氮的测定 碱性过硫酸钾消解紫外分光光度法》（HJ 636—2012）
TP	钼酸铵分光光度法	《水质 总磷的测定 钼酸铵分光光度法》（GB 11893—89）
DO	碘量法	《水质 溶解氧的测定 碘量法》（GB 7489—87）
BOD$_5$	稀释与接种法	《水质 五日生化需氧量（BOD$_5$）的测定 稀释与接种法》（HJ 505—2009）
Chl-a	分光光度法	《水质 湖泊和水库采样技术指导》（GB/T 14581—1993）
重金属	原子吸收分光光度法	《水质 铜、锌、铅、镉的测定 原子吸收分光光度法》（GB 7475—87）

6.1.2 现场采样水质分析结果

研究区域包括珠江河口与河网，而河口与河网在水文动力条件和水质评价标准上均有所不同，故将河口与河网分开分析。同时，本次采样调查还包括了丰水期和枯水期，而丰水期与枯水期在水质污染程度方面会有所不同，故又将丰水期与枯水期分开分析。选取 TN、TP、DO、BOD$_5$、Chl-a、Cu、Zn、Pb、Cd、Ni、Fe、Cr、As、Mn 共 14 种评价指标。其中，TN、TP 属于富营养化指标原因变量，DO、BOD$_5$、Chl-a 属于富营养化指标响应变量，Cu、Zn、Pb、Cd、Ni、Fe、Cr、As 和 Mn 属于重金属指标。叶绿素 a（Chl-a）分级参照国际公认的叶绿素 a 质量浓度分级法[5]，即 I 级贫营养（<1.6 mg/m^3）、II 级中营养（1.6～10 mg/m^3）、III 级轻富营养（10～26 mg/m^3）、IV 级中富营养（26～64 mg/m^3）、V 级重富营养（64～160 mg/m^3）和 VI 级极端富营养（>160 mg/m^3）。其余水质评价参照《地表水环境质量标准》（GB 3838—2002）和《海水水质标准》（GB 3097—1997），河口主要参照《海水水质标准》（GB 3097—1997），河网主要参照《地表水环境质量标准》（GB 3838—2002），具体标准见表 6.3。

表 6.3 水质评价标准 （单位：mg/L）

参考标准	类别	重金属指标									富营养化指标			
		Cu	Pb	Zn	Cd	Cr	As	Ni	Mn	Fe	TN	TP	DO	BOD$_5$
《地表水环境质量标准》（GB 3838—2002）	I	10	10	50	1	10	50	—	—	—	0.2	0.02	7.5	3
	II	1 000	10	1 000	5	50	50	—	—	—	0.5	0.1	6	3
	III	1 000	50	1 000	5	50	50	—	—	—	1	0.2	5	4
	IV	1 000	50	2 000	5	50	100	—	—	—	1.5	0.3	3	6
	V	1 000	100	2 000	10	100	100	—	—	—	2	0.4	2	10
	水源地限值	—	—	—	—	—	—	—	0.1	0.3	—	—	—	—
《海水水质标准》（GB 3097—1997）	I	5	1	20	1	5	20	5	—	—	0.2	0.015	6	1
	II	10	5	50	5	10	30	10	—	—	0.3	0.03	5	3
	III	50	10	100	10	20	50	20	—	—	0.4	0.03	4	4
	IV	50	50	500	10	50	50	50	—	—	0.5	0.045	3	5

由如图 6.2 和图 6.3 所示的水质初步分析结果可知，对于富营养化指标原因变量：TN 质量浓度在整个研究区域内普遍较高，枯水期时在 IV 类水和 V 类水之间，丰水期时在 III 类水和 V 类水之间；TP 质量浓度基本处于 III 类水标准内，枯水期时东江区域处于 IV 类水标准内。对于富营养化指标响应变量：DO 在枯水期时基本处于 II 类水标准内，丰水期时基本在 III 类水标准线附近；BOD_5 在枯水期时除西江和北江稍超出 II 类水标准外，其他区域基本在 II 类水标准内，丰水期时除东江区域处于 III 类水标准内外，其他区域基本在 II 类水标准内。对于重金属指标：Mn、Fe 广泛存在于地壳中，在本次研究中质量浓度也较高，枯水期时，河网区域 Fe 和 Mn 的质量浓度都超过水源地限值，丰水

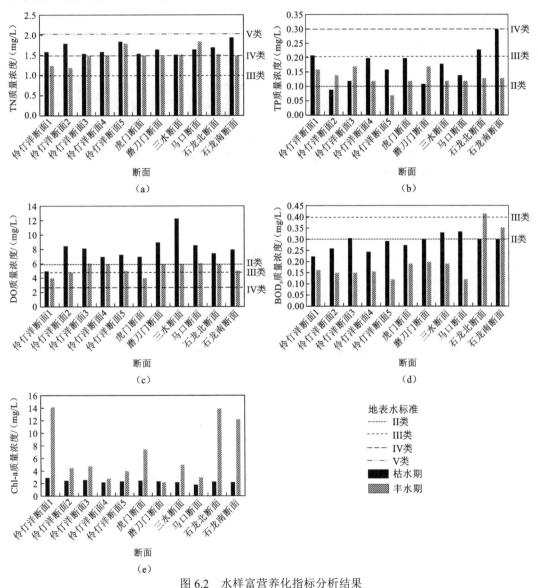

图 6.2　水样富营养化指标分析结果

(a) 为 TN；(b) 为 TP；(c) 为 DO；(d) 为 BOD_5；(e) 为 Chl-a

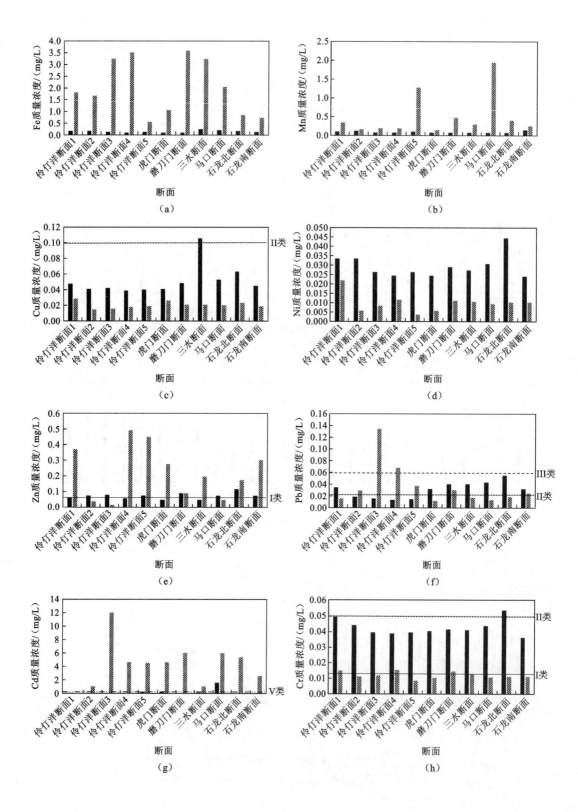

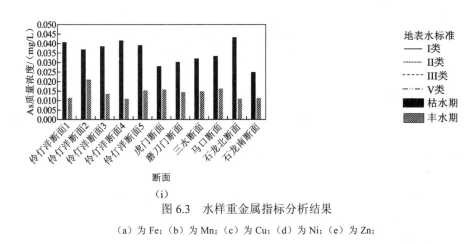

（i）

图 6.3　水样重金属指标分析结果

（a）为 Fe；（b）为 Mn；（c）为 Cu；（d）为 Ni；（e）为 Zn；

（f）为 Pb；（g）为 Cd；（h）为 Cr；（i）为 As

期时，全区域 Fe 的质量浓度远超水源地限值，Mn 的质量浓度基本超过水源地限值；Cu 在枯水期和丰水期的质量浓度基本达到 II 类或 III 类水标准；Ni 在枯水期河网区域的质量浓度较高，其他区域稍低，在丰水期时其总体质量浓度不高，基本处于水源地限值内；Zn 在枯水期时基本达到 I 类水标准，在丰水期时河口 Zn 的质量浓度稍高，但河网 Zn 的质量浓度也处于 II 类水标准（质量浓度<1 mg/L）内。Cd、Pb、Cr、As 是毒性较大的重金属。Cd 在枯水期时质量浓度均较低，达到 II 类水标准，在丰水期时仅西江、东江和部分伶仃洋区域的 Cd 的质量浓度较高，超出 V 类水标准；Pb 的质量浓度在全区域内都较高，大部分超出 II 类水标准；Cr 和 As 的质量浓度较低，基本在 II 类水标准内。

　　总体来说，各水质指标在时间分布上具有以下特点：TN 和 TP 在枯水期时的质量浓度稍高于丰水期，但差异不大；DO 和 BOD$_5$ 在枯水期时也稍高于丰水期，Chl-a 则在丰水期时质量浓度高于枯水期；各重金属枯水期和丰水期之间的差异较大，Fe、Mn、Zn、Cd 在丰水期时的质量浓度远高于枯水期，Cu、Ni、Cr、As 在枯水期时质量浓度远高于丰水期，Pb 的质量浓度在河口区域丰水期时较高，但在河网区域枯水期时较高。各水质指标在空间分布上具有以下特点：TN 在各区域分布较均，区域之间差异不大；TP 和 BOD$_5$ 在东江区域质量浓度较高，在其他区域较低；DO 在北江区域质量浓度较高，其他区域质量浓度分布较均；Chl-a 在东江区域及东江下游出口外的虎门断面和伶仃洋断面 1 的质量浓度较高，其他区域质量浓度较低；Fe 在西江、北江和外伶仃洋、磨刀门附近质量浓度较高；Mn 在西江区域和伶仃洋断面 5 附近质量浓度较高，其他区域质量浓度分布较均；Zn 在东江及东江出海口外的伶仃洋区域质量浓度较高；Cu 在北江质量浓度较高，其他区域质量浓度分布较均；Ni、Cd、As 在整个区域内质量浓度分布较均；Cd 在伶仃洋断面 3 质量浓度较高；Pb 在丰水期河口区域的质量浓度较高，但在枯水期河网区域的质量浓度较高。

6.2 水质安全典型影响因子的筛选

6.2.1 筛选原则及方法

水质安全典型影响因子的筛选一般遵循如下原则：首先，选取的评价因子要能够全面反映区域的水环境质量。《地表水环境质量标准》（GB 3838—2002）中规定了水温、pH、DO、化学需氧量、五日生化需氧量（BOD$_5$）、TN、TP、铜、锌、氟化物、硒、砷、汞、镉、铬等共 24 项中国地表水质评价的基本项目，在具体选择评价因子时，一般应覆盖常规、有机、氮类、重金属等类型的污染因子。其次，选取的评价因子应具有代表性。评价指标过多，虽然可以更全面地反映水质状况，但一些污染因子多年未检出或不超过《地表水环境质量标准》（GB 3838—2002）的标准，对水质影响不明显，对评价的结果影响较小，可以适当舍弃。再次，选取评价因子时要根据环境影响因素的识别结果，结合区域环境功能要求或所确定的环境保护目标，筛选确定评价因子。最后，选取的评价因子要能反映水污染状况，要能反映评价区域重要的水环境问题，评价因子污染程度要较高。

采用综合污染指数法和单因子评价法对研究区域内的主要污染物进行分析[6]，从而确定对珠江河口河网水质安全影响较大的典型污染物（即水质安全典型影响因子）。与6.1 节一致，这里将 TN、TP、DO、BOD$_5$、Chl-a 5 个富营养化指标（TN 和 TP 为原因变量；DO、BOD$_5$ 和 Chl-a 为响应变量）和 Cu、Zn、Pb、Cd、Ni、Fe、Cr、As、Mn 9 个重金属指标作为主要污染物指标进行分析。同时，将河口与河网、丰水期和枯水期分开分析。

运用式（6.1）计算各污染物指标的污染指数；用各项污染指数[式（6.2）]与综合污染指数的比值，计算污染物指标的污染分担率[式（6.3）]；对污染分担率进行排序，确定出研究区域内的主要污染物。

$$P = \frac{1}{m}\sum_{i=1}^{m} P_i \tag{6.1}$$

$$P_i = \frac{C_i}{C_0} \tag{6.2}$$

$$K_i = \frac{P_i}{mP} \tag{6.3}$$

式中：C_i 为 i 项污染物的质量浓度；C_0 为 i 项污染物的评价标准；P_i 为 i 项污染物的污染指数；K_i 为 i 项污染物的污染分担率。

6.2.2 水质安全典型污染物指标的评价标准

依照《广东省地表水环境功能区划》（2011 版）[7]，研究区域水功能区划见表 6.4，其中伶仃洋断面 1～5 的水功能区划没有明确给出，故同虎门断面。根据水功能区划表，结合《地表水环境质量标准》（GB 3838—2002）和《海水水质标准》（GB 3097—1997），得出各项污染物指标的评价标准，如表 6.5 所示。

表 6.4　研究区域水功能区划表

区域	断面	水功能区划
河口	伶仃洋断面 1	III 类
	伶仃洋断面 2	III 类
	伶仃洋断面 3	III 类
	伶仃洋断面 4	III 类
	伶仃洋断面 5	III 类
	虎门断面	III 类
	磨刀门断面	III 类
河网	马口断面	II 类
	三水断面	II 类
	石龙北断面	II 类
	石龙南断面	II 类

表 6.5　各指标评价标准

指标	TN	TP	DO	BOD$_5$	Chl-a	Cu	Pb	Fe	Cr	As	Mn
河口水质标准/（mg/L）	1	0.2	4	4	0.01	0.05	0.01	0.3	0.2	0.05	0.1
河网水质标准/（mg/L）	0.5	0.1	6	3	0.01	0.05	0.01	0.3	0.05	0.05	0.1

6.2.3　水质安全典型影响因子污染分担率

1. 河口地区

1）潮优型河口

由 6.1.1 小节可知，采样断面中虎门断面、伶仃洋断面 1～5 位于潮优型河口，选取这 6 个断面监测数据的平均值，计算其污染分担率并进行排序，得出各指标的污染分担率及累计污染分担率，如表 6.6 所示。

表 6.6　潮优型河口各项指标的污染分担率

枯水期			丰水期		
指标	污染分担率/%	累计污染分担率/%	指标	污染分担率/%	累计污染分担率/%
Pb	20.8	20.8	Fe	27.7	27.7
TN	14.9	35.7	Pb	21.2	48.9

	枯水期			丰水期	
指标	污染分担率/%	累计污染分担率/%	指标	污染分担率/%	累计污染分担率/%
Ni	12.4	48.1	Mn	15.5	64.4
Cu	7.5	55.6	Zn	11.7	76.1
TP	7.2	62.8	TN	6.1	82.2
As	6.6	69.4	DO	3.6	85.8
Zn	6.4	75.8	TP	2.8	88.6
BOD_5	5.9	81.7	Chl-a	2.7	91.3
DO	5.2	86.9	Ni	2.0	93.3
Mn	4.8	91.7	Cd	1.9	95.2
Fe	3.9	95.6	Cu	1.8	97.0
Chl-a	2.5	98.1	BOD_5	1.6	98.6
Cr	1.8	99.9	As	1.2	99.8
Cd	0.1	100.0	Cr	0.2	100.0

考虑到指标选取的典型性，在本次典型影响因子的选取中，从富营养化指标原因变量、响应变量和重金属指标中各选择一个污染程度最大的指标。Fe、Mn 是地壳和岩石圈地幔中丰度最高的元素，也是人体必需的微量元素，广泛存在于环境中，典型污染指标选取时应排除。由表 6.6 可知，潮优型河口枯水期时水安全的典型影响因子是 Pb、TN、BOD_5；丰水期时水安全的典型影响因子是 Pb、TN、DO。

2）河优型河口

采样断面中磨刀门断面位于河优型河口，选取该断面监测数据的平均值，计算其污染分担率并进行排序，得出各指标的污染分担率及累计污染分担率，如表 6.7 所示。筛选方法同上。由表 6.7 可以得出，河优型河口枯水期时水安全的典型影响因子是 Pb、TN、BOD_5；丰水期时水安全的典型影响因子是 Pb、TN、DO。

表 6.7　河优型河口各项指标的污染分担率

	枯水期			丰水期	
指标	污染分担率/%	累计污染分担率/%	指标	污染分担率/%	累计污染分担率/%
Pb	30.1	30.1	Fe	45.4	45.4
TN	12.6	42.7	Mn	17.6	63.0
Ni	11.0	53.7	Pb	12.0	75.0
Zn	7.7	61.4	TN	5.5	80.5
Cu	7.5	68.9	Zn	3.8	84.3
BOD_5	5.6	74.5	TP	3.0	87.3
Mn	5.1	79.6	DO	2.6	89.9
Fe	4.5	84.1	Cd	2.2	92.1
As	4.5	88.6	Ni	2.2	94.3

枯水期			丰水期		
指标	污染分担率/%	累计污染分担率/%	指标	污染分担率/%	累计污染分担率/%
TP	4.3	92.9	BOD$_5$	1.9	96.2
DO	3.4	96.3	Cu	1.6	97.8
Chl-a	2.2	98.5	As	1.0	98.8
Cr	1.5	100.0	Chl-a	0.9	99.7
			Cr	0.3	100.0

2. 河网地区

1）西江河网

采样断面中马口断面位于西江河网，选取该断面监测数据的平均值，计算其污染分担率并进行排序，得出各指标的污染分担率及累计污染分担率，如表 6.8 所示。筛选方法同上。由表 6.8 可以得出，西江河网枯水期时水安全的典型影响因子是 Pb、TN、BOD$_5$；丰水期时水安全的典型影响因子是 Pb、TN、DO。

表 6.8　西江河网各项指标的污染分担率

枯水期			丰水期		
指标	污染分担率/%	累计污染分担率/%	指标	污染分担率/%	累计污染分担率/%
Pb	28.5	28.5	Mn	54.5	54.5
TN	20.4	48.9	Fe	18.7	73.2
Ni	9.4	58.3	TN	7.6	80.8
TP	8.5	66.8	Pb	4.8	85.6
BOD$_5$	6.8	73.6	TP	3.4	89.0
Cr	5.3	78.9	Cd	3.4	92.4
Fe	5.1	84.0	DO	2.6	95.0
Mn	4.3	88.3	Ni	1.4	96.4
DO	4.2	92.5	BOD$_5$	1.1	97.5
As	4.0	96.5	As	0.9	98.4
Cd	1.7	98.2	Chl-a	0.8	99.2
Chl-a	1.0	99.2	Cr	0.6	99.8
Zn	0.5	99.7	Zn	0.1	99.9
Cu	0.3	100.0	Cu	0.1	100.0

2）北江河网

采样断面中三水断面位于北江河网，选取该断面监测数据的平均值，计算其污染分担率并进行排序，得出各指标的污染分担率及累计污染分担率，如表 6.9 所示。筛选方法同上，可知北江河网枯水期时水安全的典型影响因子是 Pb、TN、BOD$_5$；丰水期时水安全的典型影响因子是 Pb、TN、DO。

表 6.9 北江河网各项指标的污染分担率

枯水期			丰水期		
指标	污染分担率/%	累计污染分担率/%	指标	污染分担率/%	累计污染分担率/%
Pb	26.9	26.9	Fe	45.5	45.5
TN	19.7	46.6	TN	13.0	58.5
TP	11.7	58.3	Mn	12.5	71.0
Ni	8.7	67.0	Pb	8.4	79.4
BOD$_5$	7.0	74.0	TP	5.2	84.6
Fe	5.8	79.8	DO	4.2	88.8
Cr	5.2	85.0	BOD$_5$	2.7	91.5
Mn	5.1	90.1	Ni	2.3	93.8
As	4.0	94.1	Chl-a	2.1	95.9
DO	3.1	97.2	As	1.2	97.1
Chl-a	1.5	98.7	Cr	1.0	98.1
Cu	0.7	99.4	Cd	0.9	99.0
Zn	0.3	99.7	Zn	0.9	99.9
Cd	0.3	100.0	Cu	0.1	100.0

3）东江河网

选取东江石龙北断面的监测数据平均值，计算其污染分担率并进行排序，得出各指标的污染分担率及累计污染分担率，如表 6.10 所示。筛选方法同上，可知东江河网枯水期时水安全的典型影响因子是 Pb、TN、BOD$_5$；丰水期时水安全的典型影响因子是 Pb、TN、Chl-a。

表 6.10 东江河网各项指标的污染分担率

枯水期			丰水期		
指标	污染分担率/%	累计污染分担率/%	指标	污染分担率/%	累计污染分担率/%
Pb	25.9	25.9	TN	16.5	16.5
TN	20.6	46.5	Mn	16.4	32.9
TP	14.7	61.2	Fe	14.7	47.6
Ni	9.4	70.6	Pb	14.2	61.8
BOD$_5$	5.6	76.2	TP	7.3	69.1
Mn	5.1	81.3	Chl-a	7.0	76.1
Cr	4.9	86.2	BOD$_5$	6.9	83.0
DO	4.4	90.6	DO	6.1	89.1

	枯水期			丰水期	
指标	污染分担率/%	累计污染分担率/%	指标	污染分担率/%	累计污染分担率/%
As	3.8	94.4	Cd	4.3	93.4
Fe	3.2	97.6	Ni	2.8	96.2
Chl-a	1.5	99.1	Zn	1.3	97.5
Zn	0.6	99.7	As	1.2	98.7
Cu	0.3	100.0	Cr	1.2	99.9
			Cu	0.1	100.0

6.3　水质安全典型影响因子的阈值界定

水体在污染过程中存在临界效应，即存在发生阈值，规定污染指标阈值是约束水体污染的有效方法之一，也有助于改善已受损的水体。确定参照状态是水体营养物质与响应指标基准制定的基础工作，因此水体污染物质阈值的界定也可以借鉴参照状态的方法。参照状态是指"影响最小的状态或认为可达到的最佳状态"。基于统计学中的频率分析法，结合国际公认的叶绿素 a 质量浓度分级法[5]，确定指标的参照状态，结合各个指标的水功能区划所要求的标准，界定水安全典型影响因子的阈值。

由 6.1 节和 6.2 节可知，TN 和 Pb 在整个研究区域内的污染风险较高，是选取出的水安全典型影响因子。除此之外，丰水期东江区域的 Chl-a 质量浓度出现高值，可能存在较大风险，因此也需界定其阈值。对于富营养化指标，可采用国际公认的叶绿素 a 质量浓度分级法，根据 Chl-a 质量浓度（II 级中营养上限质量浓度 10μg/L）分级归类，得到对应的样本群，对每个样本群分别进行频率统计，选取指标的 50%频率分布值，同时参考研究区域内的水质分析情况，得到研究区域的参照状态值。有少量数据处于 III 级轻富营养状态，但样本群较少，不足以体现整个区域的水质状况，故不予考虑。对于重金属 Pb，直接采用频率分析法。频率分析法的重要假设是在水体类群中至少有一些是良好的水体，根据采集的数据作出相应的水质频率累计分布图[8]。因研究区域在珠江三角洲地区，受经济、社会发展影响较大，一般将每一变量分布的下第 25 百分点作为参考数值。

6.3.1　河口地区典型影响因子阈值的确定

根据叶绿素 a 质量浓度分级法，分别得到潮优型河口与河优型河口 TN 的 5%、25%、50%、75%和 95%频率统计特征值（表 6.11），注意这里 Pb 并不是富营养化指标，不适用叶绿素 a 质量浓度分级法，故单独对 Pb 进行频率分析，也在表 6.11 中列出。通过对比分析，选取 TN 指标的 50%频率分布值、Pb 的 25%频率分布值作为叶绿素 a 质量浓度分级法和频率分析法标准值的估值。

表 6.11　河口典型污染物指标的特征值　　　　　（单位：mg/L）

营养分级	时期	频率/%	潮优型河口		河优型河口	
			TN	Pb	TN	Pb
Chl-a 质量浓度 <10 μg/L	枯水期	5	1.447	0.009	1.447	0.026
		25	1.599	0.014	1.543	0.032
		50	1.683	0.02	1.689	0.036
		75	1.769	0.032	1.768	0.039
		95	2.208	0.04	2.34	0.125
	丰水期	5	0.807	0.007	0.511	0.01
		25	1.203	0.013	1.261	0.016
		50	1.44	0.03	1.501	0.021
		75	1.795	0.048	1.756	0.036
		95	2.167	0.205	2.164	0.156

根据水功能区划，所研究的潮优型河口应达到 III 类水标准。《海水水质标准》（GB 3097—1997）中规定 III 类水标准无机氮质量浓度为 0.4 mg/L，Pb 质量浓度应为 0.01 mg/L；《地表水环境质量标准》（GB 3838—2002）中规定 III 类水标准 TN 质量浓度为 1.0 mg/L，Pb 质量浓度为 0.05 mg/L。将叶绿素 a 质量浓度分级法、频率分析法、《海水水质标准》（GB 3097—1997）、《地表水环境质量标准》（GB 3838—2002）估算值的平均值作为研究区域内推荐的阈值，如表 6.12 所示，枯水期时 TN 质量浓度阈值为 1.0 mg/L，Pb 质量浓度阈值为 0.02 mg/L，丰水期时 TN 质量浓度阈值为 0.9 mg/L，Pb 质量浓度阈值为 0.02 mg/L。同样地，所研究的河优型河口的水质标准也为 III 类水。取叶绿素 a 质量浓度分级法、频率分析法、《海水水质标准》（GB 3097—1997）、《地表水环境质量标准》（GB 3838—2002）估算值的平均值作为研究区域内推荐的阈值，如表 6.12 所示，枯水期时 TN 质量浓度阈值为 1.0 mg/L，Pb 质量浓度阈值为 0.03 mg/L，丰水期时 TN 质量浓度阈值为 1.0 mg/L，Pb 质量浓度阈值为 0.03 mg/L。

表 6.12　河口典型污染物指标参考阈值　　　　　（单位：mg/L）

河口类型	时期	指标	叶绿素 a 质量浓度分级法	频率分析法	《海水水质标准》（GB 3097—1997）	《地表水环境质量标准》（GB 3838—2002）	阈值
潮优型河口	枯水期	TN	1.683	—	0.4	1.0	1.0
		Pb	—	0.014	0.01	0.05	0.02
	丰水期	TN	1.44	—	0.4	1.0	0.9
		Pb	—	0.013	0.01	0.05	0.02
河优型河口	枯水期	TN	1.689	—	0.4	1.0	1.0
		Pb	—	0.032	0.01	0.05	0.03
	丰水期	TN	1.501	—	0.4	1.0	1.0
		Pb	—	0.016	0.01	0.05	0.03

6.3.2　河网地区典型影响因子阈值的确定

同样地，采用叶绿素 a 质量浓度分级法分别得到西江、北江与东江河网 TN 的 5%、25%、50%、75% 和 95% 频率统计特征值；采用频率分析法分别得到西江、北江与东江河网 Pb 的 5%、25%、50%、75% 和 95% 频率统计特征值（表 6.13）。通过对比分析，选取 TN 指标的 50% 频率分布值、Pb 的 25% 频率分布值作为叶绿素 a 质量浓度分级法和频率分析法标准值的估值。由于 Chl-a 在其他区域的污染分担率一般在 0.8%～2.7%，但在东江区域的丰水期却达到了 7% 的高值，因此东江区域的风险因子除 TN 和 Pb 外，还增加指标 Chl-a。如表 6.13 所示，Chl-a 将叶绿素 a 质量浓度分级法的 II 级中营养上限（10 µg/L）作为一个参照状态值。

表 6.13　河网典型污染物指标的特征值

| 营养分级 | 时期 | 频率/% | 西江河网 | | 北江河网 | | 东江河网 | | |
			TN 质量浓度/（mg/L）	Pb 质量浓度/（mg/L）	TN 质量浓度/（mg/L）	Pb 质量浓度/（mg/L）	TN 质量浓度/（mg/L）	Chl-a 质量浓度/（µg/L）	Pb 质量浓度/（mg/L）
Chl-a 质量浓度 < 10 µg/L	枯水期	5	1.27	0.029	1.27	0.029	1.27	—	0.029
		25	1.593	0.036	1.593	0.036	1.593	—	0.036
		50	1.686	0.038	1.686	0.038	1.686	—	0.038
		75	1.831	0.041	1.831	0.041	1.831	—	0.041
		95	2.145	0.154	2.145	0.154	2.145	—	0.154
	丰水期	5	0.499	0.009	0.499	0.009	0.499	2.35	0.009
		25	0.884	0.012	0.884	0.012	0.884	4.74	0.012
		50	1.44	0.015	1.44	0.015	1.44	11.22	0.015
		75	1.902	0.022	1.902	0.022	1.902	18.32	0.022
		95	2.29	0.035	2.29	0.035	2.29	42.78	0.035

根据水功能区划，西江、北江和东江河网均应达到 II 类水标准。《地表水环境质量标准》（GB 3838—2002）中规定 II 类水标准 TN 质量浓度为 0.5 mg/L，Pb 质量浓度为 0.01 mg/L。将各河网叶绿素 a 质量浓度分级法、频率分析法和相应《地表水环境质量标准》（GB 3838—2002）估算值的平均值作为研究区域内推荐的阈值。如表 6.14 所示，西江河网枯水期时 TN 质量浓度阈值为 1.1 mg/L，Pb 质量浓度阈值为 0.02 mg/L，丰水期时 TN 质量浓度阈值为 1.0 mg/L，Pb 质量浓度阈值为 0.01 mg/L；北江河网枯水期时 TN 质量浓度阈值为 1.1 mg/L，Pb 质量浓度阈值为 0.02 mg/L，丰水期时 TN 质量浓度阈值为 1.0 mg/L，Pb 质量浓度阈值为 0.01 mg/L；东江河网枯水期时 TN 质量浓度阈值为 1.1 mg/L，Pb 质量浓度阈值为 0.02 mg/L，丰水期时 TN 质量浓度阈值为 1.0 mg/L，Pb 质量浓度阈值为 0.01 mg/L，Chl-a 质量浓度阈值为 6.2 µg/L。

表 6.14　河网典型污染物指标参考阈值

地区	时期	指标	叶绿素 a 质量浓度分级法	频率分析法	《地表水环境质量标准》（GB 3838—2002）	阈值
西江河网	枯水期	TN	1.686 mg/L	—	0.5 mg/L	1.1 mg/L
		Pb	—	0.036 mg/L	0.01 mg/L	0.02 mg/L
	丰水期	TN	1.44 mg/L	—	0.5 mg/L	1.0 mg/L
		Pb	—	0.012 mg/L	0.01 mg/L	0.01 mg/L
北江河网	枯水期	TN	1.67 mg/L	—	0.5 mg/L	1.1 mg/L
		Pb	—	0.033 mg/L	0.01 mg/L	0.02 mg/L
	丰水期	TN	1.486 mg/L	—	0.5 mg/L	1.0 mg/L
		Pb	—	0.015 mg/L	0.01 mg/L	0.01 mg/L
东江河网	枯水期	TN	1.67 mg/L	—	0.5 mg/L	1.1 mg/L
		Pb	—	0.033 mg/L	0.01 mg/L	0.02 mg/L
	丰水期	TN	1.486 mg/L	—	0.5 mg/L	1.0 mg/L
		Pb	—	0.015 mg/L	0.01 mg/L	0.01 mg/L
		Chl-a	10 μg/L	4.74 μg/L	4 μg/L	6.2 μg/L

6.4　珠江河口河网水质安全评估

6.4.1　水质安全评估体系的构建

与第 4 章介绍的工程适应性评价类似，水质安全评估也是一个伴随着主观思维判断的系统决策过程。如何将这种思维过程准确、合理地数学化，成为所构建的水质安全评估体系是否科学的关键。采用层次分析法与熵权法和集对分析法相结合的方法，依次得到水质安全评估体系中各层各指标的权重，为定量进行水质安全评估提供理论支撑。

1. 基于层次分析法确定指标层权重

由 6.1 节的水质调查情况可知，珠江河口河网内 TN 质量浓度普遍较高，表明区域内发生富营养化的风险较大，同时重金属 Pb 在研究区域内也呈现出较高的质量浓度，大部分超出 III 类水标准，因此确定该区域水质安全评估的两大指标为富营养化指标和重金属指标。并且，由于河流水体对氮、磷等污染物具有一定的自净能力，而重金属污染物很难通过生态系统的自净能力来消除，只能通过化学沉淀与底泥结合或发生物理化学作用而分散、富集和迁移，在进行水质安全评估时，认为重金属指标的重要性要稍高于富营养化指标。根据 4.1 节介绍的层次分析法体系和标度原则，计算得到富营养化指标和重金属指标的判断矩阵及相对权重，如表 6.15 所示，并且已通过一致性检验。可以看到，在珠江河口河网的水安全评价指标体系中，富营养化指标所占权重为 0.25，重金属指标所占权重为 0.75。

表 6.15 珠江河口河网的水安全评价指标判断矩阵及相对权重

评价指标	富营养化指标	重金属指标	权重
富营养化指标	1	1/3	0.25
重金属指标	3	1	0.75

2. 基于熵权法及集对分析法的富营养化评价模型

富营养化发生于生态系统中，具有复杂性和多元性的特点，富营养化的评价因子与富营养化程度等级之间也有着复杂的关系，以至于富营养化的评价成为一个既确定又不确定的问题[9]。而集对分析法把"确定"或"不确定"当成一种模糊的概念[10-11]，这个模糊概念可以用来描述研究区域与富营养化程度的关系[12]，因此可以运用集对分析法来评价珠江河口河网的富营养化状态。

在运用集对分析法进行富营养化评价时，选取了 TN、TP、DO、BOD$_5$、Chl-a 这 5 个评价指标。为了使评价结果更加精确，把富营养化状态划分成 5 个标准等级（表 6.16），采用五元联系数的方式构建集对分析模型。五元联系数是在三元联系数的基础上，使同一度和对立度保持不变，把不确定项展开成 3 个差异度分量，由此得到的五元联系数如下：

$$\mu_c = a_t + b_{c1}o_{c1} + b_{c2}o_{c2} + b_{c3}o_{c3} + c_d o_d \tag{6.4}$$

式中：$a_t, b_{c1}, b_{c2}, b_{c3}, c_d \in [0,1]$，为五元联系分量，其优越性大小顺序为 $a_t > b_{c1} > b_{c2} > b_{c3} > c_d$，且 $a_t + b_{c1} + b_{c2} + b_{c3} + c_d = 1$；$o_{c1}$、$o_{c2}$、$o_{c3}$ 为差异度分量系数，其他参数参考 1.2.3 小节。

表 6.16 富营养化分级标准

营养等级	TN 质量浓度 / (mg/L)	TP 质量浓度 / (mg/L)	DO 质量浓度 / (mg/L)	BOD$_5$ 质量浓度 / (mg/L)	Chl-a 质量浓度 / (μg/L)
1 极贫营养	0.04	0.003	8.0	0.5	1.0
2 贫营养	0.24	0.02	6.0	1.5	1.6
3 中营养	0.77	0.07	5.0	3.0	10
4 轻富营养	4.5	0.4	1.5	10	160
5 重富营养	15	1.5	0.4	20	1 000

为了方便表述集对分析模型，把各个研究区域 k 的评价指标 $x_{kj}(j=1,2,\cdots,n)$ 定义为集合 $A_k = \{x_{k1}, x_{k2}, \cdots, x_{kn}\}$，把该评价指标对应的营养度分级标准定义为集合 $B_k = \{s_{h1}, s_{h2}, \cdots, s_{hn}\}$，用 μ_k 表示集合 A_k 和集合 B_k 之间的关系，即

$$\mu_k = \frac{S}{N} + \frac{F}{N}o_F + \frac{P}{N}o_P + \frac{Q}{N}o_Q + \frac{T}{N}o_T \tag{6.5}$$

式中：N 为水质评价指标的总数；S、F、P、Q 和 T 分别为处于 1 级营养等级、2 级营养等级、3 级营养等级、4 级营养等级和 5 级营养等级的评价指标个数；o_F、o_P、o_Q、o_T 为差异度分量系数。

在五个等级的评价中，不同等级同一、不确定、对立的隶属度不同，因此评价指标与富营养化程度等级的联系度可用如下表达式计算[13]：

$$\mu_{kj} = \begin{cases} 1 + 0o_F + 0o_P + 0o_Q + 0o_T, & x_{kj} \in [0, s_{1j}) \\ \dfrac{s_{2j} - x_{kj}}{s_{2j} - s_{1j}} + \dfrac{x_{kj} - s_{1j}}{s_{2j} - s_{1j}} o_F + 0o_P + 0o_Q + 0o_T, & x_{kj} \in [s_{1j}, s_{2j}) \\ 0 + \dfrac{s_{3j} - x_{kj}}{s_{3j} - s_{2j}} o_F + \dfrac{x_{kj} - s_{2j}}{s_{3j} - s_{2j}} o_P + 0o_Q + 0o_T, & x_{kj} \in [s_{2j}, s_{3j}) \\ 0 + 0o_F + \dfrac{s_{4j} - x_{kj}}{s_{4j} - s_{3j}} o_P + \dfrac{x_{kj} - s_{3j}}{s_{4j} - s_{3j}} o_Q + 0o_T, & x_{kj} \in [s_{3j}, s_{4j}) \\ 0 + 0o_F + 0o_P + \dfrac{s_{5j} - x_{kj}}{s_{5j} - s_{4j}} o_Q + \dfrac{x_{kj} - s_{4j}}{s_{5j} - s_{4j}} o_T, & x_{kj} \in [s_{4j}, s_{5j}) \\ 0 + 0o_F + 0o_P + 0o_Q + 1o_T, & x_{kj} \in [s_{5j}, +\infty) \end{cases} \quad (6.6)$$

式中：j 为第 j 个评价指标；s_{hj} 为第 j 个指标第 h 个富营养化分级标准的界限值；x_{kj} 为第 k 个区域第 j 个指标的实测值。

各评价指标的权重用熵权法来确定。熵是系统无序程度的度量，熵权法是在综合考虑各因素所提供信息量的基础上，计算综合指标的一种综合评价方法，可以反映指标内部无顺序、无规律的特点[14-15]。主要根据各指标传递给决策者的信息量大小确定权数，有效地避免了人为因素的干扰，使评价结果更加符合实际。

熵权法的具体分析步骤如下。

（1）对数据进行标准化处理。把指标分为正向指标和负向指标，对越大越好的正向指标采用式（6.7）进行标准化处理，对越小越好的负向指标采用式（6.8）进行标准化处理。

$$t_{kj} = \frac{x_{kj} - x_{\min}}{x_{\max} - x_{\min}} \quad (6.7)$$

$$t_{kj} = \frac{x_{\max} - x_{kj}}{x_{\max} - x_{\min}} \quad (6.8)$$

式中：$x_{\min}$、$x_{\max}$ 分别为指标最小值与最大值。

（2）计算各指标的熵值。第 j 个指标的熵为

$$f_{kj} = \frac{\ln t_{kj}}{\sum_{k=1}^{m} \ln t_{kj}} \quad (6.9)$$

观察式（6.9）发现，当 $f_{kj} = 0$ 时，$\ln f_{kj}$ 没有意义。f_{kj} 因此重新定义为

$$f_{kj} = \frac{\ln(1 + t_{kj})}{\sum_{k=1}^{m} \ln(1 + t_{kj})} \quad (6.10)$$

（3）计算各指标的熵权：

$$\omega_j = \frac{1-f_{kj}}{n-\sum\limits_{j=1}^{n} f_{kj}} \tag{6.11}$$

其中，$\sum\limits_{j=1}^{n}\omega_j =1$。

（4）结合各评价指标的熵权与富营养化等级的五元联系数构建集对分析模型，并运用该模型对珠江河口河网的水质优劣情况进行分析，计算步骤如下。

一，计算各个区域样本的综合联系度 $\overline{\mu_k}$。

$$\overline{\mu_k^*}=\mu_k \times \sum\limits_{j=1}^{n}(\omega_j \times \mu_{kj}) \tag{6.12}$$

其中，$\boldsymbol{\omega}=(\omega_1,\omega_2,\cdots,\omega_n)^{\mathrm{T}}$ 是根据熵权法计算的各个指标的权重；μ_k 和 μ_{kj} 由式（6.5）、式（6.6）计算得出；$\overline{\mu_k^*}$ 为未经归一化处理的综合联系度，将 $\overline{\mu_k^*}$ 进行归一化处理后，得到综合联系度 $\overline{\mu_k}$。再根据综合联系度的同异反态势表来比较各个评价对象的富营养化程度。

二，判断评价对象的富营养化程度等级。评价指标与富营养化分级标准的五元联系数 μ 为

$$\mu=\sum\limits_{j=1}^{n}\omega_j a_j + \sum\limits_{j=1}^{n}\omega_j b_j o_F + \sum\limits_{j=1}^{n}\omega_j c_j o_P + \sum\limits_{j=1}^{n}\omega_j d_j o_Q + \sum\limits_{j=1}^{n}\omega_j e_j o_T \tag{6.13}$$

式中：a_j、b_j、c_j、d_j、e_j 为第 j 个评价指标的五元联系分量。

采用置信准则来判断样本的评价等级：

$$\sum\limits_{h=1}^{c} z_h > \lambda, \quad c=1,2,3,4,5 \tag{6.14}$$

其中，

$$\begin{cases} z_1 = \sum\limits_{j=1}^{n}\omega_j a_j \\ z_2 = \sum\limits_{j=1}^{n}\omega_j b_j \\ z_3 = \sum\limits_{j=1}^{n}\omega_j c_j \\ z_4 = \sum\limits_{j=1}^{n}\omega_j d_j \\ z_5 = \sum\limits_{j=1}^{n}\omega_j e_j \end{cases} \tag{6.15}$$

式中：λ 为置信度，一般取[0.5, 0.7]，取值越大，评价结果越保守，取 $\lambda=0.7$。

三，基于熵权法确定指标层权重。

熵权法是在综合考虑各因素所提供信息量的基础上，计算综合指标的一种综合评价方法，根据以上步骤，将珠江河口河网各个区域的富营养化指标和重金属指标的平均实

测值（表 6.17 和表 6.18）进行无量纲处理，得到矩阵 C_1 和 C_2。

表 6.17　各区域富营养化指标平均实测值

区域	TN 质量浓度 / (mg/L)	TP 质量浓度 / (mg/L)	DO 质量浓度 / (mg/L)	BOD₅ 质量浓度 / (mg/L)	Chl-a 质量浓度 / (μg/L)
潮优型河口	1.59	0.15	6.19	2.14	4.70
河优型河口	1.58	0.14	7.39	2.49	2.70
北江河网	1.57	0.16	9.23	2.62	3.78
西江河网	1.54	0.13	7.54	2.33	2.36
东江河网	1.71	0.20	6.60	3.48	7.95

表 6.18　各区域重金属指标平均实测值　　　　　　　　（单位：μg/L）

区域	Cu	Pb	Zn	Ni	Cd	Fe	Cr	As	Mn
潮优型河口	32.26	37.65	177.70	19.01	2.51	1070.87	27.00	26.41	214.48
河优型河口	35.77	36.33	102.36	20.78	3.04	1931.64	28.05	21.87	272.75
北江河网	63.76	31.49	135.30	19.29	0.69	1789.71	26.80	23.09	191.51
西江河网	37.41	32.51	62.16	20.70	3.80	1152.50	27.49	24.59	1029.63
东江河网	38.54	36.96	173.64	22.51	2.04	501.86	27.81	22.86	200.38

$$C_1 = \begin{pmatrix} 0.707 & 0.757 & 0.000 & 1.000 & 0.580 \\ 0.764 & 0.900 & 0.394 & 0.738 & 0.939 \\ 0.836 & 0.662 & 1.000 & 0.640 & 0.746 \\ 1.000 & 1.000 & 0.442 & 0.864 & 1.000 \\ 0.000 & 0.000 & 0.132 & 0.000 & 0.000 \end{pmatrix}$$

$$C_2 = \begin{pmatrix} 1.000 & 0.000 & 0.000 & 1.000 & 0.415 & 0.602 & 0.841 & 0.000 & 0.973 \\ 0.889 & 0.213 & 0.652 & 0.494 & 0.244 & 0.000 & 0.000 & 1.000 & 0.903 \\ 0.000 & 1.000 & 0.367 & 0.918 & 1.000 & 0.099 & 1.000 & 0.732 & 1.000 \\ 0.837 & 0.835 & 1.000 & 0.516 & 0.000 & 0.545 & 0.453 & 0.402 & 0.000 \\ 0.801 & 0.111 & 0.035 & 0.000 & 0.566 & 1.000 & 0.193 & 0.781 & 0.989 \end{pmatrix}$$

对行列式进行熵权计算，得到富营养化指标 TN、TP、DO、BOD₅、Chl-a 的熵权分别为 0.222 5、0.221 1、0.118 2、0.220 6、0.217 6，重金属指标 Cu、Pb、Zn、Ni、Cd、Fe、Cr、As、Mn 的熵权分别为 0.100 9、0.122 7、0.123 3、0.104 6、0.114 1、0.116 4、0.112 3、0.104 2、0.101 5。

结合层次分析法得到富营养化指标与重金属指标的要素层权重，对指标层权重进行综合计算，得到各个指标的综合权重，如表 6.19 所示。从各指标综合权重的雷达图（图 6.4）可以看出，DO 在指标体系中所占权重明显较低，而各个重金属指标所占的权重普遍较高。

表 6.19 评价指标权重

要素	权重	指标	指标权重	指标综合权重
		TN	0.222 5	0.056
		TP	0.221 1	0.055
富营养化指标	0.25	DO	0.118 2	0.030
		BOD$_5$	0.220 6	0.055
		Chl-a	0.217 6	0.054
		Cu	0.100 9	0.076
		Pb	0.122 7	0.092
		Zn	0.123 3	0.092
		Ni	0.104 6	0.078
重金属指标	0.75	Cd	0.114 1	0.086
		Fe	0.116 4	0.087
		Cr	0.112 3	0.084
		As	0.104 2	0.078
		Mn	0.101 5	0.076

注：指标综合权重列和不为 1 由四舍五入导致。

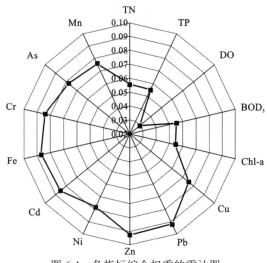

图 6.4 各指标综合权重的雷达图

6.4.2 水安全脆弱区的识别

把研究区域划分为潮优型河口、河优型河口、西江河网、北江河网、东江河网五个区域。分别对五个区域内的 14 个水质指标按枯水期和丰水期取平均值后得到各污染物指标值（表 6.20 和表 6.21）。依照 6.4.1 小节所构建的水质安全评估体系，将各污染物指标值与水质安全评估体系中各指标的权重相乘，得到区域的水质综合得分（表 6.22），得分越高，说明综合污染越严重。

表 6.20 各区域枯水期指标值

区域	TN质量浓度/(mg/L)	TP质量浓度/(mg/L)	DO质量浓度/(mg/L)	BOD$_5$质量浓度/(mg/L)	Chl-a质量浓度/(μg/L)	Cu质量浓度/(mg/L)	Pb质量浓度/(mg/L)	Zn质量浓度/(mg/L)	Ni质量浓度/(mg/L)	Cd质量浓度/(μg/L)	Fe质量浓度/(mg/L)	Cr质量浓度/(mg/L)	As质量浓度/(mg/L)	Mn质量浓度/(mg/L)
潮优型河口	1.703	0.166	7.307	2.702	2.898	0.043	0.024	0.073	0.028	0.405	0.134	0.042	0.038	0.055
河优型河口	1.689	0.114	8.877	2.985	2.912	0.050	0.040	0.103	0.030	—	0.182	0.041	0.030	0.069
西江河网	1.704	0.142	8.802	3.382	1.688	0.053	0.048	0.079	0.031	1.455	0.258	0.044	0.033	0.072
北江河网	1.565	0.187	12.412	3.325	2.427	0.107	0.043	0.058	0.028	0.210	0.277	0.041	0.032	0.081
东江河网	1.873	0.268	7.717	3.051	2.750	0.055	0.047	0.103	0.034	—	0.177	0.045	0.034	0.093
最大值	1.873	0.268	12.412	3.382	2.912	0.107	0.048	0.103	0.034	1.455	0.277	0.045	0.038	0.093
最小值	1.565	0.114	7.307	2.702	1.688	0.043	0.024	0.058	0.028	0.210	0.134	0.041	0.030	0.055

表 6.21 各区域丰水期指标值

区域	TN质量浓度/(mg/L)	TP质量浓度/(mg/L)	DO质量浓度/(mg/L)	BOD$_5$质量浓度/(mg/L)	Chl-a质量浓度/(μg/L)	Cu质量浓度/(mg/L)	Pb质量浓度/(mg/L)	Zn质量浓度/(mg/L)	Ni质量浓度/(mg/L)	Cd质量浓度/(μg/L)	Fe质量浓度/(mg/L)	Cr质量浓度/(mg/L)	As质量浓度/(mg/L)	Mn质量浓度/(mg/L)
潮优型河口	1.481	0.134	5.081	1.588	6.508	0.021	0.051	0.282	0.010	4.621	2.008	0.012	0.015	0.374
河优型河口	1.476	0.165	5.904	2.004	2.484	0.021	0.032	0.102	0.012	6.089	3.681	0.015	0.014	0.477
西江河网	1.380	0.124	6.275	1.271	3.023	0.022	0.017	0.045	0.010	6.151	2.047	0.011	0.016	1.987
北江河网	1.575	0.125	6.054	1.925	5.124	0.021	0.020	0.212	0.011	1.172	3.302	0.012	0.014	0.302
东江河网	1.552	0.137	5.475	3.905	13.140	0.022	0.027	0.244	0.011	4.081	0.827	0.011	0.011	0.308
最大值	1.575	0.165	6.275	3.905	13.140	0.022	0.051	0.282	0.012	6.151	3.681	0.015	0.016	1.987
最小值	1.380	0.124	5.081	1.271	2.484	0.021	0.017	0.045	0.010	1.172	0.827	0.011	0.011	0.302

表 6.22　各区域水质综合得分排序

排序	枯水期		丰水期	
	区域	水质综合得分	区域	水质综合得分
1	北江河网	7.854	东江河网	6.155
2	河优型河口	6.585	北江河网	4.631
3	东江河网	6.131	潮优型河口	4.307
4	西江河网	6.047	河优型河口	4.094
5	潮优型河口	5.836	西江河网	3.99

总体来看，珠江河口河网内丰水期的污染程度小于枯水期的污染程度。在枯水期，综合污染最严重的区域是北江河网，得分高达 7.854 分，可视为枯水期研究区域内的水安全脆弱区；在丰水期，综合污染最严重的区域是东江河网，得分高达 6.155 分，可视为丰水期研究区域内的水安全脆弱区。

6.5　本章小结

珠江三角洲是我国人口最密集、经济最发达的地区之一，也是粤港澳大湾区的核心区域。研究该区域内的水环境安全状况，有利于找出污染源并控制污染情况，防止水体的恶化，保障粤港澳大湾区的发展。本章采用现场调查试验与模型分析评价相结合的方式，对珠江河口河网的主要污染物指标进行时空上的分析，并基于层次分析法、熵权法与集对分析法建立珠江河口河网水质安全评估体系，系统评估了该区域的水质安全状况。

总体来说，珠江河口河网丰水期的污染程度小于枯水期的污染程度。枯水期时，研究区域内潮优型河口、河优型河口、西江河网、北江河网和东江河网五个区域的典型影响因子均为 TN、Pb、BOD_5；河口区域 TN 质量浓度阈值均为 1.0 mg/L，而潮优型河口 Pb 质量浓度阈值为 0.02 mg/L，河优型河口 Pb 质量浓度阈值为 0.03 mg/L；河网区域 TN 质量浓度阈值均为 1.1 mg/L，Pb 质量浓度阈值为 0.02 mg/L。丰水期时，研究区域内潮优型河口、河优型河口、西江河网、北江河网四个区域的主要影响因子均为 TN、Pb、DO，东江河网的典型影响因子为 TN、Pb、Chl-a；河口区域中潮优型河口 TN 质量浓度阈值为 0.9 mg/L，Pb 质量浓度阈值为 0.02 mg/L，而河优型河口 TN 质量浓度阈值为 1.0 mg/L，Pb 质量浓度阈值为 0.03 mg/L；河网区域 TN 质量浓度阈值均为 1.0 mg/L，Pb 质量浓度阈值均为 0.01 mg/L，其中东江河网 Chl-a 质量浓度较高，另有 Chl-a 质量浓度阈值为 6.2 μg/L。由本章所构建的水质安全评估体系评估可知，珠江河口河网区域在枯水期时的水安全脆弱区为北江河网区域，丰水期时的水安全脆弱区为东江河网区域。

参 考 文 献

[1] BIANCHI T S, ALLISON M A. Large-river delta-front estuaries as natural "recorders" of global environmental change[J]. Proceedings of the national academy of sciences, 2009, 106(20): 8085-8092.

[2] 沈韫芬, 蒋燮治. 从浮游动物评价水体自然净化的效能[J]. 海洋与湖沼, 1979(2): 161-173.

[3] 杨丽蓉, 陈利顶, 孙然好. 河道生态系统特征及其自净化能力研究现状与发展[J]. 生态学报, 2009(9): 5066-5075.

[4] SERGEANT A. Management objectives for ecological risk assessment-developments at US EPA[J]. Environmental science & policy, 2000, 3(6): 295-298.

[5] 张蕊, 苏婧, 霍守亮, 等. 抚仙湖营养状态评价及营养物水质标准制定[J]. 环境工程技术学报, 2012, 2(3): 218-222.

[6] 郭劲松, 王红, 龙腾锐. 水资源水质评价方法分析与进展[J]. 重庆环境科学, 1999, 21(6): 1-3, 9.

[7] 广东省环境保护厅. 广东省地表水环境功能区划[Z]. 2011 版. 2011.

[8] 郑丙辉, 许秋瑾, 周保华, 等. 水体营养物及其响应指标基准制定过程中建立参照状态的方法: 以典型浅水湖泊太湖为例[J]. 湖泊科学, 2009, 21(1): 21-26.

[9] 任黎, 董增川, 李少华. 人工神经网络模型在太湖富营养化评价中的应用[J]. 河海大学学报(自然科学版), 2004, 32(2): 147-150.

[10] YE Y X, MI Z C, WANG H Y, et al. Set-pair-analysis-based method for multiple attributes decision-making with intervals[J]. Systems engineering & electronics, 2006, 28(9): 1344-1347.

[11] 卢敏, 张展羽, 石月珍. 集对分析法在水安全评价中的应用研究[J]. 河海大学学报(自然科学版), 2006, 34(5): 505-508.

[12] 张斌. 多目标系统决策的模糊集对分析方法[J]. 系统工程理论与实践, 1997, 17(12): 108-114.

[13] 童英伟, 刘志斌, 常欢. 集对分析法在河流水质评价中的应用[J]. 安全与环境学报, 2008, 8(6): 84-86.

[14] 郑晓薇, 于海波. 基于熵的网络学习模糊综合评价方法[J]. 计算机工程与设计, 2008, 29(23): 6149-6151.

[15] 马建琴, 郭晶晶, 赵鹏. 基于主成分分析和熵值法的景观水水质评价[J]. 人民黄河, 2012, 34(3): 36-38.

第 **7** 章

复杂异变条件下珠江河口河网水安全评估

在全球气候变暖及海平面上升的背景下，暴雨、风暴潮等极端水文事件愈加严重，而高度的城镇化和大规模的建桥设港、无序采砂、口门围垦、滩地占用等剧烈的人类活动，更使得珠江三角洲网河区河道及河口地形、地貌等自然条件和水文环境条件发生了显著变化，导致近年来洪水灾害频发。此外，进入 21 世纪后，三角洲网河区潮汐运动增强，咸潮运动随之愈发严重，呈现严重灾害化的趋势。水多、水脏、水咸等水安全问题已经成为影响珠江三角洲地区人民生活质量、制约经济社会持续发展的关键因素[1-4]。

本章根据历史灾害评估和现状经济社会要素调查，运用层次分析法构建多层次的水安全风险分析评估模型。利用该模型研究、评估复杂边界条件下各致灾因子对灾害范围和灾害程度的影响，从而准确评估珠江河口水安全的状况，并针对水沙条件改变和咸潮上溯加剧等问题，论证相关整治方案对河口水安全的影响，以期为河口治理提供理论支撑。

7.1 区域洪水灾害风险

珠江三角洲历来洪涝灾害频繁，20 世纪末到 21 世纪初更是接连遭受了多场大洪水，时间分别为 1994 年 6 月、1998 年 6 月、2005 年 6 月和 2008 年 6 月（分别简称"94·6"洪水、"98·6"洪水、"05·6"洪水和"08·6"洪水）。这几场大洪水整体的重现期为 30～50 年一遇，局部河段水位更是高达 100～200 年一遇，给珠江三角洲地区人民的生命财产安全带来了巨大威胁。为更好地了解珠江三角洲的洪水特性，科学地展开洪水管理，从珠江三角洲区域洪水灾害的抵御能力、损失程度和发生概率三个方面出发，对三角洲洪水风险进行系统、全面的分析。

7.1.1 洪水灾害抵御能力

1. 现有堤防防洪能力

中华人民共和国成立后，广东水利部门经过全面规划，实施联围整治工程，相继建成了金安围、清西围、中顺大围、顺德第一联围、北江大堤等一大批联围工程。

根据各市流域规划、设计报告、新闻报道等资料，整理珠江三角洲 46 宗堤防的防御能力（假设上游防洪水库均已建成），如图 7.1 所示。北江大堤基本达到 300 年一遇防洪标准，江新联围、中顺大围、佛山大堤、樵桑联围、东莞大堤等重点堤围基本达到 100 年一遇防洪标准。而广州番禺和南沙、东莞水乡等地区非原经济中心，堤防防洪能力相对薄弱。

根据资料统计，广州作为广东省会城市，其防洪标准较高，中心城区达到 300 年一遇标准，其余区域也都基本按照 200 年一遇标准设防。东莞、佛山、中山、珠海、江门等地级市中心区域大多按照堤库结合 100 年一遇标准设防，其余区域基本按照 50 年一遇标准设防。由图 7.1（c）可见，由于广州南沙、东莞水乡为广州、东莞未来的发展重心，其防洪标准应该有所提高，而现有的防洪能力与未来的发展需求是不匹配的。此外，珠江三角洲狮子洋两侧尚有大片区域的防洪能力未达标，洪潮灾害的威胁很大，需要引起重视。

2. 堤防险段分布

由 2.3.1 小节中的堤围险段调查可知，珠江河网区域险段集中分布在河网主要泄洪通道处，尤其以佛山、中山的险段数量居多。据统计，干流险工段共计 58 处，总长 44.15 km。其中，佛山险工段共计 12 处，长度共计 16.59 km（三水 6 处共 2.88 km，高明 3 处共 3.15 km，禅城 2 处共 5.1 km，顺德 1 处共 5.46 km）；江门险工段共计 24 处，长度共计 7.89 km（江海 12 处共 5.24 km，新会 12 处共 2.65 km）；中山险工段共计 7 处，长度共计 7.89 km；珠海险工段 1 处，长度 0.87 km；东莞险工段共计 14 处，长度共计 10.91 km。

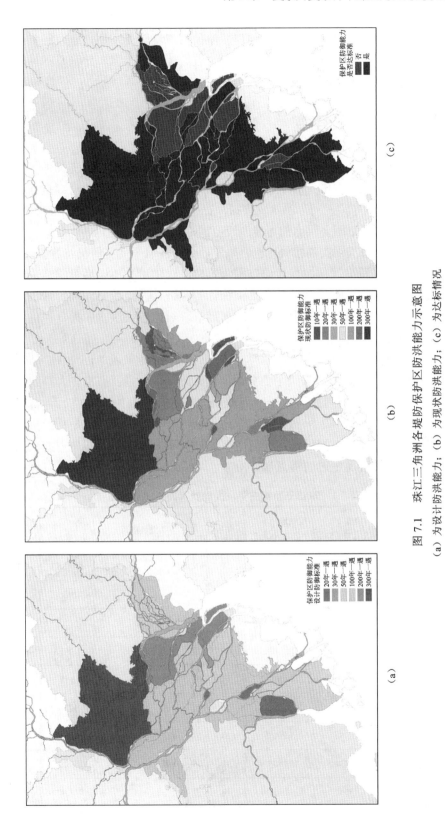

图 7.1　珠江三角洲各堤防保护区防洪能力示意图

(a) 为设计防洪能力；(b) 为现状防洪能力；(c) 为达标情况

上述险段大多数都坐弯顶冲、深槽迫岸。险段两岸堤防受冲刷严重，经常发生塌方事故。此外，堤防险段还易出现漫顶、决口、滑坡、崩岸、渗漏、管涌及涵闸等险情，对于堤防安全是不容忽视的潜在威胁。

7.1.2 洪水灾害损失程度

洪涝灾害是我国目前面临的最主要的自然灾害，其每年造成的经济损失已占到国民经济总产值的 3.5%左右，因此，洪灾损失评估预测及防洪减灾对策的研究是当前灾害学的重要研究课题[5]。近年来，对于洪水灾害损失评价已有一些研究成果，传统的方法主要是应用历史水文方法粗略圈定洪水的可能淹没范围，结合淹没范围内各个行政区的社会经济统计数据和历史上每次洪灾的损失比例，确定社会经济财产受灾情况及其损失值[6]。本章中的洪水灾害损失程度评估主要考虑以围为单位，对防洪失事以后可能造成的损失进行评定分级，主要方法是收集县级行政单位统计的经济、人口数据，利用居住地的空间分布进行空间离散，结合数字高程模型对地形赋值，对比各级洪水成果，评估各级洪水条件下对各联围造成的直接经济影响。

对收集资料离散后统计得出各联围经济、人口数据，详见表 7.1；根据《防洪标准》（GB 50201—2014）[7]，防护区等级主要分为四级，评判指标主要有常住人口或当量经济规模，详见表 7.2；统计资料显示，2017 年全国人均生产总值为 59660 元，据此折算各联围当量经济规模，如图 7.2 所示。可以看到，无论是从常住人口还是从当量经济规模的角度，河网上游的北江大堤保护区和河网下游的中顺大围保护区都是洪灾损失程度较大的联围，是洪水灾害发生时的重点保护对象。

表 7.1　珠江三角洲主要联围现状人口、经济数据

序号	联围名称	现状人口/万人	现状地区生产总值/亿元	序号	联围名称	现状人口/万人	现状地区生产总值/亿元
1	小林联围	9.5	143.569 4	10	文明围	19.724 1	189.189 3
2	乾务赤坎大联围	35.5	328.937 5	11	中顺大围	196.3	2066
3	沥心围	0.8	15.613 1	12	义沙围	4.1	76.558 4
4	马新围	3.339 1	27.310 5	13	三乡围	1.263 1	10.331 3
5	民三联围	23.154 4	193.072 2	14	容桂联围	36.8	371.392 9
6	龙穴岛围	3.9	72.305 3	15	江新联围	123.2	847.237 9
7	横石围	1.197	9.790 2	16	高新围	37.1	370.049 1
8	五乡联围	19.734 5	193.835 9	17	齐杏联围	25.3	258.144 6
9	万顷沙围	15.8	293.936 6	18	四六围	1.4	15.350 6

续表

序号	联围名称	现状人口/万人	现状地区生产总值/亿元	序号	联围名称	现状人口/万人	现状地区生产总值/亿元
19	番顺联围	20.3	222.341 6	46	佛山大堤保护区	84.4	993.306 8
20	西大坦	0.6	3.5	47	下泗马围保护区	0.46	6
21	大坮围	2.3	24.157 5	48	大洲围保护区	7.6	32.860 8
22	鱼窝头围	8	85.589 5	49	大盛围保护区	4	56.538 5
23	顺德第一联围	68.7	701.383 4	50	滘联围—蕉利郭洲联围—望联围保护区	1.3	8.2
24	蕉东联围保护区	44.5	781.682 4	51	沙田联围保护区	157.5	1258.795 4
25	陇枕围	13.1	140.041 6	52	四乡联围保护区	8	122.385 5
26	坭洲围	0.4	2	53	山洲联围保护区	4.8	29.390 6
27	群力围	9	91.535 6	54	挂影洲围保护区	50.7	282.181 7
28	南顺第二联围	70.3	777.487 6	55	南铁鼎围保护区	10.9	89.989 9
29	海鸥围	2	20.945 2	56	潢新围保护区	5.3	69.320 3
30	南丫围	2.6	14.321 9	57	樵桑联围保护区	103.3	1008.134 1
31	钱公洲	0.001	0.000 000 1	58	北江大堤保护区	735.6	9670.607 1
32	立沙岛	0.8	4.5	59	大学城	4.5	48.135 9
33	蔡屋围	0.5	2.626 7	60	沙溶围	4.6	49.204 3
34	木牛洲	0.04	0.531 3	61	长洲岛	8.6	232.875 8
35	南顺联安围	22.6	222.088 1	62	南大围	3.9	41.305 6
36	罗格围保护区	23.4	306.617 6	63	三山围	2.6	22.27
37	胜利围—白鹭围保护区	6.3	35.939	64	九如围	1.4	15.465 6
38	梅沙联围保护区	3.8	31.591 4	65	大刀沙围	0.1	0.929 5
39	下漕联围—氹涌联围保护区	4.3	34.024 1	66	观音沙围	0.1	0.768 9
40	新村围—小河九曲围保护区	4.4	21.940 5	67	南沙围	1	13.443
41	金丰围—道溶围保护区	11.7	58.489 2	68	大鳌围	2.3	14.616 4
42	大汾围保护区	2.6	11.229 6	69	白蕉联围	10.3	72.181 6
43	十三围保护区	29.6	460.281	70	古井—沙堆围	9.6	60.037 9
44	石龙围—市石围—莲花围—化龙围保护区	100.3	1 070.620 5	71	黄布斗门联围	2.5	16.857 2
45	下合联围保护区	1.3	8.293 5	72	斗门北部一二联围	0.8	5.691 6

表 7.2 城市防护区的防护等级和防洪标准

防护等级	重要性	常住人口/万人	当量经济规模/万人	防洪标准
I	特别重要	≥150	≥300	≥200 年一遇
II	重要	<150，≥50	<300，≥100	100~200 年一遇
III	比较重要	<50，≥20	<100，≥40	50~100 年一遇
IV	一般	<20	<40	20~50 年一遇

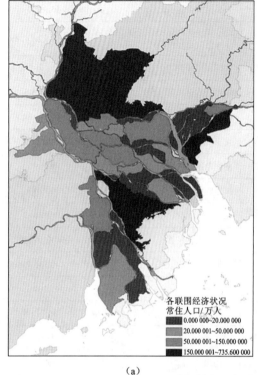
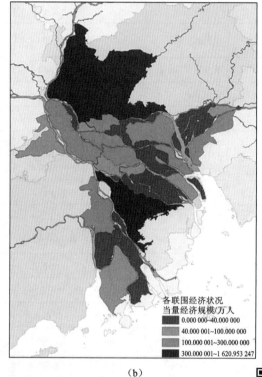

（a）   （b）

图 7.2 珠江三角洲各联围防护等级示意图

（a）为以常住人口为标准；（b）为以当量经济规模为标准

扫一扫 看彩

7.1.3 洪水灾害发生概率

近年来，珠江流域发生的较大洪水主要有"94·6"洪水、"98·6"洪水、"05·6"洪水、"08·6"洪水等，考虑到代表时期及洪水情况，选取"98·6"洪水、"05·6"洪水作为重点分析工况，研究复杂人类活动下珠江三角洲的洪情变化及可能产生的影响。

1. 雨情、水情

1）"98·6"洪水

"98·6"洪水是长江以南暴雨过程的一部分，前期和后期是高空槽、西南季风急流、西南低涡和地面低压作用下的暖区暴雨过程，中期则是在北方冷空气作用下的锋面低槽引起的暴雨，整个降雨从 6 月 15 至 6 月 27 日，历时 13 天。

整个降雨过程，西江暴雨 200 mm 以上降雨量笼罩面积为 1.412×10^5 km²，500 mm 以上为 2.25×10^4 km²，暴雨日最大雨量为长安站的 355 mm。北江暴雨 200 mm 以上降雨量笼罩面积为 2.51×10^4 km²，500 mm 以上仅为 2×10^3 km²，最大日雨量是 25 日珠坑站的 350 mm。

由于暴雨移动路径与洪水演进方向一致，并且各河流洪峰汇合点相互遭遇，"98·6"洪水各支流除桂江上游洪水量级较大外，其他各主要支流洪水量级都不是很大。但洪峰在干支流的出现次序有利于下游洪水的汇集、叠加，红水河与柳江、黔江与郁江、浔江与桂江干支流的洪水几乎同时遭遇，加上区间洪水的汇入，西江干流洪水规模有越往下游越大的趋势，最终形成西江干流下游特大洪水。红水河迁江站为小于 5 年一遇洪水，柳江柳州站为大于 5 年一遇洪水，黔江武宣站为接近 10 年一遇洪水，郁江南宁站为小于 5 年一遇洪水，浔江大湟江口站为大于 20 年一遇洪水，梧州站、高要站则为超 100 年一遇洪水，洪水量级的递增规律非常明显。北江洪水较小，多数测站的洪水量级小于 5 年一遇洪水[8]。

2)"05·6"洪水

2005 年 6 月 9～25 日，受低涡、切变线、高空槽、地面静止锋、西南季风等天气系统的影响，暖湿气流和冷空气一直在珠江流域范围内活动，造成持续暴雨。整个降雨过程，珠江流域面平均降雨量为 233.2 mm，点最大降雨量为东江龙门站的 1442 mm。西江面平均降雨量约为 198.4 mm，暴雨中心位于象州一带，降雨量达到 400～500 mm。北江面平均降雨量约为 267.4 mm，暴雨中心位于韶关至清远。东江面平均降雨量约为 479.2 mm，暴雨中心位于东江中游惠州龙门至河源一带，降雨量达到 600～800 mm，是该次流域降雨最大的暴雨中心。珠江三角洲面平均降雨量约为 323.7 mm。

受历时长、强度大的降雨影响，珠江流域西江、北江、东江及珠江三角洲发生了不同量级的洪水。西江中下游出现超 100 年一遇的特大洪水。梧州站洪峰水位为 26.75m，接近 1915 年洪水（洪峰水位为 26.89 m），洪峰流量为 53 900 m³/s，列近百年来洪水的第二位；高要站出现自 1931 年建站以来的最大洪峰流量 56 300m³/s，重现期超过 100 年一遇。北江出现约 10 年一遇的洪水，东江发生近 20 年来最大的一次洪水，上游支流浰江、新丰江的部分测站出现历史最高水位。西江、北江洪水进入珠江三角洲后，恰逢天文大潮，使珠江三角洲发生特大洪水，马口站、三水站洪峰流量都为中华人民共和国成立以来历史最大，中大等潮位站出现超历史最高潮位[8]。

2. 站点洪水位重现期

相关研究表明，西江、北江三角洲洪水与外海潮汐的出现时间是独立的，其遭遇具有随机性，按照一般约定，将上游洪水（马口站+三水站）遭遇下游 2 年一遇潮位作为典型代表。以此为条件，分析"98·6"洪水、"05·6"洪水条件下珠江三角洲主要潮位站的水位频率,考察其水位与洪水之间频率的相关关系,进而分析水位与流量频率不对应的原因。

1)"98·6"洪水

如表 7.3 所示,从"98·6"洪水最高潮位来看,东四口门中横门站、三沙口站的潮位高于 2 年一遇潮位,南沙站低于 2 年一遇潮位,西四口门低于或等于 2 年一遇潮位。东江三角洲均高于 2 年一遇潮位。

表 7.3 "98·6"洪水和"05·6"洪水期间珠江三角洲主要潮位站的水位情况

站点	"98·6"洪水			站点	"05·6"洪水		
	最高潮位/m	相应标准	是否匹配洪水标准		最高潮位/m	相应标准	是否匹配洪水标准
老鸦岗（二）站	2.63	20-	—	老鸦岗（二）站	2.86	50-	—
广州浮标厂（二）站	2.51	20-	—	广州浮标厂（二）站	2.66	50-	—
黄埔（三）站	2.24	10-	—	黄埔（三）站	2.51	50+	=
甘竹（一）站	6.37	20-	—	甘竹（一）站	6.49	20+	—
大敖站	3.53	20+	—	江门站	5.12	30+	—
竹银站	2.32	10+	—	大敖站	3.76	50-	—
灯笼山站	1.76	2+	=	竹银站	2.56	30+	—
横山站	2.21	5+	—	灯笼山站	1.77	2+	+
西炮台站	1.78	<2	—	黄冲（长乐）站	1.69	<2	—
白蕉站	1.69	<2	—	横山站	2.37	10+	—
黄金站	1.52	<2	—	西炮台站	1.88	<2	—
蚬沙（南华）站	5.78	20-	—	白蕉站	1.84	2+	—
小榄（二）站	4.87	30-	=	黄金站	1.54	<2	—
横门站	2.03	5+	+	蚬沙（南华）站	5.91	20+	—
马鞍站	3.49	30-	=	小榄（二）站	5.07	50+	=
容奇（二）站	3.95	50+	+	横门站	2.11	10-	+
三多站	6.92	20+	—	马鞍站	3.7	50+	=
三善滘站	4.01	100-	+	容奇（二）站	4.02	100-	+
板沙尾站	3.18	50+	+	三多站	6.83	20-	—
紫洞站	7.32	20-	—	三善滘站	4	100-	+
澜石（小布）站	5.85	20-	—	板沙尾站	3.14	30+	—
五斗站	3.15	20+	—	万顷沙西站	2.03	5+	+
勒竹站	3.79	50-	+	紫洞站	7.22	20-	—
三沙口站	2.04	5-	+	澜石（小布）站	5.82	20-	—

续表

站点	"98·6" 洪水			站点	"05·6" 洪水		
	最高潮位/m	相应标准	是否匹配洪水标准		最高潮位/m	相应标准	是否匹配洪水标准
南沙站	1.91	<2	—	五斗站	3.33	50+	=
大盛站	2.19	5+	+	勒竹站	3.8	50-	—
泗盛围站	2.03	5-	+	三沙口站	2.2	10+	+
				南沙站	1.99	2+	+
				大盛站	2.46	20+	+
				泗盛围站	2.21	10-	+

注："-"表示未达到；"+"表示超过；"="表示达到。对于"相应标准"列，"20-"表示超过 10 年一遇，不足 20 年一遇，但更偏向于 20 年一遇；"20+"表示超过 20 年一遇，不足 50 年一遇，但更偏向于 20 年一遇；"<2"表示小于 2 年一遇。

从水位来看，大部分站点的水位在 10~20 年一遇，北江片基本与洪水同频，西江片略偏低。其中，北江片容奇（二）站、勒竹站、三善滘站、板沙尾站明显高于洪水相应频率，该部分站点主要位于容桂水道、陈村水道、顺德水道、李家沙水道等，处于珠江三角洲的腹部地带。

相关研究证明，20 世纪 80~90 年代，容桂水道、李家沙水道、顺德水道等挖砂严重，导致河床大幅下切。河床下切必将引起分流量加大，而"98·6"洪水遭遇三沙口站、横门站等潮位偏高，下游排洪不畅等，该区域水位壅高。

2）"05·6"洪水

如表 7.3 所示，从"05·6"洪水遭遇潮位来看，东四口门潮位均高于 2 年一遇，西四口门中磨刀门潮位高于 2 年一遇潮位，东江三角洲均高于 2 年一遇潮位。潮位遭遇较"98·6"洪水更恶劣。

从水位来看，北江干流及西江干流—西海水道—磨刀门一线水位频率明显偏低。北江片腹部水位大致与洪水同频。超过洪水频率的有容奇（二）站、三善滘站，该部分站点主要位于小榄水道、鸡鸦水道、容桂水道、顺德水道、平洲水道等，与"98·6"洪水范围大致相当。从总体来看，"05·6"洪水遭遇潮汐比"98·6"洪水更恶劣，但是壅水范围反而减少了。

3. 洪水致灾分析

从两场洪水来看，局部洪水壅高问题仍然是存在的，其既与遭遇的恶劣潮位有关，又与剧烈的人类活动影响有关。强人类活动的影响主要包括在河口地区无序围垦造地、侵占河滩、滥采河砂、违章设障，以及大量兴建港口码头、桥梁等涉水建筑物，使河道水面缩窄，过水断面缩小，水位壅高，汊道分流比发生改变，河势发生变化。从受灾范围来看，西江片的小榄水道、鸡鸦水道，北江片的容桂水道、顺德水道、李家沙水道、平洲水道、陈村水道是应该关注的重点。特别是北江片，水位壅高情况劣于西江片，详见图 7.3。

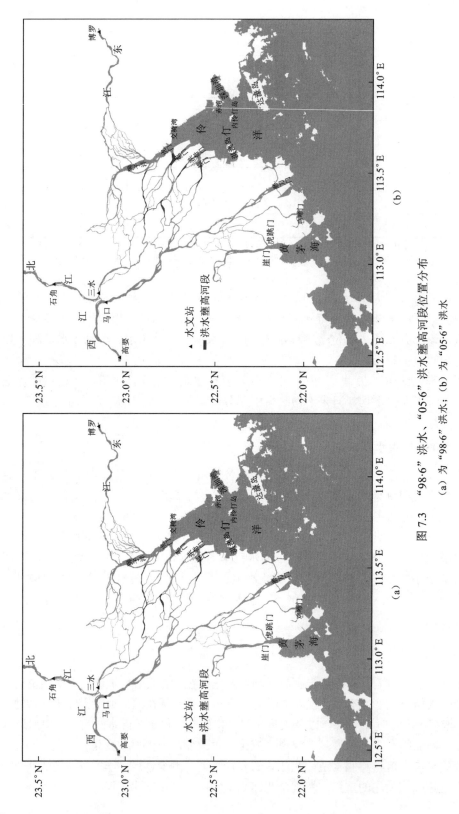

图 7.3 "98·6" 洪水、"05·6" 洪水雍高河段位置分布

(a) 为 "98·6" 洪水；(b) 为 "05·6" 洪水

7.2　区域供水灾害风险

稳定和充足的供水，是保证城市经济发展、社会繁荣不可缺少的重要条件。广州、深圳、香港和澳门等国际化大都市均坐落在珠江河口河网地区，在此形成了世界上最大的城市群之一[9-10]。随着城市经济建设的高速度发展，城市生活、工业用水量大，高品质水生态环境用水需求增加，而区域内水资源分布与流域经济社会发展不协调，部分河道水质恶化，加上近年珠江河口河网地区咸潮灾害加剧，水的供需矛盾日益紧张，供水安全成为影响粤港澳大湾区经济发展的重要问题。本节聚焦到珠江河口的咸潮上溯问题，详细分析咸潮对珠江三角洲区域供水的影响。

7.2.1　咸潮上溯影响

咸潮上溯影响详见 3.4.2 小节。此外，根据监测资料统计咸潮站逐年发生咸潮的小时数，除以各年总小时数，即可得到该年咸潮发生概率（表 7.4）。可以看到，越靠近口门，咸潮影响时间越长。而用 1 减去咸潮年发生概率为不发生咸潮保证率，如表 7.4 所示，磨刀门水道上若要满足不发生咸潮保证率不低于 97%，水厂取水口需上移至全禄水厂和稳益水厂之间，而横门水道取水口位于东河水闸以上即可。

7.2.2　上游流量压咸分析

咸潮界上移的距离与上游的来水有一定的关系，上游来水多，则压咸流量多，咸潮界上移距离短，受咸影响范围小；上游来水少，则压咸流量少，咸潮界上移距离长，受咸影响范围大[11-12]。将马口站与三水站流量之和作为代表站流量，简称"马+三"流量，这里称思贤滘流量。统计西江、北江入口处马口站、三水站 2004~2016 年逐日流量，同各咸潮站相对应，以 200 m^3/s 为区间统计各流量段咸潮发生小时数，统计结果见表 7.5。

总体来看，出现咸潮小时数自入海口向上游的咸潮站递减；上游来水量在 3 000~3 200 m^3/s 流量段（不含 3 200 m^3/s）的小时数是最多的，同时磨刀门水道和横门水道沿程发生咸潮的小时数也是最多的。将各咸潮站发生咸潮小时数除以该流量段总小时数，得到各流量段各咸潮站咸潮发生频率。如表 7.6 所示，以取水保证率超过 97% 为标准，从磨刀门水道上看，若取水口布置在全禄水厂附近，则上游来水必须大于 3 200 m^3/s，若取水口布置在稳益水厂附近，则上游来水只需要大于 2 200 m^3/s 即可；而从横门水道上看，若取水口布置在东河水闸以上，上游来水需保证大于 2 400 m^3/s，若取水口布置在大丰水厂附近，上游来水只需大于 2 200 m^3/s 即可。

表 7.4　各咸潮站逐年咸潮发生概率统计

（单位：%）

水道	咸潮站	2005 年	2006 年	2007 年	2008 年	2009 年	2010 年	2011 年	2012 年	2013 年	2014 年	2015 年	2016 年	2017 年
	大涌口水闸	40.6	30.7	40.0	21.9	49.7	40.0	47.4	33.0	34.1	29.4	4.0	35.1	32.4
	灯笼山水闸	38.0	27.4	36.8	19.1	47.2	33.3	42.0	26.9	30.0	23.8	2.6	30.9	26.9
	联石湾水闸	33.3	21.2	32.9	15.3	43.7	26.8	38.1	21.8	25.2	17.9	0.8	25.7	22.0
	马角水闸	30.3	18.3	29.1	12.9	40.5	22.5	34.9	16.3	23.0	14.5	0.3	22.9	17.3
磨刀门水道	斗门大桥	29.0	16.1	25.9	10.6	37.3	21.0	32.9	15.0	20.4	12.5	0.1	20.4	14.3
	南镇水厂	19.5	8.1	16.3	2.7	24.0	8.4	22.5	4.7	8.0	5.8	0.0	12.7	7.7
	西河水闸	8.8	4.2	9.3	0.4	15.9	5.5	18.3	3.5	6.1	4.8	0.0	6.8	2.6
	全禄水厂	6.1	2.4	5.1	0.0	6.3	2.6	8.8	0.9	1.5	0.9	0.0	1.1	0.1
	稳益水厂	1.4	0.1	0.9	0.0	1.1	0.3	2.5	0.0	0.1	0.1	0.0	0.0	0.0
	涌口门水闸	38.6	28.5	38.8	18.5	41.8	20.4	33.6	22.5	34.2	29.1	0.0	41.3	37.0
	小隐水闸	10.4	11.9	10.4	6.4	8.1	1.7	9.9	1.8	0.0	3.8	0.0	0.0	0.0
横门水道	东河水闸	2.9	0.0	0.1	0.0	2.1	0.5	3.8	0.1	0.0	0.2	0.0	0.0	0.0
	大丰水厂（小榄水道）	1.9	0.1	0.0	0.0	0.9	0.2	1.1	0.0	0.0	0.1	0.0	0.0	0.0
	新涌口水厂（鸡鸦水道）	0.5	0.0	0.0	0.0	0.1	0.0	0.1	0.0	0.0	0.0	0.0	0.0	0.0

表 7.5　2005～2017 年各流量段各咸潮站出现潮小时数统计

流量段 /(m³/s)	出现该流量总小时数	磨刀门水道出现咸潮小时数										横门水道出现咸潮小时数			
		大涌口水闸	灯笼山水闸	联石湾水闸	马角水闸	斗门大桥	南镇水厂	西河水闸	全禄水厂	稳益水厂	涌口门水闸	小隐水闸	东河水闸	大丰水厂	新涌口水厂
[600, 800)	72	72	72	72	72	72	72	72	66	29	72	30	17	11	0
[800, 1 000)	24	24	24	24	24	24	9	0	0	0	24	9	0	0	0
[1 000, 1 200)	72	72	72	72	72	72	66	32	27	0	72	40	18	14	0
[1 200, 1 400)	240	240	240	240	229	231	183	147	122.5	58	236	101.5	56	30.5	6
[1 400, 1 600)	576	556	557	532.5	514.5	492	301	218	132	17.5	514	193.5	41	22.5	1
[1 600, 1 800)	720	716	708	693	690	685	452	281	169	30	676	277	72.5	33	12
[1 800, 2 000)	1 152	1 119	1 065	1 021	1 005	991	817	544	367	84	1 079.5	457	162.5	85	19
[2 000, 2 200)	1 440	1 394	1 324	1 269	1 222	1 169	774.5	486.5	273.5	55.5	1 196	329.5	63	47.5	6
[2 200, 2 400)	2 520	2 390	2 287	2 111	1 902	1 760	1 152	789	399	54	2 160	678	152	73.5	9.5
[2 400, 2 600)	3 048	2 606	2 420	2 186	1 998	1 894	1 198	756.5	312	67	2 409	543.5	91	35	2
[2 600, 2 800)	4 032	3 370.5	3 104	2 703	2 331.5	2 096	988	649.5	330	69	3 043	702	112	35	0
[2 800, 3 000)	4 344	3 625.5	3 291	2 892	2 561	2 332.5	1 136	660	251	52.5	3 220.5	595.5	54	24	4
[3 000, 3 200)	4 824	3 850.5	3 529.5	2 915.5	2 438.5	2 156	1 027	681.5	288	44.5	3 358.5	628	36	15	0
[3 200, 3 400)	4 080	3 019	2 625	2 244	1 882	1 658	792	496	121	2	2 573	387	36	1	0
[3 400, 3 600)	4 248	2 656	2 256	1 754	1 442	1 252	569	394	75	10	2 256	431	1	0	0
[3 600, 3 800)	3 816	2 223.5	1 887.5	1 501	1 244	1 132.5	556.5	353	95	3	2 005.5	256.5	0	0	0
[3 800, 4 000)	3 360	1 757	1 465.5	1 127.5	927	795.5	404	244	30	0	1 335	190.5	0	0	0
[4 000, 4 200)	2 856	1 326	1 118	879.5	727	646.5	255	186	16	0	989	68.5	0	0	5.5
[4 200, 4 400)	2 736	1 220.5	970	755	694.5	647.5	199	132	34.5	0	1 045.5	77	0	0	0
[4 400, 4 600)	2 280	731.5	616.5	445	373.5	300.5	165	89	11.5	0	506	0	0	0	1.5
[4 600, 4 800)	1 848	619.5	499.5	364.75	284.5	228	141	98.5	26.5	0	396	41.5	0	0	0
[4 800, 5 000)	1 440	440.5	322.5	173.5	108.5	86	28	0	0	0	293	7	0	0	0

表7.6 2005~2017年各流量段各咸潮站出现咸潮概率统计

流量段/(m³/s)	磨刀门水道出现咸潮概率/%										横门水道出现咸潮概率/%			
	大涌口水闸	灯笼山水闸	联石湾水闸	马角水闸	斗门大桥	南镇水厂	西河水闸	全禄水厂	稳益水厂	涌口门水闸	小隐水闸	东河水闸	大丰水厂	新涌口水厂
[600, 800)	100.00	100.00	100.00	100.00	100.00	100.00	100.00	91.67	40.28	100.00	41.67	23.61	15.28	0.00
[800, 1 000)	100.00	100.00	100.00	100.00	100.00	37.50	0.00	0.00	0.00	100.00	37.50	0.00	0.00	0.00
[1 000, 1 200)	100.00	100.00	100.00	100.00	100.00	91.67	44.44	37.50	0.00	100.00	55.56	25.00	19.44	0.00
[1 200, 1 400)	100.00	100.00	100.00	95.42	96.25	76.25	61.25	51.04	24.17	98.33	42.29	23.33	12.71	2.50
[1 400, 1 600)	96.53	96.70	92.45	89.32	85.42	52.26	37.85	22.92	3.04	89.24	33.59	7.12	3.91	0.17
[1 600, 1 800)	99.44	98.33	96.25	95.83	95.14	62.78	39.03	23.47	4.17	93.89	38.47	10.07	4.58	1.67
[1 800, 2 000)	97.14	92.45	88.63	87.24	86.02	70.92	47.22	31.86	7.29	93.71	39.67	14.11	7.38	1.65
[2 000, 2 200)	96.81	91.94	88.13	84.86	81.18	53.78	33.78	18.99	3.85	83.06	22.88	4.38	3.30	0.42
[2 200, 2 400)	94.84	90.75	83.77	75.48	69.84	45.71	31.31	15.83	2.14	85.71	26.90	6.03	2.92	0.38
[2 400, 2 600)	85.50	79.40	71.72	65.55	62.14	39.30	24.82	10.24	2.20	79.04	17.83	2.99	1.15	0.07
[2 600, 2 800)	83.59	76.98	67.04	57.82	51.98	24.50	16.11	8.18	1.71	75.47	17.41	2.78	0.87	0.00
[2 800, 3 000)	83.46	75.76	66.57	58.95	53.69	26.15	15.19	5.78	1.21	74.14	13.71	1.24	0.55	0.09
[3 000, 3 200)	79.82	73.17	60.44	50.55	44.69	21.29	14.13	5.97	0.92	69.62	13.02	0.75	0.31	0.00
[3 200, 3 400)	74.00	64.34	55.00	46.13	40.64	19.41	12.16	2.97	0.05	63.06	9.49	0.88	0.02	0.00
[3 400, 3 600)	62.52	53.11	41.29	33.95	29.47	13.39	9.27	1.77	0.24	53.11	10.15	0.02	0.00	0.00
[3 600, 3 800)	58.27	49.46	39.33	32.60	29.68	14.58	9.25	2.49	0.08	52.56	6.72	0.00	0.00	0.00
[3 800, 4 000)	52.29	43.62	33.56	27.59	23.68	12.02	7.26	0.89	0.08	39.73	5.67	0.00	0.00	0.00
[4 000, 4 200)	46.43	39.15	30.79	25.46	22.64	8.93	6.51	0.56	0.00	34.63	2.40	0.00	0.00	0.19
[4 200, 4 400)	44.61	35.45	27.60	25.38	23.67	7.27	4.82	1.26	0.00	38.21	2.81	0.00	0.00	0.00
[4 400, 4 600)	32.08	27.04	19.52	16.38	13.18	7.24	3.90	0.50	0.00	22.19	0.00	0.00	0.00	0.07
[4 600, 4 800)	33.52	27.03	19.74	15.40	12.34	7.63	5.33	1.43	0.00	21.43	2.25	0.00	0.00	0.00
[4 800, 5 000)	30.59	22.40	12.05	7.53	5.97	1.94	0.00	0.00	0.00	20.35	0.49	0.00	0.00	0.00

7.2.3　水环境质量分析

由第 3 章和第 5 章的分析研究结果可知,珠江河口河网地区 2005~2016 年水污染加重,水质变差,而 2017~2019 年水质状况逐步稳定并向好发展。但水质污染不容乐观,每年在监测评价的珠江三角洲地区水功能区中,水质达标率均不足 50%。珠江河口河网区域在枯水期时的水安全脆弱区为北江河网区域,丰水期时的水安全脆弱区为东江河网区域。

7.3　复杂异变条件下珠江河口河网水安全风险评估

根据 7.1 节、7.2 节对区域洪水风险和供水风险的调查分析,基于地理信息系统建立灾害损失评估系统,并运用层次分析法建立区域水安全分析评估模型,通过评估研究区域内各联围现状水安全风险及针对性整治方案的预期效果,以期为珠江河口河网水安全防护与治理指明靶向。

7.3.1　研究区域

对珠江三角洲区域不同堤围围成的 72 个联围进行分析,研究区域内 72 个联围对应的数字如表 7.7 所示,各联围的分布如图 7.4 所示。

表 7.7　联围对应数字表

序号	联围名称	序号	联围名称
1	小林联围	14	容桂联围
2	乾务赤坎大联围	15	江新联围
3	沥心围	16	高新围
4	马新围	17	齐杏联围
5	民三联围	18	四六围
6	龙穴岛围	19	番顺联围
7	横石围	20	西大坦
8	五乡联围	21	大坳围
9	万顷沙围	22	鱼窝头围
10	文明围	23	顺德第一联围
11	中顺大围	24	蕉东联围保护区
12	义沙围	25	陇枕围
13	三乡围	26	坭洲围

序号	联围名称	序号	联围名称
27	群力围	50	滘联围—蕉利郭洲联围—望联围保护区
28	南顺第二联围	51	沙田联围保护区
29	海鸥围	52	四乡联围保护区
30	南丫围	53	山洲联围保护区
31	钱公洲	54	挂影洲围保护区
32	立沙岛	55	南铁鼎围保护区
33	蔡屋围	56	潢新围保护区
34	木牛洲	57	樵桑联围保护区
35	南顺联安围	58	北江大堤保护区
36	罗格围保护区	59	大学城
37	胜利围—白鹭围保护区	60	沙滘围
38	梅沙联围保护区	61	长洲岛
39	下漕联围—氹涌联围保护区	62	南大围
40	新村围—小河九曲围保护区	63	三山围
41	金丰围—道滘围保护区	64	九如围
42	大汾围保护区	65	大刀沙围
43	十三围保护区	66	观音沙围
44	石龙围—市石围—莲花围—化龙围保护区	67	南沙围
45	下合联围保护区	68	大鳌围
46	佛山大堤保护区	69	白蕉联围
47	下泗马围保护区	70	古井—沙堆围
48	大洲围保护区	71	黄布斗门联围
49	大盛围保护区	72	斗门北部一二联围

7.3.2 水安全风险分析评估模型

如图 7.5 所示的技术路线，首先收集了研究区域各个联围的现状资料，包括联围内现状人口、经济指标、防洪（潮）能力、排涝能力、围内受灾时受灾情况及供水能力，并基于以上收集资料进行联围水安全风险初步评估，确定影响区域水安全风险的主要因子为水灾害风险及供水风险，并将影响水灾害风险及供水风险的六个因子作为要素层，分别为水灾害防御体系脆弱性、水灾害损失程度、受外部因素影响程度、供水安全脆弱性、供水破坏程度及供水灾害发生概率。在此基础上，将要素层进一步细化，水灾害防御体系脆弱性分为防洪（潮）能力、排涝能力、非工程措施及险工险段指标；水灾害损

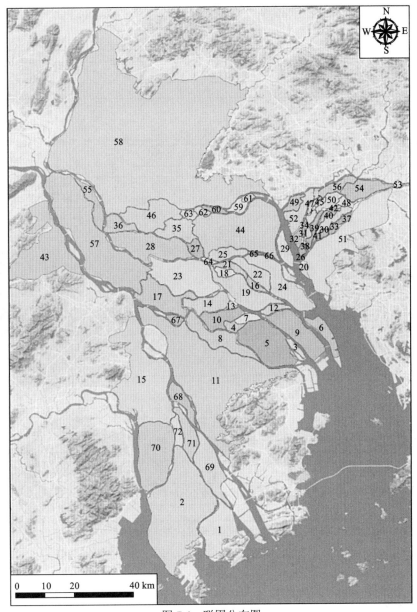

图 7.4　联围分布图

失程度分为受灾人口数、受灾地区生产总值数、受淹面积；受外部因素影响程度分为水
位变幅、流量变幅；供水安全脆弱性分为用水规模、应急供水保障能力指数、供水保证
率；供水破坏程度分为受影响人口数及受影响地区生产总值；供水灾害发生概率分为咸
潮影响指标、河道水质变化指标和饮用水源地达标率。建立珠江流域水安全风险评价层
次结构模型，如图 7.6 所示。最后，基于水安全风险评价层次结构模型得出各联围水安
全风险得分，为联围水安全风险治理提供建议。

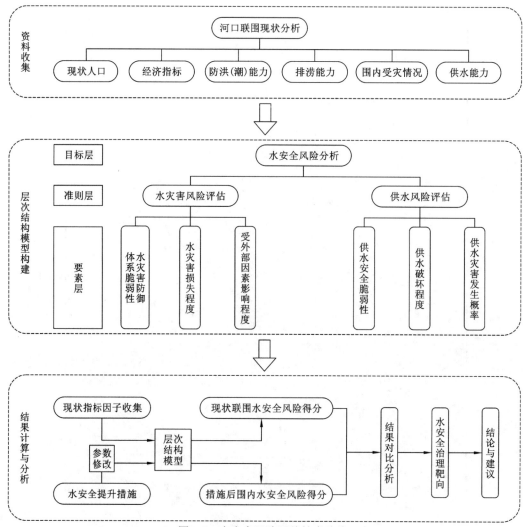

图 7.5　水安全风险评估技术路线

现将各指标的含义与计算方法详述如下。

1. 水灾害防御体系脆弱性

1）防洪（潮）能力

防护对象的防洪（潮）能力用防御洪水或潮水的重现期表示；对于特别重要的防护对象，可用可能最大洪水表示。对于珠江三角洲而言，防洪（潮）能力主要是堤库结合后的堤防防护标准。

2）排涝能力

排涝能力是保证涝区不发生涝灾的设计暴雨频率（重现期）、暴雨历时及涝水排除时间、排除程度[13]。防护对象的排涝能力用能够防御涝水对应的暴雨重现期表示。

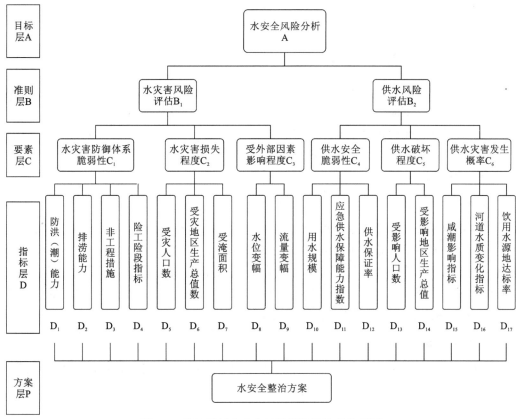

图 7.6　珠江流域水安全风险评价层次结构模型

3）非工程措施

非工程措施指通过法令、政策、行政管理、经济和防洪工程以外的技术等，减少洪泛区洪水灾害损失的措施。防洪非工程措施一般包括防洪法规、洪水预报、洪水调度、洪水警报、洪泛区管理、河道清障、超标准洪水防御措施、洪水保险、洪灾救济等[14]。采用专家评分的方式对指标进行定值。

4）险工险段指标

险工险段是指河道堤防上存在着的不利于堤防防洪安全的隐患所在的工程和堤段[15]。堤防上的主要险工大致有：滑坡，崩岸、裂缝，漏洞，浪坎，管涌，散浸，跌窝，迎流顶冲，堤脚陡坎，穿堤建筑物接触渗漏，建筑物老化损坏，闸门锈蚀、漏水、变形等。其存在对联围防洪安全有很大影响。采用的险工险段指标主要由各个联围的险工险段个数与长度加权统计得到,由于联围险工险段长度相较于个数更为重要,长度权重定为 3/4,个数权重定为 1/4。

2. 水灾害损失程度

1）受灾人口数

人口数据通常以行政区为统计单元。为了进行相对准确的受影响人口统计，需要对人口统计数据进行空间分析。通常采用居民地法对人口统计数据进行空间分析[16]。某个行政区的居民地受淹面积通过行政区界、居民地图层及淹没范围图层叠加统计得到。结合人口密度，对联围受不同淹没水深影响的受灾人口进行统计。受灾人口数采用联围遭遇 50 年一遇洪水围内受灾人口数。

2）受灾地区生产总值数

按人均地区生产总值法或地均地区生产总值法计算受影响地区生产总值[17]。人均地区生产总值法即将某行政区受影响人口与该行政区的人均地区生产总值相乘来计算受影响地区生产总值；地均地区生产总值法则是将不同行政区受淹面积与该行政区单位面积上的地区生产总值相乘来计算受影响地区生产总值。采用人均地区生产总值法计算联围遭遇 50 年一遇洪水的围内受灾地区生产总值数。

3）受淹面积

基于 GIS 软件的叠加分析功能，分别对淹没图层与行政区图层、耕地图层及居民地图层做叠加分析，即可得到对应不同洪水方案的不同淹没水深等级的受淹行政区面积、淹没耕地面积、受淹居民地面积等指标。受淹面积采用联围遭遇 50 年一遇洪水围内受淹面积。

3. 受外部因素影响程度

1）水位变幅

建立珠江三角洲水动力模型（见第 4 章），计算各个联围相邻河道的水动力，分析某一工程建立或河口发生复杂变异后河道水位的变化情况，计算外界条件改变后的水位变幅。将水位变化值或水位变化率划分为 11 个刻度，并与某一得分相对应，对应关系见表 7.8。当水位变幅＞0 时，绝对值越大，意味着水位增加越大，联围及联围保护区域遭受洪水的风险增加，其评分应减小；反之，当水位变幅＜0 时，绝对值越大，意味着水位降低越大，相应地遭受洪水的风险降低，其评分应增大。

表 7.8　水位变幅指标刻度

项目	值										
水位变化值/m	≤-0.50	-0.40	-0.30	-0.20	-0.10	0	0.10	0.20	0.30	0.40	≥0.50
水位变化值对应的得分	100	90	80	70	60	50	40	30	20	10	0
水位变化率	≤-1	-0.8	-0.6	-0.4	-0.2	0	0.2	0.4	0.6	0.8	≥1
水位变化率对应的得分	100	90	80	70	60	50	40	30	20	10	0

2）流量变幅

西江、北江洪水通过思贤滘水道的沟通，重新组合后进入西江、北江三角洲河网，其流量由马口站和三水站控制。建立珠江三角洲水动力模型（见第 4 章），计算各个联围相邻河道的水动力，分析某一工程建立或河口发生复杂变异后的河道流量变化情况。思贤滘 100 年一遇洪峰流量为 63 900 m^3/s，50 年一遇洪峰流量为 60 700 m^3/s，将流量变化范围-3 200～3 200 m^3/s 划分为 11 个刻度（-3 200 m^3/s、-2 560 m^3/s、-1 920 m^3/s、-1 280 m^3/s、-640 m^3/s、0、640 m^3/s、1 280 m^3/s、1 920 m^3/s、2 560 m^3/s、3 200 m^3/s），并与某一得分相对应，流量变幅与得分的对应关系见表 7.9。当流量变幅＞0 时，绝对值增大，表明进入西江、北江三角洲的洪水增加，联围及联围保护区域受到的洪水威胁增大，其评分应减小；反之，当流量变幅＜0 时，绝对值增大，其评分应增大。

表 7.9　流量变幅指标刻度

流量变幅/(m^3/s)	≤-3 200	-2 560	-1 920	-1 280	-640	0	640	1 280	1 920	2 560	≥3 200
得分	100	90	80	70	60	50	40	30	20	10	0

4. 供水安全脆弱性

1）用水规模

围内用水来自现有水厂，水厂总规模决定了围内生产、生活的总可供水量，进一步影响了围内的供水安全。对联围内水厂规模进行赋值。由于联围内用水规模越大，越容易受到外界变化的影响，供水越脆弱，将其定义为负向指标。

2）应急供水保障能力指数

应急供水保障能力指数是指应急备用水源可供水量占发生最不利情况时应急需水总量的比例，最不利情况是指咸潮期遭遇突发性水污染事件，该指标反映发生咸潮、突发性水污染及特殊干旱时的应急保障能力状况[18-19]。其计算公式为：应急供水保障能力指数（%）=（应急备用水源可供水量/最不利情况时应急需水总量）×100%。

3）供水保证率

供水保证率是指预期供水量在多年供水中能够得到充分满足的年数出现的概率。由于供水工程的水源不同和用水户不同，且受经济、社会、环境的影响，供水保证率的计算比较复杂，以地表水为水源的供水工程主要采用典型年法或时历年法计算[20]。计算公式为：供水保证率（%）=能够正常供水的年份/总年份×100%。

5. 供水破坏程度

1）受影响人口数

供水破坏下的受影响人口数主要为"当联围内发生供水破坏事件时，受到影响的人口数"。将联围内所有人口数作为指标数。

2）受影响地区生产总值

供水破坏下的受影响地区生产总值主要为"当联围内发生供水破坏事件时，受到影响的地区生产总值"。将联围内所有地区生产总值作为指标数。

6. 供水灾害发生概率

1）咸潮影响指标

近十几年来珠江三角洲枯季径流短缺，压咸的径流动力不足，导致咸潮上溯严重、影响频繁，造成供水中断。咸潮的影响及危害主要表现在氯化物的质量浓度上，当咸潮发生时，河中氯化物的质量浓度会迅速上升到超过 250 mg/L。水中的盐度过高，就会对人体造成危害，氯离子浓度高时，还会使用水企业的生产设备氧化，对企业生产造成威胁。因此，在咸潮上溯影响范围内各联围取水口将无法正常取水，影响到围内供水情况。将年统计咸潮发生概率作为咸潮影响指标，详见表 7.4。东江三角洲取水口位于上游，以往遭受咸潮威胁较少，但 2021 年也遭受了严重的咸潮威胁，本节暂未做分析。

2）河道水质变化指标

我国根据地表水功能和保护目标，将地表水按功能高低依次划分为五类：I 类主要适用于源头水、国家自然保护区；II 类主要适用于集中式生活饮用水地表水源地一级保护区、珍稀水生生物栖息地、鱼虾类产卵场、仔稚幼鱼的索饵场等；III 类主要适用于集中式生活饮用水地表水源地二级保护区、鱼虾类越冬场、洄游通道、水产养殖区等渔业水域及游泳区；IV 类主要适用于一般工业用水区及人体非直接接触的娱乐用水区；V 类主要适用于农业用水区及一般景观要求水域。对应地表水上述五类水域功能，将《地表水环境质量标准》（GB 3838—2002）基本项目标准值分为五类，不同功能类别分别执行相应类别的标准值。本节分析主要基于 2016 年、2020 年河道控制断面水质变化情况，依据变化幅度对指标进行赋分，见表 7.10。

表 7.10　河道水质变化指标赋分

得分		2016 年				
		V 类	IV 类	III 类	II 类	I 类
2020 年	V 类	50	—	—	—	—
	IV 类	60	50	—	—	—
	III 类	70	60	50	—	—
	II 类	80	70	60	50	—
	I 类	90	80	70	60	50

3）饮用水源地达标率

饮用水源地概括了提供城镇居民生活及公共服务用水（如政府机关、企事业单位、医院、学校、餐饮业、旅游业等用水）的取水工程的水源地域[20]，包括河流、湖泊、水库、地下水等。以供水人口数为分界线，通过管网输水且供水人口数小于 1000 人的为分散式饮用水源地，大于 1000 人的为集中式饮用水源地。

饮用水源地达标率是指向城市市区提供饮用水的水源地，达到 III 类水标准[《地表水环境质量标准》（GB 3838—2002）[21]]的水量占总取水量的百分比。计算公式为：饮用水源地达标率（%）=达标水量/总水量×100%。考虑采用饮用水源地 Pb、TN、DO、BOD_5 等水质指标的达标率。部分断面水质取样测试结果参见图 6.2、图 6.3。

7. 评分标准

基于大量基础数据的收集，对于个别缺失的数据，采用克里金（Kriging）法进行插值。克里金法（又称空间局部插值法）的适用范围为存在空间相关性的区域化变量，其本质是由可用样本数据的线性组合来获得待插点的物理量数据，在普通克里金法中，加权值不仅与距离有关，而且与观测点的位置、空间结构有关。在无偏移的情况下，普通克里金法插值主要针对各数据之间的关联，具体公式如下：

$$Z(x_0) = \sum_{i=1}^{n} w_i Z(x_i) \tag{7.1}$$

式中：$Z(x_0)$ 为未知样点数值；$Z(x_i)$ 为未知样点周围的已知样点的数值；w_i 为第 i 个已知样点对未知样点的权重系数值；n 为已知样点的个数。

在评分时，对各项因子的评分标准采用基本指数与相对指数相结合的原则，所有以百分率为单位的因子采用原始指数乘 100，由于各个指标具有不同的量纲和不同的数量级，无法直接进行比较。为了使各个指标之间具有可比性，必须对各个具体指标做归一化处理，从而使每个指标的数值分布在[0, 1]内。

$$D_{ij} = \frac{A_{ij} - \min_i}{\max_i - \min_i} \tag{7.2}$$

式中：D_{ij} 为第 j 个因子第 i 个指标值的归一化值；A_{ij} 为第 j 个因子第 i 个指标值；$\min_i$ 为第 i 个指标值中的最小值；$\max_i$ 为第 i 个指标值中的最大值。

在评估因子中，水灾害因素中受灾人口数、受灾地区生产总值数、受淹面积及供水因素中受影响人口数、受影响地区生产总值量围之间差距过大，出现异常值，若采用量围最大、最小值进行综合评分，会出现整体评分偏差较大的情况，因此对异常值（定义为在对一组数据绘制箱形图时小于分布下边缘或大于分布上边缘的值)采取剔除的方法，利用数据分位数计算数据组的上下限，若量围数据大于数据组的上限，则赋予 0 分；若量围数据小于数据组的下限，则赋予 100 分。其他指标采用相对指数。与此同时，根据指标对准则层的不同影响情况将其分为正向指标与负向指标，负向指标取 100 与得分的差值。具体打分标准如表 7.11 所示。最后将各因子得分加权（相对权重）求和，可得到特定区域的水安全风险评分，分数越高，表明区域水安全风险越低。

表 7.11 各项因子评分标准表

要素层 C	指标层 D	范围	说明	指标计算方式
水灾害防御体系脆弱性	防洪（潮）能力	重现期 min~max 年一遇	正向指标	联围防洪(潮)能力为 N 年一遇，则分数是 $P=(N-\min)/(\max-\min)\times100$
	排涝能力	城市设计暴雨重现期 min~max 年一遇	正向指标	联围排涝能力为 N 年一遇，则分数 $P=(N-\min)/(\max-\min)\times100$
	非工程措施	0~10	正向指标	专家依据 10 分制对联围非工程措施进行评分，得到分数×10
	险工险段指标	0~max	正向指标	险工险段个数与长度加权统计得 N，则分数是 $P=(N-0)/(\max-0)\times100$
水灾害损害程度	受灾人口数	min~max 人	负向指标	采用分位数对异常值进行处理，计算数据上限 max1，数据下限 min1，假设一个联围受灾人口数、受灾地区生产总值或受淹面积为 N，若 N 大于上限，赋分为 0，若 N 小于下限，赋分 100，其余的分数是 $P=100-(N-\min1)/(\max1-\min1)\times100$
	受灾地区生产总值数	min~max 万元	负向指标	
	受淹面积	min~max km²	负向指标	
受外部因素影响程度	水位变幅	min~max m	负向指标	根据不同方案之间的水位或流量变幅 N 确定得分，具体计算方式见表 7.8、表 7.9
	流量变幅	min~max m³/s	负向指标	
供水安全脆弱性	用水规模	min~max m³/d	负向指标	假设一个联围水厂规模为 N，则分数 $P=100-(N-\min)/(\max-\min)\times100$
	应急供水保障能力指数	0~10	正向指标	专家依据 10 分制对应急供水保障能力进行评分，得到分数×10
	供水保证率	0~1	正向指标	查询相关资料，统计得到 N，联围得分 $P=N\times100$
供水破坏程度	受影响人口数	0~max 人	负向指标	采用分位数对异常值进行处理，计算数据上限 max1，数据下限 min1，假设一个联围受影响人口数、受影响地区生产总值为 N，若 N 大于上限，赋分为 0，若 N 小于下限，赋分为 100，其余的分数 $P=100-(N-\min1)/(\max1-\min1)\times100$
	受影响地区生产总值	0~max 万元	负向指标	
	咸潮影响指标	0~max h	负向指标	联围受咸潮影响时长为 N，年内发生概率为 W，则分数是 $P=100-W\times100$
供水灾害发生概率	河道水质变化指标	0~100	正向指标	依据河道水质变化幅度赋分，见表 7.10
	饮用水源地达标率	0~1	正向指标	查询相关资料，统计得到 N，联围得分 $P=N\times100$

7.3.3　区域水安全风险分析及脆弱区识别

1. 评估模型搭建

根据如图 7.6 所示的珠江流域水安全风险评价层次结构模型，基于第 4 章所介绍的"1～9"标度法，整理得到区域水安全风险评价模型中各层次间的判断矩阵，如表 7.12 所示。对于 A-B 层次而言，水灾害风险与供水风险两个同样重要，因此标度 $a_{ij}=1$，构建的判断矩阵如表 7.12（a）所示。

表 7.12（a）　（A-B）判断矩阵

指标	B_1	B_2
B_1	1	1
B_2	1	1

表 7.12（b）　（B_1-C_1～C_3）判断矩阵

指标	C_1	C_2	C_3
C_1	1	3	1
C_2	1/3	1	1/3
C_3	1	3	1

表 7.12（c）　（B_2-C_4～C_6）判断矩阵

指标	C_4	C_5	C_6
C_4	1	3	1
C_5	1/3	1	1/3
C_6	1	3	1

表 7.12（d）　（C_1-D_1～D_4）判断矩阵

指标	D_1	D_2	D_3	D_4
D_1	1	5	3	1
D_2	1/5	1	1/3	1/5
D_3	1/3	3	1	1/3
D_4	1	5	3	1

表 7.12（e）　（C_2-D_5～D_7）判断矩阵

指标	D_5	D_6	D_7
D_5	1	3	5
D_6	1/3	1	3
D_7	1/5	1/3	1

表 7.12（f）　（C₃-D₈～D₉）判断矩阵

指标	D_8	D_9
D_8	1	1
D_9	1	1

表 7.12（g）　（C₄-D₁₀～D₁₂）判断矩阵

指标	D_{10}	D_{11}	D_{12}
D_{10}	1	1/3	1/3
D_{11}	3	1	1
D_{12}	3	1	1

表 7.12（h）　（C₅-D₁₃～D₁₄）判断矩阵

指标	D_{13}	D_{14}
D_{13}	1	3
D_{14}	1/3	1

表 7.12（i）　（C₆-D₁₅～D₁₇）判断矩阵

指标	D_{15}	D_{16}	D_{17}
D_{15}	1	1	3
D_{16}	1	1	3
D_{17}	1/3	1/3	1

　　对于 B_1-C_1～C_3 层次而言，水灾害防御体系脆弱性与受外部因素影响程度同样重要，而水灾害防御体系脆弱性比水灾害损失程度稍微重要，因此其标度 $a_{12}=3$，$a_{13}=1$，$a_{23}=1/3$，构建的判断矩阵如表 7.12（b）所示。对于 B_2-C_4～C_6 层次而言，供水安全脆弱性与供水灾害发生概率同样重要，考虑到供水破坏程度数据为整个联围的人口、地区生产总值，实际损失较小，所以供水安全脆弱性与供水灾害发生概率比供水破坏程度稍微重要，因此其标度 $a_{12}=3$，$a_{13}=1$，$a_{23}=1/3$，构建的判断矩阵如表 7.12（c）所示。

　　对于 C_1-D_1～D_4 层次而言，防洪（潮）能力与险工险段指标同样重要，这两个因素又比非工程措施稍微重要，比排涝能力明显重要，非工程措施比排涝能力稍微重要，因此其标度 $a_{12}=5$，$a_{13}=3$，$a_{14}=1$，$a_{23}=1/3$，$a_{24}=1/5$，$a_{34}=1/3$，构建的判断矩阵如表 7.12（d）所示。对于 C_2-D_5～D_7 层次而言，受灾人口数比受灾地区生产总值数稍微重要，比受淹面积明显重要，受灾地区生产总值数比受淹面积稍微重要，因此其标度 $a_{12}=3$，$a_{13}=5$，$a_{23}=3$，构建的判断矩阵如表 7.12（e）所示。对于 C_3-D_8～D_9 层次而言，水位变幅与流量变幅同样重要，因此其标度 $a_{12}=1$，构建的判断矩阵如表 7.12（f）所示。对于 C_4-D_{10}～D_{12} 层次而言，应急供水保障能力指数、供水保证率同样重要，比用水规模稍微重要，因此其标度 $a_{12}=1/3$，$a_{13}=1/3$，$a_{23}=1$，构建的判断矩阵如表 7.12（g）所示。对于 C_5-D_{13}～

D_{14} 层次而言，受影响人口数较受影响地区生产总值稍微重要，因此其标度 $a_{12}=3$，构建的判断矩阵如表 7.12（h）所示。对于 C_6-D_{15}～D_{17} 层次而言，河道水质变化指标与咸潮影响指标同样重要，比饮用水源地达标率稍微重要，因此其标度 $a_{12}=1$，$a_{13}=3$，$a_{23}=3$，构建的判断矩阵如表 7.12（i）所示。

经检验，所构造的多个判断矩阵均具有较满意的一致性，说明权数分配是合理的，并由此计算出 17 个基本评价指标的组合权重（W_j），结果如表 7.13 所示。

表 7.13　各基本评价指标组合权重

A	C_1 0.215	C_2 0.071	C_3 0.214	C_4 0.215	C_5 0.071	C_6 0.214	组合权重 W_j
D_1	0.390						0.084
D_2	0.068						0.015
D_3	0.152						0.033
D_4	0.390						0.084
D_5		0.637					0.045
D_6		0.258					0.018
D_7		0.105					0.007
D_8			0.5				0.107
D_9			0.5				0.107
D_{10}				0.142			0.031
D_{11}				0.429			0.092
D_{12}				0.429			0.092
D_{13}					0.75		0.053
D_{14}					0.25		0.018
D_{15}						0.429	0.092
D_{16}						0.429	0.092
D_{17}						0.142	0.030

2. 研究区水安全风险评估

珠江河口区域可根据河道、堤防等划分为 72 联围，包括小林联围、乾务赤坎大联围、沥心围、马新围、民三联围等联围（图 7.4）。将各个影响因子的得分加权平均后得到的分值标准化，计算得到联围得分区间为[0, 100]，在此基础上进行联围风险区分类。现阶段利用评估模型对区域内 72 联围的现状进行初步的风险评估及风险区分布图绘制。将评分结果按照百分制进行分析，（0, 20]为高风险区，（20, 40]为次高风险区，（40, 60]

为中等风险区，（60, 80]为次低风险区，（80, 100]为低风险区。

依据广东省水利厅颁布的《西、北江下游及其三角洲网河河道设计洪潮水面线》[22]（2002 年 6 月），查询洪潮频率为 2%（50 年一遇）时珠江三角洲水面线，将水位值统一换算为珠江基面高程坐标并整理得到不同联围相邻河道的水位。以历史条件下的水位为50 分，对比河道历史水位与现状水位，计算水位变化率，由表 7.8 插值得到珠江三角洲网河地形变化条件下联围关于水位变幅指标的得分。以马口站、三水站设计洪水洪峰流量为 50 分，计算现状条件下马口站、三水站洪峰流量，由表 7.9 插值得到珠江三角洲网河地形变化关于流量变幅指标的风险评分。

依据 2016 年各个市区统计的断面水质资料，对应 2020 年现状断面水质资料，依据表 7.10 进行赋分，统计河道水质变化指标。利用建立的评估模型对珠江河口风险区现状风险进行评估计算分析，得到的风险得分如表 7.14 所示，风险区分布如图 7.7 所示，结果显示：

（1）从总体分布来看，西江干流沿线有樵桑联围、江新联围、中顺大围等重要堤防，而且磨刀门水道又是受咸潮影响最重要的区域，因此西江干流沿线风险总体偏高。腹部顺德第一联围、南顺第二联围和容桂联围等风险也较高。

（2）整个珠江三角洲地区得分最低的为江新联围，得分为 50.21 分，为中等风险区。主要是因为其围内人口密集，经济发达，但其险工险段较多，堤防防洪能力及排涝能力不及要求，并且其位于咸潮界内，供水保障能力较弱，因此江新联围风险较高。与之类似的联围还有中顺大围、樵桑联围、沙田联围、南顺第二联围等，均属于中等风险区，水安全风险亟待改善。

（3）整个珠江三角洲地区得分最高的为三山围，得分为 75.95 分，为次低风险区。围内人口较少，经济较不发达，但其不存在险工险段，围内排涝能力强，且其位于三角洲顶部，河道下切现象明显，水位变幅指标对其评分较为有利，近年来河道水质改善效果好，不受咸潮影响，因此其得分较高，围内风险较低。与之类似的联围主要有南丫围、南大围、沙滘围、大学城、群力围等。

（4）地形变化后水安全风险评分增加的联围占总数的 92.7%，评分增加最大的为大石水道相邻沙滘围（增加 2.91 分），而评分降低最大仅为 0.19 分，整体的变化趋势是上游增幅大于中下游，即靠近三角洲上游的联围评分增加值较大，范围在 1～2.91 分，中下游的联围评分增加值小于上游，范围在-0.19～1.0 分。以上历史条件下和现状条件下的对比表明，2016 年地形条件下珠江三角洲联围水安全风险评分整体增加，水安全风险降低。

（5）近年来三角洲内河流水质得到进一步提升，如北江石角—三水段水质由劣 V 类改善为 II 类，顺德水道、东平水道、磨刀门水道、小榄水道、鸡鸦水道水质由 III 类提高为 II 类，类似地，东江三角洲河流水质普遍维持现状或得到改善。

表7.14　各联围水安全风险得分

序号	联围名称	得分	风险区分类	序号	联围名称	得分	风险区分类
1	小林联围	63.36	次低风险区	32	立沙岛	72.35	次低风险区
2	乾务赤坎大联围	56.46	中等风险区	33	蔡屋围	71.71	次低风险区
3	沥心围	69.45	次低风险区	34	木牛洲	72.51	次低风险区
4	马新围	70.07	次低风险区	35	南顺联安围	65.27	次低风险区
5	民三联围	58.46	中等风险区	36	罗格围保护区	69.74	次低风险区
6	龙穴岛围	67.58	次低风险区	37	胜利围—白鹭围保护区	73.29	次低风险区
7	横石围	70.27	次低风险区	38	梅沙联围保护区	70.49	次低风险区
8	五乡联围	62.13	次低风险区	39	下漕联围—氹涌联围保护区	70.63	次低风险区
9	万顷沙围	67.43	次低风险区	40	新村围—小河九曲围保护区	70.2	次低风险区
10	文明围	63.92	次低风险区	41	金丰围—道滘围保护区	70.06	次低风险区
11	中顺大围	52.13	中等风险区	42	大汾围保护区	70.68	次低风险区
12	义沙围	72.78	次低风险区	43	十三围保护区	61.27	次低风险区
13	三乡围	70.11	次低风险区	44	石龙围—市石围—莲花围—化龙围保护区	61.36	次低风险区
14	容桂联围	56.26	中等风险区	45	下合联围保护区	72.02	次低风险区
15	江新联围	50.21	中等风险区	46	佛山大堤保护区	55.99	中等风险区
16	高新围	60.34	次低风险区	47	下泗马围保护区	71.92	次低风险区
17	齐杏联围	62.7	次低风险区	48	大洲围保护区	68.52	次低风险区
18	四六围	70.76	次低风险区	49	大盛围保护区	70.87	次低风险区
19	番顺联围	66.45	次低风险区	50	滘联围—蕉利郭洲联围—望联联围保护区	72.09	次低风险区
20	西大坦	71.66	次低风险区	51	沙田联围保护区	53.24	中等风险区
21	大坳围	70.63	次低风险区	52	四乡联围保护区	71.55	次低风险区
22	鱼窝头围	69.72	次低风险区	53	山洲联围保护区	70.94	次低风险区
23	顺德第一联围	55.03	中等风险区	54	挂影洲围保护区	57.72	中等风险区
24	蕉东联围保护区	56.34	中等风险区	55	南铁鼎围保护区	72.35	次低风险区
25	陇枕围	68.16	次低风险区	56	潢新围保护区	70.52	次低风险区
26	坭洲围	71.47	次低风险区	57	樵桑联围保护区	52.68	中等风险区
27	群力围	73.48	次低风险区	58	北江大堤保护区	66.86	次低风险区
28	南顺第二联围	54.79	中等风险区	59	大学城	73.54	次低风险区
29	海鸥围	70.4	次低风险区	60	沙滘围	74.02	次低风险区
30	南丫围	74.36	次低风险区	61	长洲岛	71.39	次低风险区
31	钱公洲	73.48	次低风险区	62	南大围	74.03	次低风险区

序号	联围名称	得分	风险区分类	序号	联围名称	得分	风险区分类
63	三山围	75.95	次低风险区	68	大鳌围	70.02	次低风险区
64	九如围	70.68	次低风险区	69	白蕉联围	67.11	次低风险区
65	大刀沙围	72.45	次低风险区	70	古井—沙堆围	67.8	次低风险区
66	观音沙围	72.38	次低风险区	71	黄布斗门联围	70.3	次低风险区
67	南沙围	72.78	次低风险区	72	斗门北部一二联围	69.9	次低风险区

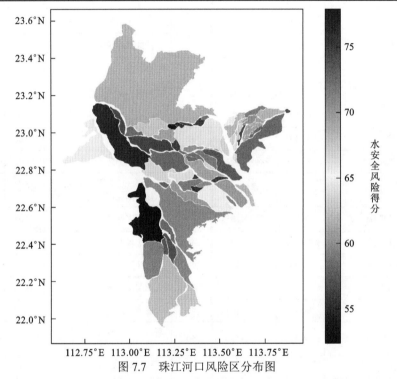

扫一扫 看彩图

图 7.7 珠江河口风险区分布图

综合考虑，评估模型运行结果与联围实际情况较为一致，说明模型评价的水安全分区合理，根据此结果针对各个联围提出针对性的治理措施，可用来模拟不同河口治理措施对研究区域水安全的提高效果。从模型运行结果看，经过多年的防洪体系建设，珠江三角洲大部分联围的安全得分达到次低风险区要求，小部分联围的水安全得分小于 60分，为中等风险区，水安全状况亟须改善。

3. 评估成果合理性分析

分析构建的层次结构模型选取的水灾害风险方面的指标，通过层次分析法计算得到各个指标占总体系的权重，见表 7.15。可以看出，反映了珠江三角洲水安全环境复杂异变情况的水位变幅、咸潮影响指标及河道水质变化指标占比较大，可以较为充分地反映珠江三角洲复杂边界变化对三角洲联围水安全的影响。

表 7.15　指标权重表

指标	防洪（潮）能力	排涝能力	非工程措施	险工险段指标	受灾人口数	受灾地区生产总值数
权重	0.084	0.015	0.033	0.084	0.045	0.018
指标	受淹面积	水位变幅	流量变幅	用水规模	应急供水保障能力指数	供水保证率
权重	0.007	0.107	0.107	0.031	0.092	0.092
指标	受影响人口数	受影响地区生产总值	咸潮影响指标	河道水质变化指标	饮用水源地达标率	
权重	0.053	0.018	0.092	0.092	0.030	

7.4　珠江河口河网水安全保障整治方案分析

在 7.3.3 小节用所建立的评估体系对区域内 72 联围的水安全风险现状进行初步评估的基础上，进一步运用该体系对四种多目标整治措施——河口建闸（方案一）、"以稳为主、局部优化，洪水由河网纵横水道自适应入海"泄洪策略（方案二）、珠中江供水一体化（方案三）和险段除险加固治理（方案四）起到的水安全改善作用进行系统评估，为区域治理的长期规划提供指导。

7.4.1　水安全存在的问题

珠江三角洲河网区最突出的水文情势异变是无序、失控、大规模采砂活动导致的河床大尺度、广范围、长时间的不均匀下切。河床剧烈的不均匀下切不仅显著改变了河网水动力特征，还破坏了河床岸坡原本的稳定结构，很可能会形成险段，加剧河岸安全隐患。其次，河床下切使得河网上游水位降低，河网平均余水位梯度变缓，进而直接导致潮波向河网传播的沿程摩擦阻力的减小，潮波沿程传播的能量传递损耗随之降低，潮差增大，进入河网的潮动力增加，又进一步使近年来的咸潮上溯呈灾害化发展。而随着水库大坝的建设，珠江三角洲河网来沙量持续下降，将在未来一段时间内使河网河床保持冲刷态势，引起动力结构的进一步调整。河网河床地貌异变后形成的动力新格局也将使河流管理部门在确定防洪、通航及供水等策略时面临新问题。

珠江河口区主要受到围垦工程等人类活动的影响，岸线发生了显著变化，河口外延，洪水宣泄路径变长，且河口湾内原本广阔的海域严重萎缩，其原有的防洪纳潮排污功能受到了严重影响。围垦导致的岸线收敛（主要体现在伶仃洋）还使得潮波集聚作用增强，河口湾内潮差增大，河口区采砂叠加航道疏浚等工程则使得河床地形大幅下切，对潮波（特别是风暴潮）的消能作用减小，加之近年来海平面的持续上升，海岸风暴潮灾害呈现加剧的趋势,河口湾及河网下游口门区的防洪防潮形势日益严峻。此外,磨刀门河口拦门沙的发育使得西汊、东汊深槽均呈现淤积态势,黄茅海崖门出海航道在风暴潮过后拦门沙的显著淤积,都严重影响了口门出海航道的航深,迫使航运部门按期疏浚以维持通航水深要求。

1)防洪(潮)减灾安全

现有防洪(潮)治涝标准与经济社会发展要求存在较大差距。珠江三角洲9市有超大城市2个、特大城市2个和大城市5个,防洪(潮)保护区总面积为$1.07\times10^4\ km^2$(其中防洪保护区占85%,防潮保护区占15%),防洪(潮)保护区总人口为4175万人,地区生产总值为5万亿元。随着大湾区国家战略的实施,人口与经济将进一步集聚,城市中心区的防潮标准(20~100年一遇)、治涝标准(10~20年一遇)不能满足大湾区未来经济社会发展的要求。

部分海堤仍不达标。广州南沙、东莞水乡等狮子洋两岸区域是今后发展的存量区域,规划防洪标准高,但现状尚未达标,如广州沿海的化龙围、莲花围、海鸥围、蕉东联围、鸡抱沙围、万顷沙围、义沙围等规划标准为100~200年一遇,但现状海堤仅为20~50年一遇。受人类活动影响,珠江河口湾区潮位呈现上升趋势,势必将加大沿海堤防的防洪压力。此外,江门江新联围等近年来已加固的堤防不同程度地出现了地基沉降,已达不到原设计标准。

珠江三角洲处于台风频发地区,近年来珠江三角洲地区不断遭受强力台风侵袭,台风导致的风应力与气压场变化诱发了沿岸潮位的异常升高,近岸水位站的监测资料表明珠江三角洲的风暴潮潮位呈逐年增长的趋势,因此珠江三角洲的防潮标准必须考虑超强台风所带来的增水效应。

大湾区河网水系发达,但主要分流节点无调控措施,洪枯水分流不稳,危及防洪与供水安全。城镇内涝严重,城市扩张使渗、滞、蓄、排空间减少,管网建设缺乏系统性,管养维护不足造成普遍淤塞。城市化使原有的水循环发生显著变化,洪涝灾害频繁发生,广州、佛山、东莞、中山等市近年来均发生了较严重的城市内涝。

非工程措施仍需提高,尚未建立起有效的防洪、潮、涝预警体系;流域及城市的洪水防御方案有待进一步夯实。临时滞洪区实施难度大,超标准洪水应对不足。在珠江防洪规划中,联金围、大旺围,甚至清西围等均作为临时滞洪区域,但这些区域目前人口众多,临时滞洪涉及面广,缺乏操作性。

2)供水安全

水资源分布与流域经济社会发展不协调。东江流域主要供水地区广州、深圳、东莞、惠州四市现状常住人口为3898万人(若加上香港,总人口将超过4500万人),占全省的35%,地区生产总值为49343亿元,占全省的62%,是广东社会经济最发达的地区。但从水资源来看,东江博罗站年径流量仅为$2.35\times10^{10}\ m^3$,而西江、北江流域年径流总

量为 2.763×10^{11} m³，是东江的 11.5 倍。即使广州不在东江取水，东江流域人均水资源占有量也仅为西江、北江的 8.5%，单位地区生产总值水资源占有量更是不足西江、北江的 2%。这种区域经济、人口重心在东部，而水资源重心在西部的局势，使得西江、北江流域水资源丰富，开发利用程度低，而东江流域水资源量少，开发利用程度高。当前东江流域供水已出现很大困难，水环境质量下降，而西江、北江大量优质水资源的利用率却很低，每年有超 2×10^{11} m³ 的优质水流入大海。

珠江三角洲地区供水受水质污染和咸潮的双重威胁。珠江三角洲人口密集、工业发达，而污染治理相对滞后，珠江三角洲流域水污染形势严峻，枯水年、枯水季尤为突出，从而进一步加剧和扩大了水质性缺水的地区与范围。珠江三角洲局部地区受咸潮威胁，枯水期抗咸能力低，成为珠江三角洲流域水资源开发利用的重要制约因素。近年来，珠江三角洲河口地区枯水期咸水线呈逐渐上移的趋势，下游取水点受咸潮影响的时间也明显增加，再加上三角洲下游地区地势平坦，调咸库容及能力有限，咸潮已对生产、生活供水造成很大影响，危及珠江三角洲沿海城市的饮用水安全。澳门、珠海、中山、江门、广州、东莞等城市有十几家主力水厂在咸潮影响区及潜在影响区，其影响人口达 1 500 万人。

供水水源单一，应急保障能力不足。珠江三角洲地区各市主要依赖于过境水，普遍存在着供水水源单一的问题。同时，受地形影响，珠江三角洲地区的水资源调节能力不足，各市的蓄水工程尚不能应对严重干旱、水污染或工程出险等水危机事件。一旦出现问题，牵涉面广，影响范围大，负面效应持续时间长，对经济发展、社会稳定造成较大的损失和影响。

供水挤占河道内生态环境用水，部分城市水生态环境较差。饮用水源地水质虽然保护较好，但部分非供水河段及围内河涌水质仍较差，与高品质的水生态环境需求不适应。

7.4.2　典型整治措施实施效果

1. 典型整治措施的提出

根据珠江河口河网水安全风险分析结果及水安全存在的问题，提出如下治理设想。

1）降低水灾害风险方面

①联围内水灾害损失程度包括受灾人口数、受灾地区生产总值数及受淹面积，这三个指标与社会经济的发展情况有关，在一定时间内难以通过设计方案进行改变，因此治理方向暂不考虑提升联围的水灾害损失程度得分。②联围内水灾害防御体系脆弱性主要由防洪（潮）能力、排涝能力、非工程措施及险工险段指标构成，其中防洪（潮）能力及险工险段指标占比均较大，现状部分联围的防洪（潮）能力达不到联围防洪（潮）设计标准，而且多个联围上均存在数个严重影响联围防洪安全的险工险段，可以通过联围

堤防的达标加固提高联围的防洪（潮）能力及险工险段指标得分，进而提升联围水安全得分，保障联围水安全。③联围受外部因素影响程度主要由水位变幅及流量变幅组成，其中流量变幅主要来自上游马口站、三水站及博罗站流量，洪水来临时，珠江三角洲上游水利枢纽按规定的调度方式进行防洪调度，马口站、三水站及博罗站流量均已确定，很难进行更改，因此针对这部分联围得分，可通过河口建闸、疏浚、河流改道等措施降低联围洪水位，提高联围得分。

2）降低供水风险方面

①联围内供水破坏程度方面，受影响人口数及受影响地区生产总值均是由联围内人口与地区生产总值决定的，这两个指标随着时间会有一定的变化，难以通过设计方案快速进行改变，因此治理方向暂不考虑提升联围的供水破坏程度得分。②联围内供水安全脆弱性主要由联围内用水规模、应急供水保障能力指数、农村供水保证率、城市供水保证率、农业灌溉用水有效利用系数（后三项合称为供水保证率）构成，其中农村供水保证率、城市供水保证率、农业灌溉用水有效利用系数均较为固定，且目前大多数联围已经达到设计目标值，在一定时间内难以通过方案快速改变；应急供水保障能力指数在最终的指标权重中占比较小，改变应急供水保障能力指数较不经济。③联围供水灾害发生概率主要由咸潮影响指标、河道水质变化指标及饮用水源地达标率构成。其中，咸潮影响指标、河道水质变化指标权重均较大，通过取水口上移、枯水期下泄压咸流量、河道整治，可有效地改变联围咸潮影响指标，改善河道水质，提高联围供水灾害发生概率得分，保证联围水安全。

2. 典型整治措施实施效果分析

在典型整治措施实施后，72 联围的水安全风险形势相较于现状发生了改变（图 7.8），下面将就四种典型整治措施实施后的效果进行评估分析。

1）河口建闸

珠江三角洲地区近年台风灾害频发，对社会经济发展造成了严重影响。广州是广东省会、国家中心城市，地处珠江三角洲中北部，接近流域下游入海口。境内主要河流有珠江广州河道、流溪河、白坭河、芦苞涌、增江等 30 条骨干河流水道。广州既受北江、西江、东江、流溪河洪水的影响，又受伶仃洋的潮汐作用，洪（潮）混杂，流态复杂，存在洪水、暴雨和台风暴潮"两碰头"的风险，历来是洪（潮）、台风暴潮和内涝多发之地。数据显示，珠江广州河道洪（潮）水位近 10 年时创新高（见 3.3.2 小节），对城市安全造成了一定威胁。

为保护广州主城区，降低其受风暴潮的影响，考虑在重要河道段建挡潮闸，涨潮时关闭闸门，防止潮水倒灌进入河道，拦蓄内河淡水，满足引水、航运等的需要。退潮时，潮水位低于河水位，开启闸门，可以泄洪、排涝、冲淤。在狮子洋上游建黄埔水闸，在佛山水道上建佛山水闸，在大石水道上建大石水闸。水闸位置见图 7.9。

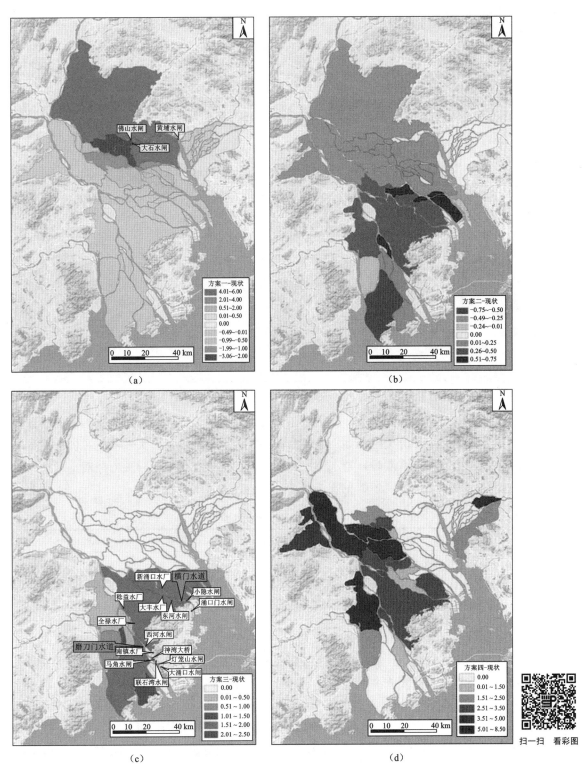

图 7.8　典型整治措施实施后水安全风险得分变化

（a）为方案一；（b）为方案二；（c）为方案三；（d）为方案四

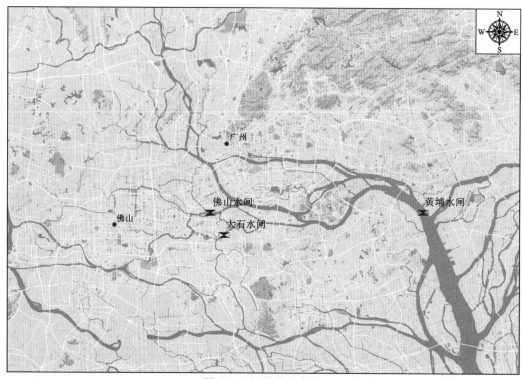

图 7.9 水闸位置分布图

各水闸调度方式设置如下：黄埔水闸以黄埔站水位为控制，涨潮时，当水位达到 5 年一遇水位 2.874 m 时关闸挡潮，退潮时低于此水位开闸泄洪；大石水闸和佛山水闸以大石站水位为控制，涨潮时，当水位达到多年平均水位 2.924 m 时关闸挡潮，退潮时低于此水位开闸泄洪。水闸参数见表 7.16。

表 7.16　各水闸设计参数

水闸	闸宽/m	闸底板高程/m
黄埔水闸	600	−10
大石水闸	150	−4
佛山水闸	280	−7

根据区域洪潮组合方式，采用珠江河口发生 0.5%频率天文大潮，西江、北江、东江洪水相应工况进行分析计算。上游西江高要站、北江石角站和东江博罗站采用典型洪水按多年平均洪峰流量缩放洪水过程；下游八大口门采用 2008 年 "黑格比" 台风典型潮位过程按 200 年一遇设计高潮位缩放；两涌一河及流溪河流域面积为 3 793 km^2，按遭遇 2 年一遇暴雨洪水考虑，其中流溪河水库按 2 年一遇控泄 27 m^3/s，芦苞涌、西南涌按 2 年一遇 24 h 设计暴雨 1 天洪量 1 天排干，考虑排泄流量为 390 m^3/s，区间山丘区参考牛心岭设计洪水按搬家法公式计算洪峰流量，为 1 160 m^3/s。

依据各水闸调度方式，设置两种水闸调度方案：建闸前；三闸（黄埔水闸、佛山水闸、大石水闸）组合运行。针对珠江三角洲区域不同堤围围成的 72 个联围进行分析，选取联围相邻河道的水位和流量为参数，分析建闸对珠江三角洲尤其是广州城区水位的影响，以研究三个水闸的挡潮效果。

以河口筑闸前联围相邻河道水位为 50 分，计算河口建闸后联围相邻河道水位的变化值，由表 7.8 插值得到三闸组合运行后珠江三角洲网河河道关于水位变幅指标的风险评分。以建闸前马口站、三水站洪峰流量总和为 50 分，计算建闸后马口站、三水站洪峰流量变化值，由表 7.9 插值得到河口建闸关于流量变幅指标的风险评分，结果为 49.83 分。

利用建立的评估模型对珠江河口风险区建闸前后的风险进行评估计算分析，绘制出评分变化情况分布图，如图 7.8（a）所示，结果显示：建闸后西江下游沿岸联围水安全评分普遍降低 0～0.5 分，由于水闸的调度对珠江及前后航道水位下降有明显作用，北江大堤保护区、石龙围—市石围—莲花围—化龙围保护区等联围的水安全评分升高约 5.4 分；由于水闸调度对顺德水道有明显壅高影响，顺德水道附近的联围评分明显下降，其中三山围评分降幅达到 3.1 分，其余联围评分降幅为 0～3 分；东江三角洲联围评分北部降低 0～0.5 分，南部升高 0～0.2 分，这可能是由于狮子洋上游建闸阻碍了潮波向北江网河的上溯，东江三角洲网河河道水位受到的潮流影响增大。

此外，广州片区内的佛山水道、大石水道建闸后，沿岸联围评分增加约 5.4 分，说明建闸可以阻挡外海潮波对网河河道的影响，保护联围内广州片区，降低其受风暴潮的影响，达到建闸的预期效果。但与此同时，水闸的调度对顺德水道、沙湾水道等北江下游入海河道，以及西江下游河道水位升高的影响也不能忽视。

2）"以稳为主，局部优化，洪水由河网纵横水道自适应入海"泄洪策略

近 30 年来，受强人类活动影响，珠江三角洲行洪格局不断发生变化。为探索更适应现状行洪格局的新防洪整治方案，基于珠江河网潮流水动力数学模型，在研究现状洪水格局的基础上，提出"以稳为主，局部优化，洪水由河网纵横水道自适应入海"的整治方案，定量分析方案中优化行洪通道并疏浚口门对洪水排泄的影响。结果表明：在西四口门中，磨刀门泄流量最大，崖门泄流路径最短；东四口门中，蕉门所承担的西江、北江的泄流量较大，且泄流路径最短。

根据上述珠江三角洲的行洪格局分析，结合《珠江流域防洪规划》[23]中的洪水治理思路（合理安排西江、北江出口泄洪任务，平衡腹部洪水），提出"以稳为主，局部优化，洪水由河网纵横水道自适应入海"整治方案，如图 7.10 所示。①北江恢复思贤滘至蕉门北的最短出海路径，增加北汊的水沙通量；②西江维持马口—天河—磨刀门泄流通道不变，仍使其作为主要泄洪路径；③增加西江干流进入泄洪通道大敖—虎坑水道—崖门的泄流量。基于以上思路，结合珠江三角洲高等级航道网等级标准，对图 7.10（a）中的虎坑水道、上横沥水道进行疏浚。通过优化比选，确定虎坑水道按原始深泓线拟合线向下平移 1 m 进行挖深，上横沥水道按原始深泓线拟合线向下平移 2 m 进行挖深。

根据区域洪潮组合方式，上边界为西江、北江、东江发生 1%频率洪水，下边界为珠江河口发生 50%频率潮水，计算相应工况下的水动力条件。

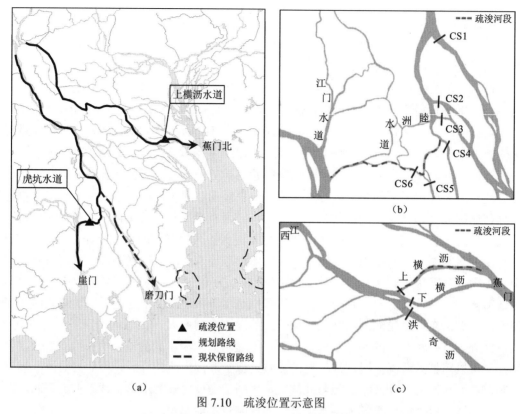

图 7.10 疏浚位置示意图

（a）为珠江三角洲主要水道；（b）为虎坑水道；（c）为上横沥水道

以现状条件下联围相邻河道水位为 50 分，计算"以稳为主，局部优化，洪水由河网纵横水道自适应入海"方案实施后河道水位变化值，由表 7.8 插值得到方案实施后关于水位变幅指标的风险评分。以马口站、三水站现状洪水洪峰流量总和为 50 分，计算"以稳为主，局部优化，洪水由河网纵横水道自适应入海"方案实施后马口站、三水站洪峰流量变化值，由表 7.9 插值得到方案实施后关于流量变幅指标的风险评分，结果仍为 50 分。

利用建立的评估模型对珠江河口"以稳为主，局部优化，洪水由河网纵横水道自适应入海"方案实施前后的风险进行评估计算分析，绘制出评分变化情况分布图，如图 7.8（b）所示，结果显示：东江三角洲联围水安全风险评分的变幅在 0～0.4 分；相比于西江、北江三角洲网河上游，蕉门、虎跳门沿岸联围评分变化较大，其中蕉门沿岸的万顷沙围、义沙围评分增幅大于 0.8 分，民三联围评分增幅超过 0.4 分，这可能是因为疏浚河段上横沥水道为连接洪奇门入海水道和蕉门入海水道的横向分汊河道，受洪潮共同作用而形成，疏浚后该处河道水位降低，相邻联围风险评分增加。而另一处疏浚河段虎坑水道疏浚后，增大了西江洪水进入崖门、虎跳门的泄流量，相邻联围风险评分降低，因此虎跳门沿岸的乾务赤坎大联围评分降低超过 0.8 分。

3）珠中江供水一体化

根据分析，目前珠中江本地水资源相对紧缺，主要依靠的过境水，深受咸潮威胁，而西江上游经济发展增加用水，压咸流量保障程度降低。此外，城市供水挤占本地河道生态需水，区域生态环境受影响；供水备用库容不足，新时期城市应急备用需要无法满足；各市行政区域间现状供水体系分割，供水问题难以独立解决。

珠中江供水一体化工程按照"节水优先、水源提升、区域同网、江库联调、常备兼顾、互利共享"的原则，结合西江、北江下游区域水资源特点，规划在西江干流的江门鹤山—蓬江段集中取水，统筹解决大湾区西岸城市群的城市用水安全问题，同时建设分区应急备用水源，常备结合，构筑高质量的供水保障体系。

根据研究分析，江门西片主要为潭江流域的山区丘陵地带，本地水资源丰富，主要从本地的大中型水库和潭江上游取水，自成体系。江门东片，鹤山主要利用已有的西江干流取水口，水量、水质均满足要求；蓬江、江海、新会利用珠中江供水一体化工程集中供水。中山北区，主要利用已有的小榄水道上游取水口，整合已有北区其他水厂取水口，同时保留与珠中江供水一体化工程主干线连通条件。中山南区，珠海西区、东区均主要利用珠中江供水一体化工程集中供水，总体布局方案示意图如图 7.11 所示。利用建立的评估模型对方案实施前后的风险进行评估计算分析，绘制出评分变化情况分布图，如图 7.8（c）所示。

由图 7.8（c）可见，取水口上移后，三角洲内联围基本不受咸潮影响，关于咸潮影响指标的评分均为 100 分。这表明取水口上移后受到的咸潮影响减弱，西四口门中虎跳门、磨刀门相邻联围和东四口门中洪奇门、蕉门相邻联围关于咸潮影响指标的评分增加，整体上珠江三角洲联围水安全风险评分增加。

4）险段除险加固治理

西江、北江三角洲堤防历史上存在多处险段，经多年整治后，由地方水务局历次上报的险段资料汇总统计，西江、北江三角洲堤防尚存在险段 76 处，总长 70.4 km。根据风险指标分析，险工险段是影响防洪安全的重要因素。因此，拟结合大湾区堤防提升工程对现有险段进行治理，消除险段风险。对这一方案进行评估时，由于险段风险消除，评估模型中各个联围的险工险段指标分数为 100 分。利用评估模型对工程实施前后的联围风险进行分析，绘制出评分变化情况分布图，如图 7.8（d）所示。

研究结果表明，在实施大湾区堤防提升工程后，多个联围的水安全得分得到了较大的改善，其中南顺第二联围、樵桑联围保护区评分增幅超过 8.35 分，樵桑联围保护区由较高风险区变为较低风险区。其次，江新联围、顺德第一联围评分增幅超过 5 分。由此可以看出，相较于其他方案，大湾区堤防提升工程十分有效地提升了联围水安全风险评分，保障了联围水安全。

图7.11　磨刀门水道取水口上移工程线路示意图

7.4.3　珠江河口河网水安全保障治理靶向

基于对珠江河口河网水安全风险的调查分析和对水安全风险现状的定量评估，考虑河口河网异变及典型整治工程的适应性，结合粤港澳大湾区建设对于防洪、供水、水质和航运的新需求，提出水安全治理的如下靶向问题。

（1）河网对超标准洪水抵御能力不足，是河网防洪的靶向。未来西江、北江洪水遭遇的可能性增大，意味着珠江三角洲发生超标准洪水的概率增加。目前，河网各联围现有防洪（潮）治涝标准与经济社会发展要求存在较大差距。随着大湾区国家战略的实施，人口与经济将进一步集聚，城市中心区的防潮标准（20～100年一遇）、治涝标准（10～20年一遇）不能满足经济社会发展要求，且受社会发展影响，现有的临时滞洪区难以使用，对超标准洪水抵御能力不足，是未来河网防洪治理的靶向问题。

（2）河网河床不均匀下切引发河势不稳，河网险段安全防护是靶向。河床广范围、大尺度、长时间下切的异变趋势易对堤围造成破坏，加之三角洲河网复杂的水流特性和密集的人类活动，三角洲河网区极易出现新的堤围险段，同时河网区历史堤围险段的安全隐患也在增大。而随着流域上游大型水库的建成蓄水，三角洲来沙量显著降低，这种趋势使得珠江三角洲网河区深槽迫岸的现象仍将持续较长的时间，对堤围工程构成持续性威胁。因此，河网河床不均匀下切引发河势不稳，河网险段安全防护是靶向问题。

（3）河网尾闾水位抬升、洪水下泄不畅，是口门泄洪治理的靶向。珠江三角洲河网上游和腹地区域已多年未出现重大的洪水安全问题，可认为当前河网腹地的行洪格局具有较好的适应性。但受到河口围垦影响，河网尾闾河道洪水下泄路径增长；叠加海平面上升的影响，河网下游尾闾河道洪水位呈普遍升高趋势。此外，近年来不断累加的桥隧建设，进一步挤占了尾闾河道过水断面面积，口门处洪水宣泄不畅的问题凸显，防洪压力增大。因此，河网尾闾水位抬升、洪水下泄不畅，是未来口门泄洪治理的靶向问题。

（4）河网主要节点水沙分配的稳定性，是水沙调控的靶向。20世纪80年代初以来，受采砂等强人类活动干预的影响，河网进入快速突变期，河床发生不同于自然演变的广范围、大尺度、长时间、高强度的不均匀下切。2005年后河网禁止采砂，进入自适应调整期。目前，河网河床对于来水来沙条件及河网分水分沙已呈现自适应的态势，潮动力加强，咸潮上溯压力尚在，河床总体稳定。因此，维持河网主要节点水沙分配的稳定性，是水沙调控的靶向。

（5）河口湾—潮汐水道的风暴潮潮位持续升高，是河网—河口湾协同治理的靶向。近年来，受滩涂围垦和人工采砂的综合影响，伶仃洋河口湾内潮汐动力呈显著增大趋势，使进入连接河口湾与河网的潮汐水道（如狮子洋水道、前后航道等）的潮汐动力也增强。这些潮汐水道沿岸有广州、东莞、佛山等城市，经济社会发展水平高，极端天气下风暴潮潮位的上升，叠加全球气候变化引起的海平面上升，使得沿岸城市防潮压力剧增。因此，河口湾—潮汐水道的风暴潮潮位持续升高，是未来河网—河口湾协同治理的靶向问题。

（6）珠江三角洲区域水资源分布与流域经济社会发展不协调，以及咸潮上溯加剧，河口生态系统与环境趋于恶化，是供水和水资源优化配置的靶向。珠江三角洲经济、人口重心在东部，而水资源重心在西部，东江水资源开发利用程度高，西江、北江大量优质水资源利用率低，水资源分布与地区经济发展严重不协调。近年来，珠江三角洲河口地区枯水期咸水线逐渐上移，咸潮已对生产、生活供水造成很大影响，危及珠江三角洲沿海城市（特别是珠海、澳门等地）的饮用水安全。珠江河口处于海洋、淡水、陆地间的过渡区域，随着经济的发展，工业化进程加快，河口地区废污水排放量不断增加，大部分河道水体受到不同程度的污染，生态系统的不稳定性和脆弱性凸显。因此，珠江三角洲区域水资源分布与流域经济社会发展不协调，以及咸潮上溯加剧，河口生态系统与环境趋于恶化，是未来供水和水资源优化配置的靶向问题。

（7）河口湾三滩两槽格局的动态平衡是河口治理的靶向。2006年后，受中滩采砂、浅滩围垦、航道疏浚及口门整治工程等强人类活动的驱动，河口湾滩槽演变目前仍处于快速突变期，河口湾对强人类活动驱动的异变尚未适应，特别是受河口湾浅滩大幅萎缩影响，浅滩消浪功能减弱，极端天气风暴潮潮位上升，风暴潮灾害加剧，海岸自然防护能力显著降低。因此，维持河口湾三滩两槽格局的动态平衡是河口治理的靶向。

（8）河口湾浅滩萎缩，消浪能力减弱，潮能辐聚增强，风暴潮加剧，海岸自防护能力降低，是海岸防护的靶向。伶仃洋受中滩采砂驱动与航道疏浚影响，河口湾浅滩规模萎缩，消浪功能减弱，叠加围垦束窄岸线导致的潮能辐聚效应增强，河口潮差增大，风暴潮和天文大潮对海岸与海堤的侵蚀作用增强。因此，河口湾浅滩萎缩，消浪能力减弱，潮能辐聚增强，风暴潮加剧，海岸自防护能力降低，是未来海岸防护的靶向问题。

（9）河口拦门沙的演变发展产生碍航作用，是航道治理的靶向。磨刀门河口拦门沙呈现深槽外移扩展趋势，一主一支分汊明显；拦门沙内坡冲刷外移，外坡变化不大，纵向宽度变窄；拦门沙西区淤积，拦门沙中心区和拦门沙东区冲刷；地貌轴线总体向南和西南方向偏转。在这种态势下，2008年以来，磨刀门拦门沙的发育演变，使得西汊、东汊深槽均呈现淤积态势，且西汊深槽明显向上游退缩，使得出海航道受到水深较浅、风浪较大影响，通航不畅，出海船舶目前经洪湾水道绕澳门出海。此外，崖门出海航道常出现风暴潮骤淤现象，每次台风骤淤量基本超过 $1 \times 10^6\ \mathrm{m}^3$，需按期疏浚才能维持 7.2 m 通航水深要求。因此，河口拦门沙的演变发展产生碍航作用，是未来航道治理的靶向问题。

7.5 本章小结

本章运用层次分析法构建多层次的水安全风险分析评估模型，评估珠江河口水安全的状况。针对水安全得分较低的区域，提出了河口建闸、"以稳为主、局部优化，洪水由河网纵横水道自适应入海"泄洪策略、珠中江供水一体化、险段除险加固治理等整治措施，并对上述措施对区域水安全的改善作用进行了评估。结果表明，修建黄埔水闸、佛山水闸和大石水闸后，佛山水闸和大石水闸沿岸联围评分增加约 5.4 分，表明建闸可阻挡外海潮波对网河河道的影响，降低广州片区联围受到的风暴潮的影响，达到建闸的预期效果，但也会影响周边的防洪安全；实施"以稳为主、局部优化，洪水由河网纵横水道自适应入海"的泄洪策略后，蕉门、虎跳门沿岸联围评分变化较大，其中蕉门沿岸的万顷沙围、义沙围评分增幅大于 0.8 分，民三联围评分增幅超过 0.4 分，但虎跳门沿岸的乾务赤坎大联围由于分洪增加，评分也相应地降低了 0.8 分左右；在实施珠中江供水一体化措施后，由于取水口的上移，三角洲内联围抵抗咸潮的能力增强，西四口门中虎跳门、磨刀门相邻联围和东四口门中洪奇门、蕉门相邻联围关于咸潮影响指标的评分增加，整体上珠江三角洲联围水安全风险评分增加；在实施大湾区堤防提升工程后，险段风险消除，十分有效地提升了联围水安全风险评分，其中樵桑联围保护区评分增幅超过 8.35 分，由较高风险区变为较低风险区。

基于对整治工程适应性和水安全整治方案实施效果的定量评价，考虑新水文情势下水安全治理的新需求与水安全现状间的不匹配，即存在的问题，提出九大治理靶向，以期为后续治理规划提供科学参考。

参 考 文 献

[1] 刘佑华, 陈晓宏, 陈永勤, 等. 珠江三角洲腹地洪水特征变异因素的关联分析[J]. 热带地理, 2003, 23(3): 204-208.

[2] 刘斌, 闻平, 刘丽诗, 等. 近几十年来珠江三角洲主要水文站设计洪潮水位变化原因分析[J]. 人民珠江, 2018, 39(4): 5-11.

[3] 罗宪林, 季荣耀, 杨利兵. 珠江三角洲咸潮灾害主因分析[J]. 自然灾害学报, 2006, 15(6): 146-148.

[4] 徐林春. 人类活动影响下的珠江三角洲水安全研究[D]. 武汉: 武汉大学, 2014.

[5] 冯平, 崔广涛, 钟昀. 城市洪涝灾害直接经济损失的评估与预测[J]. 水利学报, 2001(8): 64-68.

[6] 王宝华, 付强, 谢永刚, 等. 国内外洪水灾害经济损失评估方法综述[J]. 灾害学, 2007(3): 95-99.

[7] 中华人民共和国水利部. 防洪标准: GB 50201—2014[S]. 北京: 中国计划出版社, 2014.

[8] 谢志强, 姚章民, 李继平, 等. 珠江流域"94·6"、"98·6"暴雨洪水特点及其比较分析[J]. 水文, 2002(6): 56-58.

[9] 叶林宜. 珠江三角洲城市供水需水量预测[J]. 人民珠江, 1997(2): 5-7.

[10] 覃成林, 刘丽玲, 覃文昊. 粤港澳大湾区城市群发展战略思考[J]. 区域经济评论, 2017 (5): 113-118.

[11] 胡溪, 毛献忠. 珠江口磨刀门水道咸潮入侵规律研究[J]. 水利学报, 2012, 43(5): 529-536.

[12] 官明开, 蒋齐嘉, 徐龑文, 等. 基于一维盐度模型的珠江河网咸潮上溯距离分析[J]. 水运工程, 2016(11): 66-71.

[13] 张钰靓. 城市排涝能力建设研究[D]. 杭州: 浙江大学, 2015.

[14] 郑风华, 郑建华, 崔豪斌. 城市防洪非工程措施探讨[J]. 山东水利, 2005 (12): 25-26.

[15] 贾恺, 杨光华. 基于水流与地质双因素的险工险段成因调查研究[J]. 长江科学院院报, 2020, 37(1): 50-55.

[16] 杨小唤, 刘业森, 江东, 等. 一种改进人口数据空间化的方法: 农村居住地重分类[J]. 地理科学进展, 2006, 25(3): 62-69.

[17] 吴安坤, 田鹏举, 黄天福, 等. 基于人口/GDP 数据空间化的雷电灾害风险评价[J]. 气象科技, 2018, 46(5): 1026-1031.

[18] LIU F, YUAN L, YANG Q, et al. Hydrological responses to the combined influence of diverse human activities in the Pearl River Delta, China[J]. Catena, 2014, 113: 41-55.

[19] 崔艳强, 范弢, 杨佳. 云南省城市饮用水安全评价研究[J]. 人民长江, 2011, 42(7): 51-55.

[20] 赵永平, 孙秀艳. 水源地水质达标率有多高?[J]. 环境经济, 2015(22): 50.

[21] 国家环境保护总局, 国家质量监督检验检疫总局. 地表水环境质量标准: GB 3838—2002[S]. 北京: 中国环境科学出版社, 2002.

[22] 广东省水利厅. 西、北江下游及其三角洲网河河道设计洪潮水面线[R]. 广州: 广东省水利厅, 2002.

[23] 水利部珠江水利委员会. 珠江流域防洪规划[R]. 广州: 水利部珠江水利委员会, 2007.